JN099715

よくわかる最新 都市計画の基本と仕組み

新しい「都市計画とまちづくり」の教科書

五十畑 弘 著

秀和システム

はじめに

都市計画とは、旧来のとらえ方からすれば、全国で統一的な開発、土地利用規制のルールや誘導計画によって実施される都市づくりです。この意味から「都市計画」は、都市計画法、およびその関連法を根拠とした「法定都市計画」であり、都市計画行政制度の体系といえます。

戦後、高度経済成長期における急増する都市人口とそれによる住宅、道路をはじめ、各種の都市施設の拡大に対し、「都市計画」は、課題を残しつつも応えてきました。その後、ポスト高度経済成長の中で、都市における人々の生活や活動が複雑化、多様化するにしたがって転換点を迎えました。

1980（昭和55）年の都市計画法の改正では、全国一律、統一的な規制から、地区の状況に応じてメリハリをつける地区計画制度が導入されました。また、神戸市をはじめとする都市景観条例や、まちづくり条例の制定がされはじめ、地域の視点による「まちづくり」の傾向が出てきました。

電信電話公社、国有鉄道の民営化をはじとした公共事業への民間活力導入などとともに、国家主導、中央集権から地域主義の傾向も出始めました。世紀末に新たな世紀へ向けて出された展望では、かつて経験したことのない人口減少・超高齢化社会の課題が数多く取り上げられました。

一方、阪神淡路大震災後の復興まちづくりでは、行政だけではなく地域住民、あるいは一般市民が果たす役割が認識されました。

今世紀に入ると、地域における市民の視点を重視し、ハードを主体とする都市計画から、より広範な領域を対象に含む、市民による地域主体の「まちづくり」の活動が一般化されてきました。

本書は、このような経過をたどり今も変化を続ける「都市計画」および「まちづくり」を学ぶ大学や工業高等専門学校の学生、あるいは都市計画、まちづくりに関心のある一般の方々を読者層に想定した入門書として執筆しました。

都市計画が経てきた流れから、本書は、「都市計画＆まちづくり」として、法定都市計画に相当する部分を中心とする「第Ⅰ部　都市計画の基本」と、まちづくりの新たな課題について述べる「第Ⅱ部　まちづくりの課題と取り組み」の2部構成としています。

都市計画の初学者にとって法定都市計画に相当する部分は、基本として押さえておく必要があります。これが「第Ⅰ部　都市計画の基本」です。

「第Ⅱ部　まちづくりの課題と取り組み」では、環境、防災、歴史、AI、情報化、市民参加など、都市にとっての新しい課題を扱っています。この「まちづくり」の部分には、変革期を迎える現社会において、従来の枠組みを越えて、変化して行く新しい傾向が含まれます。これは新型コロナウイルス(COVID-19)など未知のウイルスや細菌による感染症に対するまちづくりの備えにも通じます。

まちづくりにおけるそれぞれの課題の背後には、それらの施策決定のメカニズムに着目する必要があります。まちづくりに限らず公共的な施策の意思決定に共通する関係者間の態度の課題です。

情報オリエンテッドのまちづくりは、AI情報技術の進化で今後その方向性は予測しがたい面もありますが、社会的により望ましい施策の意思決定の可能性は、関係者の良識にかかっていることは確かです。

自動車から公共交通への転換、コンパクトなまちづくり、カーボンフリーのまちづくりなどから、地域住民の相互扶助による防災、地域の公園、緑道、ごみ収集場の清掃などの身近な活動まで、個人の利益と公共の利益のはざまにあって社会的に最良の選択には、協調を生み出す地域、関係者間の信頼性が鍵となります。

競合ではなく協調によって全体として利益を得ることはゲーム理論でも説明されてきましたが、協調を促すための良識の醸成は、関係者の意識の変換なしには超えることができません。

防災まちづくりの面では、高潮、津波、地震、台風、豪雨などに対するハードの防災施設、あるいはソフトの仕組み、制度などは「その時」以外は本来の役割を果たしませんが、常に存在しつづけ、日々の人々の日常の場を構成する要素として大きく影響します。かつて青松白砂であった海辺の視界を延々と覆いつくす10メートル超えの防波堤に置き変えることが、将来のために社会的に最良の選択であるかを含め、今後も「まちづくり」において議論の余地の残るところです。

以上のように、都市計画＆まちづくりは、今後その領域を必然的に拡大せざるを得ない分野がいろいろと含まれると思われます。

本書が、はじめて都市計画を学ぶ方々にとって、都市計画の基本についての情報提供と同時に、まちづくりの新たな課題について考えるきっかけとなれば、かつて大学学部生の都市計画入門科目を担当していた著者としては、望外の喜びです。

令和2年5月
五十畑　弘

図解入門よくわかる
最新都市計画の基本と仕組み

CONTENTS

第4章 土地利用

第5章 都市交通と交通施設

第6章 供給・処理施設

第7章 都市再開発

第Ⅱ部 まちづくりの課題と取り組み

第8章 環境とまちづくり

第9章 防災とまちづくり

第10章 歴史とまちづくり

第11章　新たなまちのかたち

第12章　まちづくりと市民参加

第Ⅰ部　都市計画の基本

第 1 章

都市計画とは？

　都市とは、人々の生活における基本的な活動である、住む、働く、憩う、移動するといったことが安全、快適に営まれる、人口の活動の密度が著しく高い場所です。人間生活の基本的な活動には、住宅、商業施設、道路、鉄道、工場、事務所、病院、公園、処理施設といったさまざまな都市施設の配置が必要であり、情報がもたらされていなければなりません。都市計画とは、こういった都市施設の配置や情報の集積を時代の経過にともなう条件の変化に応じて総合的な見地から計画することです。本章では、都市計画とまちづくりの導入として、都市の定義、起源、その成り立ちから、都市の歴史などについてみていきます。

1-1

都市の意義と分類

都市とは、人間が生活を維持するための基本的な行動を保障するために、様々な見地からいろいろな施設を配置した場所で、いくつかの切り口で分類、類型化ができます。

■1　機能からの都市の意義

1933年にアテネで開催されたCIAM（Congrès International d'Architecture Moderne：近代建築国際会議）で採択されたアテネ憲章は、「機能的都市」の観点から、都市計画および建築の理念を、近代都市のあるべき姿として示しました。これは、建築家ル・コルビュジエの「輝く都市」の理念に基づくものであり、都市の意義を、人間の基本的な生活行動である、「住む」、「働く」、「憩う」、「移動する」といった役割から示しました。機能主義に沿ったこの都市計画の理念は、以後、世界各地の都市計画に大きな影響を与えることになります。

アテネ憲章は採択以来半世紀以上にわたり、情報伝達技術の発展の流れの中でさまざまな批判を受けて議論がなされ、計画策定の担い手としての住民参加や、地球環境など新しい概念の取り込みを図りつつ新たなアテネ憲章が、1998年に旧憲章の流れの上に採択されました。

今日においても都市とは、新たな概念を取り込みつつも、この4つの機能を十分保障するように、住宅、道路、橋、上下水、公園、緑地、鉄道、地下鉄、港、駅、学校、保育園、処理施設などのさまざまな都市施設が配置された場所であり、都市計画とは都市の施設が時代とともに変化する諸条件に応じてそれぞれの役割を合理的に果たせるように総合的な見地から計画すること（City planning、Urban Design）ということができます。

■2　都市の範囲

中世以前の都市は、主に防御の目的から空間的に周囲を囲い込む自然的、人工的装置を備えていました。川、丘、海など人、モノの流れを物理的に隔絶して、都市の範囲を区分する障壁が存在する場所、地域が都市の範囲として選定されました。地形などの自然の障壁に加え、人工的な障壁として城壁、土塁、堀などの構造物がありました。

国内では、例えば、12世紀から14世紀に武家の都であった鎌倉は、西、北、東の三方の山と南側の海で囲い込まれた地形でした。ヨーロッパ、中国では、都市の周囲は、城壁によって囲い込まれていました。人工的な障壁によって囲まれた都市は、中世以降に大砲など攻城の軍事技術の発達によってその実質的意味を喪失し、さらに職住分離の生活、鉄道、道路などの交通機関の発達により空間領域を拡大させました。かつて、囲い込みで区分された都市・非都市の境界はあいまいとなり、都市は外延的あるいは非都市的部分を内包して拡大し、空間的な定義がそれ以前よりも不明確となりました。

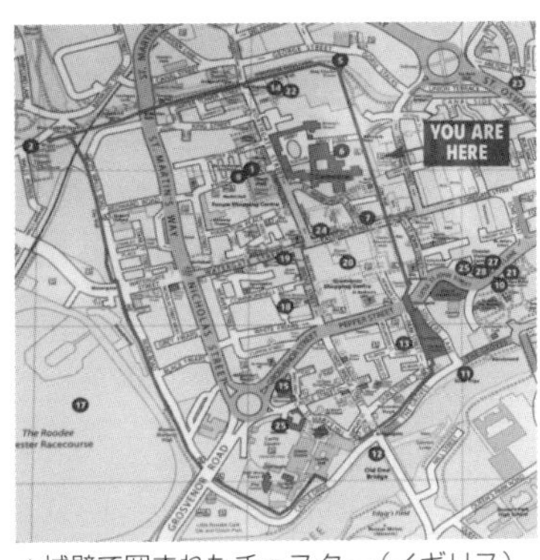

▲城壁で囲まれたチェスター（イギリス）

B.C.80年頃にイギリスを征服した古代ローマによって築かれたとりでをもととする城郭都市で、城壁（右）も良好に残る。イギリス国内で最も良好に保全されたローマ都市の1つである。

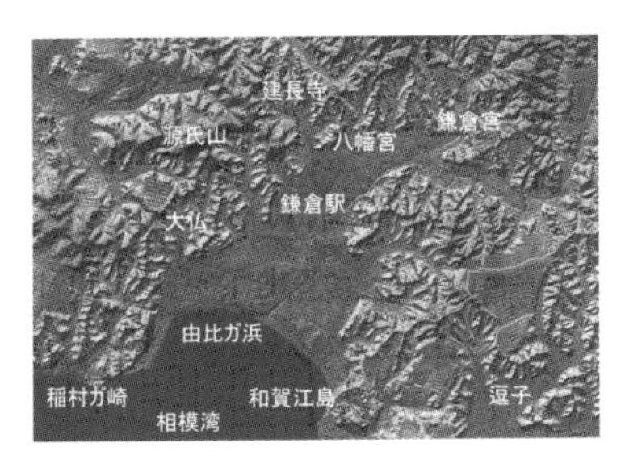

▲鎌倉の地形（左）と今日のまちなみ（国土地理院地形図に加筆）

鎌倉は東西北の三方を山、南を海という自然の障壁に囲まれる。

■3　都市の定義

都市は具体的には、以下のようにいくつかの定義ができます。

1）行政単位としての定義

地方自治法第8条第1項では、次の要件を満たす場合を基礎的な地方公共団体として「市」としています。2006（平成18）年10月現在で、全国に792の市があります。

①人口5万以上
②中心市街地戸数が全体の60％以上
③商工業、その他都市的業態従事者が60％以上
④条例で定める都市施設の要件を具備

2）人口集中地区（DID：Densely Inhabited District）としての定義

人口密度4000人/km^{2}以上の調査区（約50世帯）が互いに隣接して5000人以上となる地区を人口集中地区と定義します。人口の集中度合いを示すもので、日本では国勢調査における統計上の都市化指標として用いられます。

3）都市計画区域（都市計画法）による定義

都市計画法で規定される「一体の都市として整備、開発および保全する必要がある区域」として指定されます。都市計画区域は 国土面積のおよそ25％、人口で90％近くを占めます。

4）「都市圏」というとらえ方

単独または複数の都市を核としてもつ圏域を都市圏としてとらえ、その区域を都市と定義する方法です。例えば、アメリカ「標準大都市統計圏」（SMSA：Standard Metropolitan Statistical Area）、イギリス「標準大都市労働圏」（SMLA：Standard Metropolitan Labor Area）などがあり、国内では、「標準大都市雇用圏」（SMEA：Standard Metropolitan Employment Area）や、多極分散型国土形成促進法では東京都、埼玉県、千葉県、神奈川県および茨城県の区域のうち、東京都区部およびこれと社会的経済的に一体である政令で定める広域を東京圏と定義する例があります。

■4　都市の分類、類型化

都市は、いろいろな切り口で分類、類型化ができますが、ここでは、地理的立地条件、歴史的系譜、都市機能、人口規模、人口動態、階層的関係で分類することとします。

1）地理的立地条件による分類

内陸、臨海など海との位置関係や低地、丘陵、高原など属地地形による場合、あるいは豪雪、寒冷地都市、亜熱帯都市等の気候的条件で分類する方法です。日本の場合、海岸線から3km以内に市域のある都市を臨海都市とすると48％が臨海都市となります。

2) 歴史的系譜による分類

都市の発生別、時期別によって、城下町、門前町、市場町、軍都などがあり、日本では城下町30%、宿場町20%、港町10%に分類できます。

3) 都市機能による分類

政治都市、軍事都市、工業都市、商業都市、観光都市、保養都市、住宅都市、文教都市、宗教都市などがあります。

4) 人口規模、人口動態による分類

巨大都市、中都市、人日急増都市、人口減少都市などに分類できます。

5) 階層的関係による分類

勢力圏、影響圏の大きさや他都市との関係による階層により分類できます。中核都市、衛生都市、拠点都市などはその例です。

■5　世界人口と世界の都市化の推移

紀元1年頃には、およそ3億人だった世界の人口は、1200年頃に約4.5億人、1800年頃に約10億人、こののち産業革命を経て20世紀初頭には約20億人、世紀半ばには約25億人に達したと推測されています（国連人口基金）。近年では2011年に70億人を超え、2050年には97億人に達すると予測されています。

これらの人口のうち都市人口については、都市化の進展の実績が著しい時期であった20世紀後半では、1950年に8億人であった都市人口は、2000年に4倍近くの29億人に達しています。21世紀に入り、2020年に44億人、2050年には世界人口の70%にあたる67億人が都市に住むようになると予測されています（国連の報告：World Urbanization Prospects 2018）。

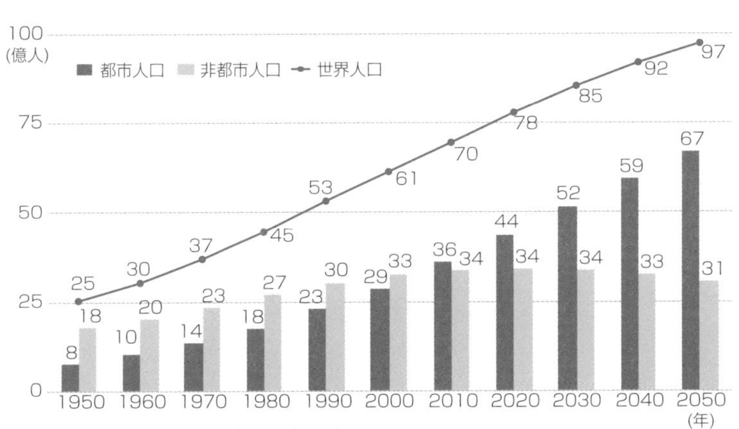

▲世界の都市人口の変化（実績・予測）国連

注：国連データでは人口50万人以上の都市圏を都市と定義。

古代ギリシャの都市国家 アテネ

高さ150m余の岩山のアクロポリスには、アテナ神を祭るこのパルテノン神殿がある。紀元前4世紀に大帝国ペルシャを打ち破った都市国家アテネが建設したものである。

建物は、長辺69m、短辺31mの長方形で、周囲に柱が配置されている。柱は長辺に17本、短辺に8本あり、四隅には中間柱よりも太いものが配置されている。

それぞれの柱は基礎から垂直に立っているのではなく、全体に内側に向かってわずかに傾斜がついている。柱のスタイルはいわゆるドリア式で、中央部で太くなるエンタシスである。

アテネがローマ帝国の支配下となり、キリスト教が国教になると、パルテノン神殿は聖母マリアを祭る東方正教会の教会となった。このあと、15世紀に東ローマ帝国が滅亡してオスマン帝国の支配下となると、イスラムの教会、そして戦時下には弾薬庫にも転用され、砲撃の標的になった。

神殿内部にはかつて、いくつもの彫刻像が配置されていたが、建物自体にもレリーフがはめ込まれ、全体がオブジェであった。破風と呼ばれる屋根と梁(はり)で囲まれた東西の三角形の箇所にも彫像があったが、19世紀にその多くが切り取られて海外に渡った。行き先はイギリス、ロンドンの大英博物館である。

19世紀に入って独立を果たしたギリシャは、400年にわたり、オスマン帝国の支配下にあった。このためかアテネはヨーロッパ文明発祥の地であるが、どこかオリエンタルな雰囲気がある。

▲パルテノン神殿（ギリシャ）

1-2

都市の起源と歴史

社会生活を営む群棲の場を起源とする都市は5000年スパンの歴史の中で農業、漁業などの一次産業から商業、工業の発達とともに大きな変化を遂げてきました。

■1　古代都市

人間はそもそも、他の多くの動物同様に、群棲（ぐんせい）して社会生活を営む動物であり、都市の建設はこの人間の性向に根ざしています。都市とはこの群棲の場所であることを起源として発達した集住の一形態ということができます。古代より、主に自給自足経済が営まれ、長い間、農耕・牧畜の営みをベースとした群棲の場所としての村落が都市の形態でした。

都市は、紀元前4000年頃から世界の四大文明の発祥地で原始的な都市国家が生まれたことが知られています。エジプト、メソポタミア、インダス、地中海、黄河、長江のほか中央アメリカでも早くから都市の発達が見られます。エジプトのメンフィスは世界最古の都市ともいわれ、都市の成立から紀元前15世紀頃までは人口数千人から数万人の居住した世界最大の都市であったといわれています。メソポタミアのバビロンは、紀元前18~6世紀にユーフラテス川沿いに堤防が築かれその両岸に栄えた都市でした。紀元前7世紀頃には、数十万規模の人口を擁していたともいわれています。

古代ギリシャでは、古くは紀元前14世紀頃から都市国家の形成が始まりローマの支配下となる紀元前2世紀頃まで栄えました。古代ギリシャの都市は、神殿の建つアクロポリスとその周辺のアゴラ（公共広場）を中心とした構成で、コロシアム、劇場、競技場などの施設がありました。これらの中でもアテネは最も強力な都市国家で、のちのヨーロッパの歴史・文化に大きな影響を与えました。小アジアのミレトスも古代ギリシャの都市国家で、市街地は碁盤目状の直交街路網で計画された都市でした。

古代ローマの都市はギリシャの都市のスタイルを受け継ぎましたが、積み石を主体とするギリシャとは異なり、煉瓦（れんが）、コンクリートなどの材料や、アーチやヴォールトの構造が採用され、大量の材料を用いてより大規模な建造物が建設されました。ナポリ南東20kmほどに位置していた古代ローマの植民都市ポンペイは、港で陸揚げした貨物をアッピア街道を経由してローマへ運ぶ拠点の商業都市として栄えました。

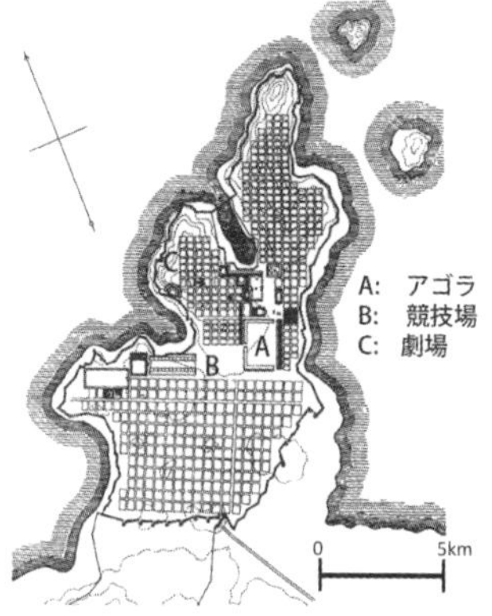

◀古代都市ミレトス（ヨーロッパ史跡建造物図集成、遊子館、2009、p.25）

ミレトスは小アジア西海岸に位置する古代都市であった。ペルシャ人によって征服されて破壊されたあと、ギリシャ人ヒッポダモスによって新たな都市が建設された。アゴラ（公共広場）や競技場、劇場などの壮大な建築物が威容を見せていた。

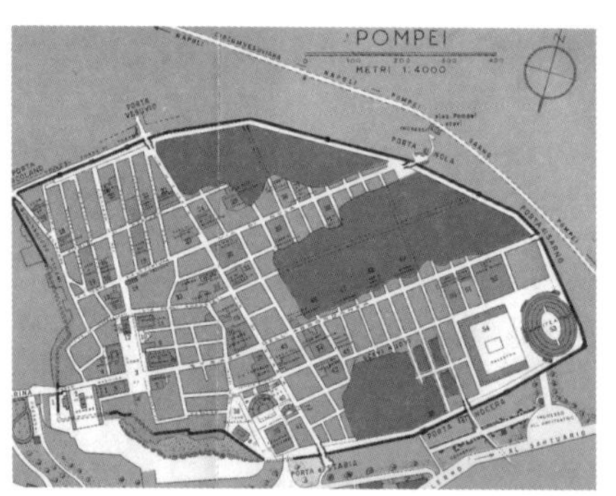

▲古代都市ポンペイ（イタリア）

（左：ジョバンナ・マージ、ポンペイのすべて、ボネキ出版社、フィレンツェ）
ポンペイは紀元前79年にベスビオス火山の噴火によって壊滅した。18世紀以降の発掘で、直交するまっすぐな通りで規則的に区切られ、建造物や街区が古代ローマ当時のまま残る計画的に設計された古代都市であることが確認された。

国内における計画された都市は、朝廷による中国の隋、唐を模した都市の造営によって始まります。694年に藤原京が建設されると、それ以後数十年の間隔で平城京（710年）、長岡京（784年）、平安京（794年）と新たな都市が築かれ都が遷（うつ）されました。

唐の長安に倣った平城京は、平城宮から南に下（くだ）る南北軸の朱雀大路の東側が左京、西側が右京に区分され朱雀大路に平行してそれぞれ4本の大通り（坊）とそれに直交して東西方向には、9本の大路（条）が通っていました。左京の北東部に張り出した外京がありますが、全体として碁盤目状に街路が走る東西約4.3km（外京を含み6.3km）、南北約4.7kmの長方形のまちなみでした。

■2　中世都市

ヨーロッパでは古代ローマの崩壊以後、しばらく都市は衰退の道をたどりました。市民生活と都市が復興して新たな発達をするのは10世紀以後のことになります。中世の初期における都市形態は、古代ギリシャ、ローマの影響を大きく受けていますが特に古代ローマの蓄積は圧倒的でした。その後、封建社会への移行を経て、権力をもつカトリック教会の聖堂を中心とする都市建設や北イタリアの商業都市、ハンザ同盟都市、そして王政の権力を後ろ盾とした中央政府による都市建設などが行われるようになりました。

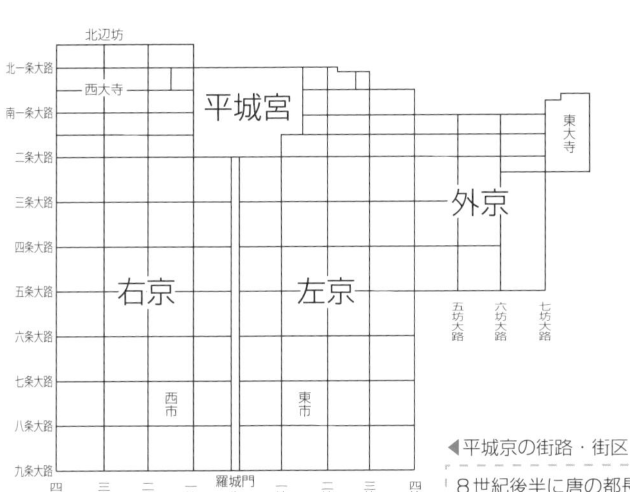

◀平城京の街路・街区

8世紀後半に唐の都長安などを模して建造されたとされるが都市を囲む城壁はない。碁盤目状に東西南北に道路の走る街路・街区の設定がされていた。

中世の都市は人口が数千人規模で、濠や城郭で周囲を囲み、その内側に曲がりくねった街路が走り、都市の中央部には広場とそれに面する市庁舎や教会が建つ構造となっていました。多くは10～12世紀頃に創建され、その後拡張を繰り返して16～18世紀頃に都市としての骨格ができ上がりました。こういった中世都市の創建当時のまちなみは、歴史地区、旧市街地として保全されている例も少なくありません。

■ 3　近世から近代の都市

15世紀後半から16世紀のイタリアでは、武器の発達の影響を受け、都市の周囲を囲む城塞を幾何学的に配置した都市の提案が多くなされました。正多角形の頂点に三角形の稜堡が突き出した星形要塞と呼ばれるもので、城壁の内部の居住区域の道路も放射状や格子状などの幾何学形状になっていました。

17世紀のバロック期には、都市の修景の技法が生まれ、宗教改革で低下したカトリック教会の権威回復、フランスやオーストリアの絶対王政の権力の象徴として、壮麗な建造物や広場とそれらを幅員の広い直線道路で結ぶ壮大な都市計画がなされました。1666年のロンドン大火のあとのクリストファー・レンの都市計画案はこの例です。完全な形では実現しませんでしたが、セント・ポール大聖堂の建設などにより古い中世都市ロンドンの新たな都市への転換点となりました。

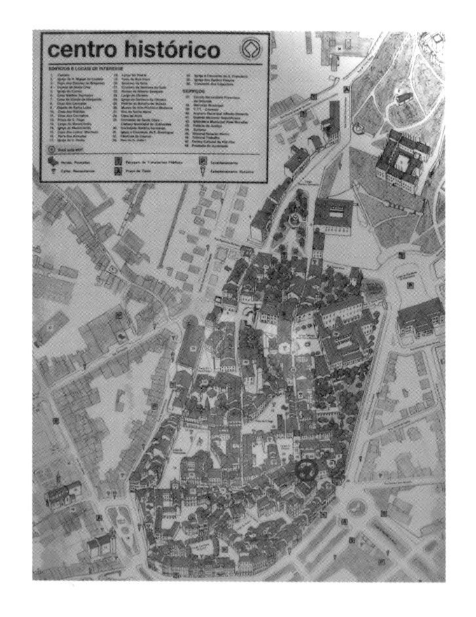

▲▶中世の都市ギマランツ（ポルトガル）の旧市街（歴史地区）のまちなみと地図

ギマランツはポルトガル北部の都市で12世紀中頃に成立したポルトガル公国の最初の首都であった。ヨーロッパの古い都市の中でも中世以降のまちなみが最もよく保存されている事例として、2001年に世界遺産に指定された。

パリのベルサイユ宮殿とその周囲の幾何学式庭園や、ローマの入口に位置し中央にオベリスクが立ち、南向きに3本の道路が放射状に伸びるポポロ広場なども、都市の修景の技法を用いて計画された例です。これらバロック期のまちなみの多くは、今日の都市の中で名所として残っています。

一方、19世紀後半のナポレオン3世の時期に、セーヌ県知事のオスマンが実施したパリ大改造の計画は、バロック期の都市計画の延長とみることができます。1853年から1870年の17年をかけて実施し大改造で密集市街区を一掃して幅の広い道路を通し、道路沿いの建物を統一的なデザインに誘導してオペラ座などモニュメントとなる建造物を配置するなどによって、今日のパリの骨格をつくりました。このパリの大改造計画は、ベルリン改造計画や日本の官庁集中計画など各国にも大きな影響を与えました。

オーストリアの首都ウィーンも1873年に開催された万国博覧会に先立ち、フランツ・ヨーゼフ1世の構想により、都市改造が実施されました。パリと同様に市を囲む城壁を撤去した跡に環状道路が通され、道路に沿って帝国議会、市庁舎、劇場、美術館、博物館などの壮麗な建物が建設されました。

◀実現しなかったレンのロンドン再建計画案（1666）（ヨーロッパ史跡建造物図集成、遊子館、2009、p.339）

◀ベルサイユ宮殿（ヨーロッパ史跡建造物図集成、遊子館、2009、p.287）

もとはルイ13世の別荘であったがル・ヴォーが増改築を手がけ1624年起工し1770年に完成した。庭園はル・ノートルの手になる。17、18世紀のフランス建築・美術工芸の集大成としてのモニュメントである。

■4 工業都市の誕生

都市の形態が大きく変化したのは、産業革命に端を発する工業の発達と人口の急増です。今日の私たちが住む都市の成立は、工業化、産業の発達、それにともなう人口の増加、生活環境の変化などと一体であるといえます。産業革命による工業化、産業の発達が進むと、それ以前の自給自足により生活を営む村落に対して、消費と生産の分離によって新たな集住形態である都市が発生しました。

都市が主に農業、漁業などの第一次産業従事世帯以外が集住する集落であるとすれば、過去2世紀の間に生まれた新たな都市は、5000年スパンの人類の歴史では、例外的であるといえます。かつての都市の形態は、その集落の規模、人口の集積度が大きくても自給自足を営む限り村落（農村）であって、必ずしも今日的な意味の都市ということにはなりません。都市とは、農水産物などの食糧の生産を自ら行わない人々がそれぞれの職業に従事しつつ生活を営む場所なのです。

都市人口は、最近の200年で、格段にその比重が高まりました。産業革命によりもたらされた工業化は、大量の労働力を必要とし、そのため都市への人口集中が発生しました。世界に先駆けて産業革命が起こったイギリスでは、1750年代から都市人口の急増が始まりました。

1750年において5万人を超える都市は、ロンドンとエジンバラだけでしたが、その50年後の1801年には、さらに8都市、1851年には28都市が加わり、このう

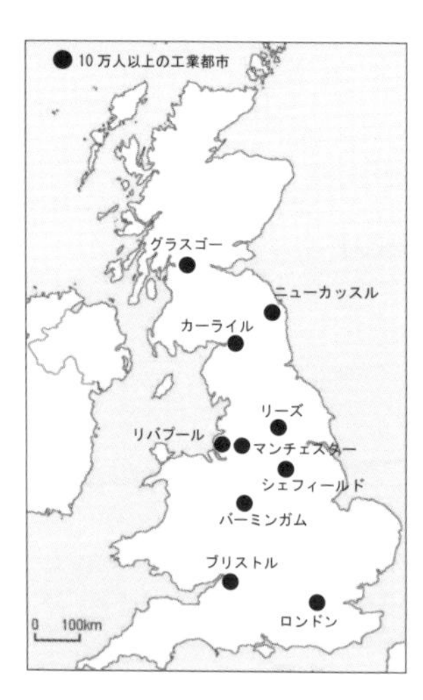

▲1862年頃のイギリスの10万工業都市

▲産業革命で出現したイギリスの工業都市（長島信一、世紀末までの大英帝国、法政大学出版局、1988、p.102）

ち9都市は、人口が10万人を超えていました。この時点で、イギリスの都市人口は農村人口を抜き、さらに全人口の約1/3は、5万人以上の都市に住んでいました。

産業革命によって都市に工場が立地し、その生産活動に従事する人口が増えることで、それ以前の既成都市への人口集中、都市の拡大や周辺への拡散をもたらしました。 都市人口の増加とともに、消費と生産の分離という都市的生活の様式が浸透することによって、農村が都市に変化する都市化（urbanization）が起こりました。この急激な変化は、都市生活者、特に労働者階級の住宅、衛生など住環境に大きな課題をもたらしました。

■5 田園都市構想

19世紀はじめに、スコットランドのニューラナークの水力紡績工場で、実業家として成功したロバート・オーエンは、理想社会を求めて社会改良実験をこの紡績工場で行いました。この経験をもとに工場労働者の生活の改善のために提案したのが、農業と工業を結合させ自給自足による共同体を営む理想工業村でした。

オーエンの理想工業村とは、1,200人程度の労働者とその家族が共同社会をつくり、住区には学校や病院、共同厨房、学校、教会、図書館、クラブなどの諸施設を備え、労働の場としての工場および周囲に広がる農地での自給的な農業活動にもかかわる、という新しい都市構想でした。しかしオーエンのこの提案は実現には至りませんでした。

都市化の進むロンドンでは、上下水道、廃棄物処理などの都市衛生に不可欠な施設が追いつかずテムズ河は異臭を放ち、煤煙による大気汚染がさらに進みました。19世紀末にロンドンの人口は600万人を超え、都市の課題がいよいよ深刻化した中で提案されたのがエベネザー・ハワードにより1898年に公表された田園都市論です。この4年後には、さらに「明日の田園都市」として改定されて発表されました。

ハワードの田園都市論は、都市の機能をもちつつ、都市の環境悪化を農村の良好な環境で改善をしようとする都市と農村の利点を共存させる考えに基づきます。人口規模3万～10万人程度の小都市で、都市の周囲を農耕地で囲み、工場も立地することで住民の大部分は都市と同様に、産業が確保され雇用機会が得られます。交通機関、供給施設は公営とし、土地は原則として公有としています。

ハワードの田園都市論は、1903年にロンドンの北50kmほどに位置するレッチワースの建設で実現します。さらに1920年には、レッチワースの南20kmのロンドン近郊で、ウェルウィン・ガーデンシティーが建設されました。ハワードの田園都市論は、その後世界の郊外住宅地や住宅都市などに大きな影響を及ぼしました。

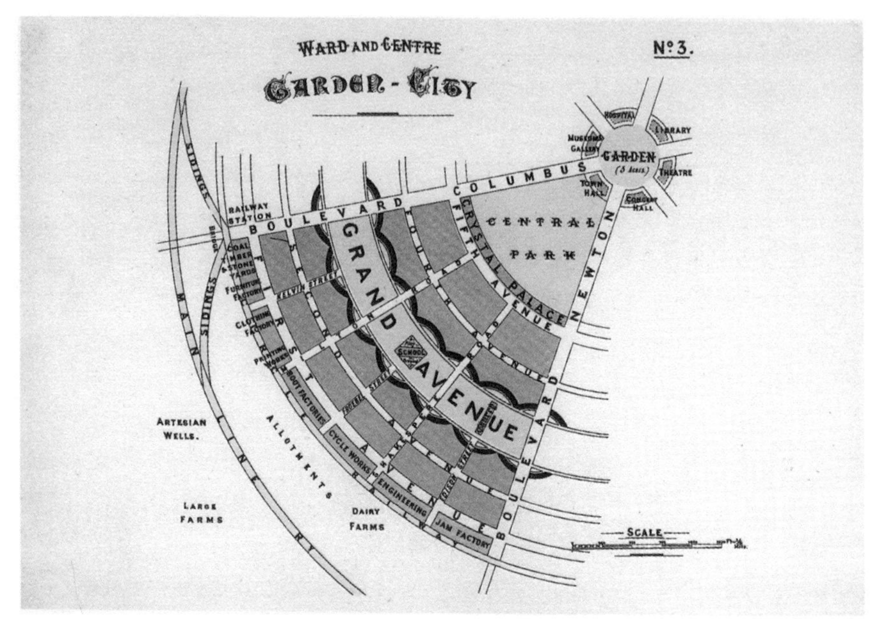

▲ハワードの田園都市論（出所：Ebenezer Howard - To-morrow: A Peaceful Path to Real Reform, London: Swan Sonnenschein & Co., Ltd., 1898)

中心の庭園から放射状にブルバードが伸び、それに直交して同心円状に街路がある。外周縁に各種工場、鉄道、駅が配置されている。右下縮尺は1/4マイル。

ケンブリッジ大学の木組み建物

イギリスのケンブリッジ大学クイーンズ·カレッジには、ロング・ギャラリーと呼ばれるハーフ・ティンバーの建物がある。大学の中で実際に使用されている唯一の例で、学長の部屋がこの中にある。

ハーフ・ティンバーとは、木組みの間に漆喰、煉瓦、石材を詰めた壁構造で、黒色のオーク材と白色の漆喰がコントラストをなす伝統的なチューダー建築である。この建物が建設された正確な時期を示す記録はないが、おそらく1595年から1602年の間ではないかとされている。およそ4世紀にわたって、大学の建物として実際に使われ続けてきた。

1階部分は中庭を囲む回廊で、ロング・ギャラリーは、この回廊の壁の上に建つ幅3.6mの細長い建物である。2階は、幅3.6m、長さ24mの細長い空間の大部屋となっている。この建物の名称のロング・ギャラリーはここから来ている。

この建物は、古くから構造的な弱点が指摘され、現在では、やや柱や床が傾いているが、これまで実に多くの手が加えられてきた。1912年に実施された大規模な修復では、それ以前には全体が漆喰で塗られていた壁の表面が剥がされて、もとの木組みのハーフ・ティンバーの壁に戻された。同時に、床から天井まで垂直に伸びる間柱の間は、新たな漆喰のブロックが詰め直され、窓枠の取り替えも行われた。さらに、半円状に建物より突き出た出窓部分を1階で支える煉瓦の柱も、新たな木製の柱に取り替えられ、壁の内部には、鋼製の筋交いが追加された。

▲ケンブリッジ大学（イギリス）

1-3

20世紀以後の都市計画思想の流れ

近代に入り産業の発達とともに生まれた様々な都市の課題は、19世紀の田園都市構想を経て、20世紀以後の都市計画思想に大きな影響を与えました。

■1 ル･コルビュジエの機能的田園都市

イギリスにおいてハワードが、平面的な広がりをもつ田園の中における小都市に理想都市の答えを見いだしたのに対して、フランスでは、ル･コルビュジエが機能的に都市問題を解決する方法として、1922年に高層化によって都市空間を効率的に活用する300万人の現代都市を提案しました。

この計画案は、当時のパリの人口にほぼ匹敵する300万人の大都市を想定し、立体化した空港、鉄道駅などの都市交通センターを都心に配置し、その周囲に高層ビルの事務所ビル群、さらにその外側に中層の集合住宅が取り囲み、郊外には独立住宅の田園都市地区や工業地区が割り当てられています。都心と周囲の田園都市地区は、立体化された都市交通幹線によって結ばれています。建築物の高層化によって人口が効率的に収容されるために都心部には広大な緑地が確保されます。

この計画案は、1925年にパリに適用した計画案が提案されたものの採用されませんでした。また、1930年には、輝く都市の計画案を発表し、その考え方は、1933年の近代建築国際会議でアテネ憲章として採択されました。ル・コルビュジエの都市計画思想はかなり異端であり、そのまま受けいれられることはありませんでしたが、その後の都市計画の理念に影響を与えました。

■2 近隣住区論

アメリカではC.A.ペリー(1872-1944)が、居住区域の計画単位は小学校を中心とする学区、小公園、地域の店舗などに対応する地域とすべきであるとの考え方を1924年に社会・教育運動家の視点から公表しました。これは都市における住民相互の無関心や匿名性による弊害を、連帯意識をもったコミュニティを育成することで克服するとの考えに基づくものです。

ペリーは、自ら実施した調査によって地域住民の生活の普遍的な要求を充たすために、地域のコミュニティは同じような機能を果たす類似の要素から構成されていることを把握しました。居住区域がひとつのまとまりをもつ空間としてコミュニティを構成する要素として、小学校や、教会、公園、店舗などをあげています。

この空間的まとまりをもつ区域の外周には、幹線道路をめぐらせ通過交通の住区内への進入を防ぎ、人口に応じた店舗、オープンスペース、小公園などを配置し、区域内には階層的な道路網を配置します。この近隣住区論は、イギリスのニュータウン計画や、わが国の住宅市街地計画や、都市公園の配置として採用されています。

なお、近隣住区の考え方による住宅地の計画では、住宅地内への通過自動車の流入を防ぎ、歩行者と自動車交通の動線を分離するラドバーンという方式が生まれました。外部から住宅地に入る自動車路は袋小路となりますが、歩行者は住宅裏の緑地を通る小路でつながれた道路構造です。1928年にニュージャージー州フェアローン市のラドバーンで導入され、以後この名前で世界の住宅地の道路設計として広まりました。

■3　大ロンドン計画

産業革命が世界に先駆けて進行した19世紀のイギリスでは、大都市の環境の改善のために、ロバート・オーエンの理想工業村や、ハワードの田園都市構想が提案されました。これらとともに進められたのが、都市交通、住宅、産業配置、公共施設などの諸問題を技術的、法律的な裏づけによって対処する行政都市計画で、1943〜1944年に実施された大ロンドン計画は、大都市改造計画の例です。第二次大戦中に計画が策定されたことから、戦災からの復興も意図して策定されました。

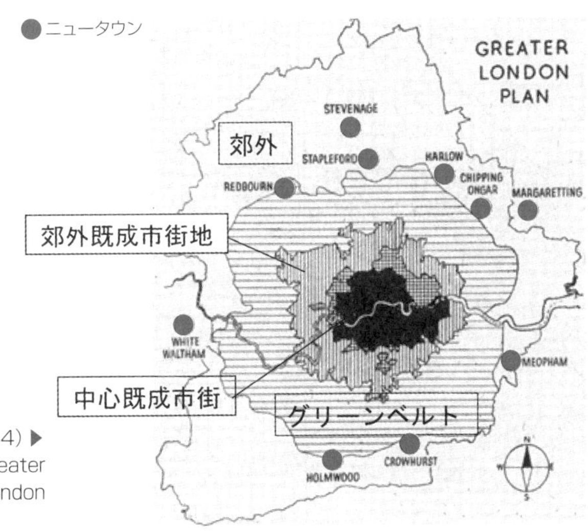

大ロンドン計画（1944）▶
（出典：Patric Abercrembie,Greater London Plan, Univercity of London Press 1944）

この計画の大きな狙いの1つが、ロンドンの人口密集の解消でした。このための増加する人口の受け皿となるニュータウンとセットとなった計画でした。中心部の既成市街地は一定の高密度の人口を認めますが、郊外では人口を抑制し都心から20～30kmの近郊地帯はグリーンベルトとして開発を抑制します。収容できない人口は、都心から30～40kmの郊外8か所に新たな新都市を設けるとともに、既存都市を拡張することでその受け皿としました。都心の過密人口の抑制と郊外への分散を図る大ロンドン計画の手法は、戦後1950年代のわが国の首都圏整備計画に影響を与えました。

その後、大ロンドン計画は見直され1968年に大ロンドン開発計画が策定されました。

■4　生態的都市計画

20世紀はじめにイギリスの生物学者パトリック・ゲデス（Patrick Geddes、1854-1932）によって、生態学的な考察に基づく進化論的都市論が提唱されました。都市の発展の過程を生物学的な視点から観察し、都市を経済活動とともに、社会、文化、歴史など生活を構成するさまざまな側面の有機体ととらえて、都市の発展の方向を探ろうとする考え方です。

科学的調査の重要性を指摘し、都市計画における調査は「治療前の診断」としてその場所がどのように成長したかを把握し、場所の利点、問題点や欠陥を理解することが重要であるとしました。ゲデスの都市調査の理論は、1915年に刊行した都市計画に関する著書『進化する都市（Cities in Evolution）』で公表されました。

ゲデスは歴史的な都市の改造について、スコットランド、アイルランド、フランス、インド、パレスチナ、イスラエルの歴史的地区において実践しています。また、環境汚染に強く反対するエコロジーの科学に強い関心をもち、自然保護の提唱者としても知られています。ゲデスは都市計画理論において、エベネザー・ハワードと並んで、近代都市計画の祖とも呼ばれています。

▲ゲデスと著書『進化する都市　-都市計画運動と市政学への入門-』（1915、表紙）

初期の鉄道駅舎ヨーク駅（イギリス）

イングランド北部の町ヨークは、ロンドンと、スコットランドの首都エジンバラのほぼ中間に位置する。ロンドンのキングスクロス駅から特急に乗ると、2時間ほどの場所である。

ビクトリア時代の建造物であるこのヨーク駅は、完成当時、鉄道駅舎としては世界最大規模であった。ヨークから隣のリーズまでの鉄道が、ジョージ・スチーブンソンによって建設されたのは、1839年のことである。この7年後の1846年には、ロンドンまで約300kmが全通した。

最初の鉄道駅は、ヨーク中心部にあるローマ遺跡の城壁の内側に、終着駅として建設された。このあと、鉄道が北に向けて延伸して、ヨークが幹線鉄道の通過駅となると、一方向からの発着は不便となり、1877年に通過駅方式に変更された。これが今日の鉄道駅である。

線路がカーブする場所に位置するヨーク駅は、なだらかな曲線のホームと、屋根を支えるアーチ部材の曲線が相まって、独特の美しい形を創り出している。

屋根アーチのスパンは24.5mあり、3本ごとにコリント式の鉄製の柱で支えられ、その間のアーチリブは縦桁で支えられている。

両端で60cmの高さのあるアーチリブは、中央に行くに従って薄くなっている。スパンドレルには、ゴシック式装飾の四つ葉模様に切り取った穴が空けられ、軽快さが醸し出されている。鉄製の柱から張り出したブラケットには、ヨークのシンボルである白バラと、ノース・イースタン鉄道の紋章が鋳込まれている。

▲ヨーク鉄道駅（イギリス）

1-4

わが国の近代以降の都市計画

わが国の近代都市計画は、明治初年の東京の大火後の銀座の欧風街路への改造や官庁集中計画、北海道開拓使の函館街区改正等により始まります。

■1　明治·大正

□銀座煉瓦街

江戸から東京と改名された新たな首都は、江戸城周囲に配置されていた武家屋敷が市域全体の約6割を占め、城の東側の約2割が町人地、残りはその周囲を取り囲むように寺や神社が配置されていました。

武家地や旧幕府の敷地が大半を占めていた江戸の特殊性は、明治以降の新首都の都市計画に都合がよく、官有地として新政府の官庁、官舎、軍事施設、皇族・公家の邸宅、公園などへ割り当てられ、一部は財閥系の民間企業のオフィス街用地として払い下げられていくことになります。

明治以後の最初の都市計画は、1872（明治5）年2月の大火で焼失した丸の内、

▲銀座煉瓦街（出所：よみがえる明治の東京 東京15区写真集、角川学芸出版、2009.2）

通りは歩車道が区分され街路樹が植えられている。列柱のアーケードが連なる2階建ては煉瓦造りに加え漆喰（しっくい）が用いられた和洋折衷の建物が多かった。

銀座、築地一帯の復興がきっかけで、銀座を欧化の第一歩として耐火構造の西洋風の街路へと改造するものでした。

明治政府は全焼失地域を買収し、区画整理を行ったあと、お雇い外国人トーマス・ウォートルス（1842～1898）の設計によってアーケード付きの2階建て連棟式町家が並ぶ西欧風近代的商店街の建設を行いました。

□北海道開拓使の函館街区改正

幕末の日米修好通商条約によって開港した函館は、物資の供給や中継地の役割を旧来のまちなみのまま担い、新たな計画的な市街区画は形成されず密集した住宅や狭隘（きょうあい）な道路が通る無秩序な開発が進んでいました。函館の最初の都市計画は、1878（明治11）年、1879（明治12）年に発生した大火によってこれらの旧市街地が焼き尽くされたのちに、北海道開拓使によって街区改正事業として行われました。

道路改正で区画を十字型に割って格子状に街路が配置されました。防火対策として道路は拡幅され、建築物は煉瓦造りや土蔵造りなどの不燃化構造が採用されました。このあともたびたび大火が発生した函館では、防火線としての広幅員の道路を主軸にした土地区画事業が行われました。

□官庁集中計画

官庁集中計画とは道路、下水などの基盤整備とともに、江戸以来の武家の大名屋敷を転用して分散していた明治政府の多くの官庁を集約させて欧米流の官庁街を建設する計画でした。この計画は、不平等条約の改正を進めるための鹿鳴館外交の延長上として、都市景観を重視した大規模欧風建築を主体とする意図があり、明治10年代後半、井上馨外務卿の主導によって始まりました。

1886（明治19）年に内閣に内務卿を総裁とする臨時建築局が設置されて計画が進められた最初の官庁集中計画は、ドイツ人技師のヘルマン・エンデとヴィルヘルム・ベックマンによる、ドイツを範としたものでした。この計画は、官庁街、国会議事堂、新宮殿、練兵場、鉄道駅、博覧会場その他の公共施設を霞が関中心に配置する壮大なものでした。

その後、計画案は規模を大幅に縮小され一時棚上げとなりましたが、最終的には道路、下水などの基盤整備は一部にとどまり、議事堂（1890年）、大審院（1895年）、司法省（1895年）、海軍省（1894年）などの建築物が竣工しました。

□東京市区改正

銀座煉瓦街の建設以後の本格的な東京の都市改造は、官庁集中計画と東京市区改正によって始まります。1888（明治21）年8月に公布された東京市区改正条例は「東京市区の営業衛生防火及通運等永久の利便を図る」目的で、皇居周辺と下町の一部の地域を対象に道路の新設·拡張、河川、橋梁、公園の整備を行う都市計画でした。

市区改正条例の公布とともに東京市区改正委員会が設置され、市区改正事業は翌1889（明治22）年から始まりました。しかし、官庁集中計画と同様に、日清戦争（1894年）、日露戦争（1904年）と2つの戦争を経験するこの時期は財政の極端な逼迫から1903（明治36）年に計画は大幅に縮小されました。日露戦争後になって外債により得た資金をもとに整備が進められ、1914（大正3）年に事業が終了しました。

実施された事業としては、東京の近代化に対応する都心部の整備、江戸城内堀の丸の内地区の整備、路面電車を通すための道路の拡幅、日本橋大通りの整備、永代橋、両国橋や日本橋などの近代的な鉄橋や石橋の架設、上下水道の整備、東京駅、旧陸軍近衛師団練兵場跡地を利用した日比谷公園の整備などがありました。

東京以外の、大阪、京都、神戸、横浜、名古屋でも路面電車のための道路拡幅などが市区改正事業として実施されました。1919（大正8）年には、建築基準法の前身である市街地建築物法および旧都市計画法が制定され、翌1920（大正9）年1月に施行されました。市区改正条例はこれにともない廃止されました。

■2　昭和戦前期

□関東大震災帝都復興事業

1923（大正12）年9月1日に発生した関東大震災によって甚大な被害を受けた東京市街地は、江戸時代以来の大改造が進められる契機となり、道路拡幅や区画整理

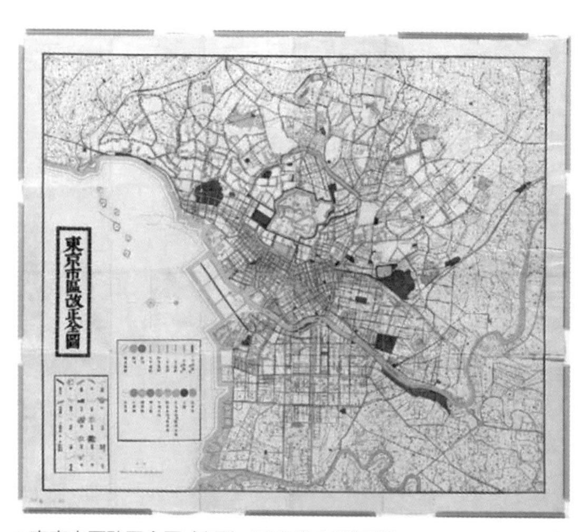

▲東京市区改正全図（出所：国立公文書館蔵）

などインフラ整備が進みました。

震災直後には、国による被災地の買収、100m道路の計画、ライフラインの共同溝などが東京市長の後藤新平によって提案されましたが、地元の反対や予算の削減で実現しませんでした。その後、内務省復興局が中心となって復興事業が進められ、建造物では鉄筋コンクリート造の同潤会アパート、九段下ビル、復興小学校、および隅田、浜町、錦糸町の三大復興公園をはじめとする52か所の小公園が整備されました。市域全体の約45%にあたる焼失面積約3,500haに対して土地区画整理事業が実施され、密集市街地の狭小宅地や畦道のまま市街化した地域は撤去し、電気、ガス、上下水道、および4m以上の細道路網が整備されました。幹線道路については、東京都心の現在の骨格となる内堀通り、靖国通り、昭和通りなど都心・下町の街路が復興事業により整備されました。

橋梁については震災復興橋として、東京市だけでも500橋近くが架け替え・新設されました。これらには隅田川の永代橋、清洲橋、両国橋など9橋が含まれ、橋梁技術のひとつの画期となりました。

▲復興された東京行幸通りと東京駅（1929年5月撮影、土木学会デジタルアーカイブ）

右手旧丸ビルは被災者救援の拠点となり大改修を経て1926（昭和元）年に再開された。

□東京緑地計画

1920年代に大都市の膨張に対し市街地外周にグリーンベルトを設置し、郊外に衛星都市を建設する広域都市計画の考え方が出始めました。わが国では1932（昭和7）年に東京緑地計画協議会が内務省を中心に設置され、1939（昭和14）年に東京緑地計画が策定されました。この計画は、東京50km圏を対象とする広域かつ総合的な緑地計画で、緑地帯、公園等を含むもので、日本の都市計画および公園史上初めての大規模な計画でした。

東京緑地計画では、東京市の外周の環状緑地帯が計画され、放射状に延びる善福寺川、石神井川、玉川上水などの都市河川沿いの緑道・景園地と合わせて放射環状緑地帯が形成されるように設定されました。

1940（昭和15）年の旧都市計画法改定では、緑地が初めて都市施設として規定され、多くの部分が民有地に含まれる環状緑地帯の拠点部分については、用地を買収して都市計画決定の手続きがとられました。昭和15年は紀元2600年にあたりその記念事業として砧（きぬた）、神代、小金井など6か所に加え、このあと終戦までに22か所が追加され、緑地は合計28箇所が都市計画決定されました。この東京緑地計画とほぼ並行して、大阪、名古屋、神奈川などで大緑地が都市計画決定されました。

■3　昭和戦後期から平成

□戦災復興計画

第二次大戦では全国で215の都市が被災し、都市住宅の約30%、工場設備や建築物などの約25%が被災しました。これらのうち比較的大規模な戦災を受けた115の市町村に対して戦災地復興計画基本方針によって土地区画整理等の復興事業が進められました。

土地利用計画では、街路について主要幹線は大都市では幅員50m以上、中小都市では幅員36m以上として、駅前広場の設置や、公園、運動場、道路等の緑地を系統的に市街地面積の10%以上とし、市街地外周に緑地帯を設けることなどが盛り込まれ、かなり高いハードルが設定されました。

緑地帯と防火帯を兼ねた100メートル道路が名古屋や広島に建設されたほか、河川沿いの帯状緑地については、神戸をはじめ広島、鹿児島、徳島、徳島でも整備されました。

戦災復興都市計画では、多くの都市において良好な市街地が形成された一方では、当初計画が大幅に縮小された地区や、復興事業未実施の都市・地区も多く見られ、その後のモータリゼーションで課題を残すこととなった都市・地区も多くありました。

□首都圏整備法

終戦直後から経済復興により、首都圏の産業の集中、人口の増加は著しく、1950（昭和25）年の全国人口8,400万人に対し、首都圏人口は1,300万人、構成比15.5%が、さらにこの10年後の1960（昭和35）年には1,390万人、18.9%に達しました。この人口増加に対し復興事業は計画から大幅に遅延し、市街地の無秩序な拡大やそれにともなう住環境の悪化、交通渋滞、住宅不足が深刻化しました。これらの喫緊の課題に対処するために、東京とその周辺7県を一体とした広域な視点からの整備を行うべく、1956（昭和31）年首都圏整備法が制定されました。

この方針には、1944年のイギリスの大ロンドン計画と同様に、既成市街地の過密化の抑制を図り既成市街の人口、産業を周辺に分散配置するものでした。既成市街地と近郊地帯の間には、近郊地帯を設定する計画でした。

首都圏整備法に基づいて1958年に制定された第1次首都圏基本計画では、既成市街地の工業化等の制限は一定の成果をみたものの、近郊地帯の設定は、郊外スプロールの進行や住宅不足解消の政策もあり実現できませんでした。

□1968年都市計画法改正

1919年（大正8）年に制定された旧都市計画法は、今日の建築基準法と都市計画法に相当する規定が盛り込まれていました。この旧法を廃止し、1968（昭和43）年に新たに制定したのが都市計画法です。

旧法に対し、新たな都市計画法では、市街地化の進展に対応し、スプロール防止のための土地利用・制限強化の「市街化区域と市街化調整区域の区分（線引き）制度および開発許可制度」が導入され、建ぺい率、容積率、高さ制限等の制限（集団規定）を設け、地域制が細分化され地域・地区指定のきめ細かな適用ができるようになりました。また、これらの施策の実施は地方自治尊重の考えに基づき地方が主体となって担うこととなっています。

このあと、1974（昭和49）年の改正で、未線引き区域への開発許可の適用や許可対象の拡大など開発許可制度の拡充が行われ、1980（昭和55）年の改正では各地区の特性に応じたまちづくりを誘導するための地区計画制度が創設されました。これは地区からの視点で住民の合意のもとに計画を進める点で、従来の都市計画手法と大きく異なるまちづくりの契機となるものでした。1981年には全国に先駆けて神戸市において住民参加の手続きが条例化されました。

■4　平成

□1992年都市計画法改正

新たな都市計画法の改正以来、秩序立った市街地形成が進められましたが、1970年代、80年代は高度経済成長による都市化の進展にインフラ投資は追いつかず、交通渋滞や各種都市施設の不足が慢性的に発生していました。東京への一極集中、地方都市を中心とする中心市街地の空洞化問題、さらにバブル経済による地価の高騰など都市計画実施の新たな課題も出現しました。

そこで都市計画制度の見直しのために1992年に都市計画法および建築基準法が改正されました。

この改正では用途地域が8から12に細分化され、市町村マスタープランが創設されました。この策定手順には市民参加が義務づけられ、地区計画制度の創設とともに、市民提案、ワークショップの開催など市民主体、市民参加のまちづくり活動が数多く見られるようになりました。

一方、バブル経済崩壊後の景気対策として投資を促すことを狙い、建築基準法では容積率などが規制を緩和する方向で改正され、従来には建築できなかった容積率の大きなマンションや、斜面地のマンション等が出現することになりました。

□中心市街地活性化とまちづくり三法

昭和50年代から大都市の人口増加の一方、すでに一部の地方都市の中心市街地立地では、小売店舗の売り上げや従業員数に減少傾向が見られました。世帯あたり自動車保有台数の増加や消費者のライフスタイルの変化などによって、郊外立地の大型店に客が流れたことから、中心市街地の衰退の問題を小売店舗と郊外立地の大型店舗の構図からとらえる傾向がありました。

1998年にまちづくり三法と呼ばれる「改正都市計画法」、「大規模小売店舗立地法」および「中心市街地活性化法」の3つの法律が制定されましたが、2004年に総務省が実施した全国121市町の中心市街地活性化の状況を把握・分析した調査の結果では、多くの市町で人口・商店数・年間商品販売額などいずれの指標からも中心市街地の衰退に歯止めがかかっていないことがわかりました。

2006年のまちづくり三法の見直しでは、市域の拡大を抑制する立地規制が強化され、コンパクトシティと呼ばれる都市機能の集約、再編の方向に舵（かじ）が切られました。

近年では、中心市街地の活性化を都市内の交通施設や公共施設の活用、土地利用、文化財等の地元資源の活用、歴史的まちなみ、景観などによる地域の魅力といったまちづくりの問題として都市計画、商業、道路・交通、環境など幅広い分野から対応策をとる必要性が指摘されるようになりました。

第2章

都市計画法と関連法規

都市計画·まちづくりの基本的な部分は行政による統一的に実施される法律を根拠とした法定都市計画ともいえるものです。本章では、まず法定都市計画の特徴について概観したのち、都市計画行政の実施のよりどころである都市計画法について理念や制度・仕組み、許可基準、手続き、用語などを解説します。さらに都市計画法は多くの法規とも関連をもちながら一体的に適用されることから、これら関連法規についてもみていきます。

2-1

法定都市計画の概要

都市計画の基本的な部分は都市の将来のあり方に向けて土地利用や都市施設などの計画立案と実施であり、この過程で規制や誘導が法的根拠をもとに実施されます。

■ 1　都市計画行政の実施

都市計画行政の実施とは、都市の将来の目標に向けて対象とする地域の土地利用や都市施設などの計画を立て、それを実施していくことです。その過程でさまざまな都市計画における規制、誘導あるいは都市計画事業の実施という側面があります。この実施のための根拠となるものが、公的に制定されたルールである都市計画法や各種の関連法です。

都市計画の最も基本となる役割は、対象とする区域の土地利用計画の確立をして、この計画に基づいた土地利用を規制と誘導によって促し、都市計画施設用地を確保して都市計画事業の推進を図ることです。土地に関する施策の基本は、土地基本法や国土利用計画法によって規定されています。

都市計画法の上位法である国土利用計画法によって策定された土地利用基本計画では、都市地域、農業地域、森林地域、自然公園地域、自然保全地域の５種類の地域区分が行われます。この都市地域に対し、都市計画法は都市として整備・開発あるいは、保存する区域を都市計画区域として設定し、さらに設定された都市計画区域から、市街化を図る区域、抑制する区域を定めることになります。

一方、都市計画法は、地域地区に関連する建築物の敷地、構造、設備などの基準や建築確認の手続きを定めた建築基準法、都市施設に関する道路法、河川法、都市公園法などの関連法と一体的に運用されます。

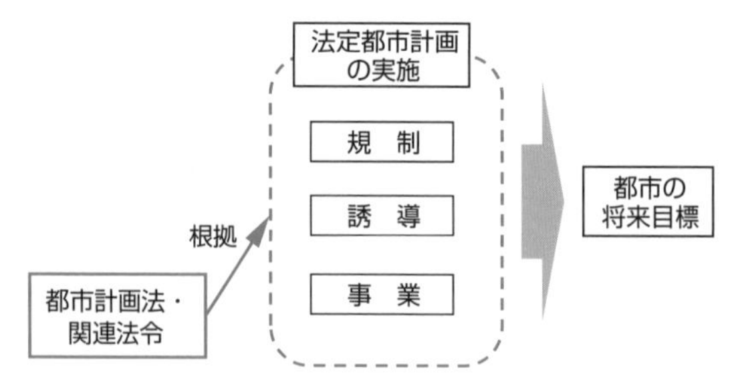

▲都市計画行政の実施と法令

このように、都市計画行政は、都市計画法の上位の法令や関連法といった法律群全体の法体系により、規制・誘導、あるいは都市計画事業によって都市の将来目標に向けて実施されることになります。

■2　都市計画における規制、誘導、事業の相互補完

都市計画は、個人、企業、開発事業者など多種多様な主体の土地利用や建設行為を対象とすることから、必然的に公共の福祉の名のもとに土地所有の私権に制約を課すことになります。土地所有の財産権は憲法29条第1項の「財産権はこれを侵してはならない」で保障された権利ですが、第2項に「財産権の内容は公共の福祉に適合するように法律でこれを定める」とあり、第3項では「私有財産は、正当な補償の下に、これを公共のために用いることができる」とあります。財産権は経済的自由権の1つとして第1項で保障されていますが、第2項の規定から私有財産制を制度的に保障したものであると解釈されています。

しかし、都市計画法、関連法令、あるいは条例など公的に制定されたルールに基づく法令都市計画は、強制力をともなう実効性をもちますが限界もあります。法令による規制は、最低水準を満たす画一的内容になりがちな傾向もある一方、地域特有のまちなみの景観や文化など価値判断にあたって主観を排除できない場合は、法定都市計画での扱いは困難となります。

また、都市の物理空間以外のソフト的な仕組みや地域の生活習慣にかかわる事柄、地域おこし、地場産業活性化などは、法による規制をともなう法令都市計画のみでは対応しにくい部分が含まれます。また、都市全体の空間構造など大空間の計画と身近な生活空間、市民の地区計画などの個々の都市空間を対象とする法定都市計画では、強制力をもつ規制をかけて実施する部分とともに、必ずしも法令の規制によらないまちづくり活動との相互補完によって実効性を発揮する部分が多くあります。

都市計画は絶対的最適解のある技術体系ではなく、可能な複数案から社会的価値判断で選択する社会的技術である所以(ゆえん)です。

■3　都市計画におけるステークホルダー

都市計画法や関連法令を根拠として実施する法定都市計画においては、国と自治体の関係や、その他のステークホルダー（主体）について理解しておくことも大切です。

国と自治体の関係は、国の影響力が大きいとはいえ国は支援者、協議者であり、都市計画の運用者は自治体です。2000年4月より地方分権一括法により通達が廃止され、代わって「都市計画運用指針」（技術的指針）が発刊されました。国は法令を整備しその解釈を自治体へ伝え、技術的助言

としてこの指針に基づいて自治体が運用をしています。身近な都市計画は市町村が担い、一市町村を超える計画は都道府県が担当します。

一方、都市計画への民間のかかわりとしては、鉄道と沿線開発などで、電鉄系などの民間デベロッパーがあるほか、1955年設立の日本住宅公団を前身とし、市街地の整備改善や賃貸住宅の供給支援・管理を行う、国土交通省所管の独立行政法人都市再生機構があります。

また、1980年代以降、民間活力導入により、民間事業者の都市計画へのかかわりが出てきました。また再開発事業などでは行政と民間の協議がベースとなっています。

住民・市民はかつて都市計画の主体ではありませんでしたが、1968年制定の新都市計画法では、関係権利者の立場での制度上の住民参加が可能となりました。これ以後、量から質への時代に入り、市民の評価が不可欠となり市民の積極的な関与が始まりました。また情報公開型行政への移行にともない、行政のアカウンタビリティが進められNPO、まちづくり協議会なども設置されるようになりました。2002年の都市計画法改正では、地権者の2/3以上の同意で都市計画決定の変更提案が可能となりました。このような市民参加の流れの中で、関係者の合意形成の手続き、協議の過程における、都市計画に関するコンサルタント、研究機関などのより積極的な関与の役割も出てきました。

■4 都市計画決定

都市計画決定とは、法定都市計画の実施にあたり最も基本となる法的手続きです。都市計画決定者が住宅地、商業地、工業地などの配置を決める土地利用や、道路、公園、緑地といった都市計画施設の整備、あるいは市街地再開発や土地区画整理の事業計画などを一定の手続きにより決定す

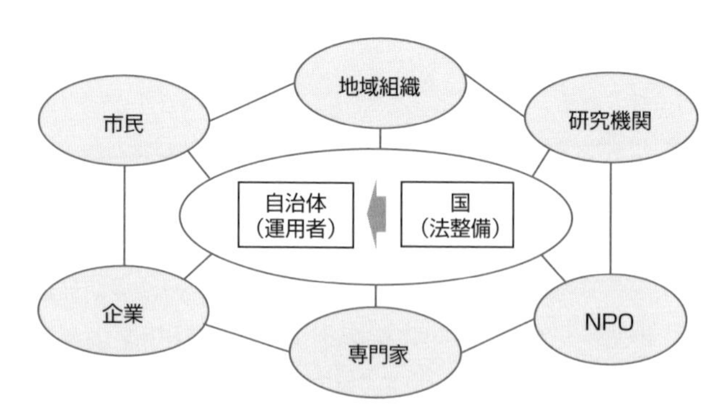

▲都市計画におけるステークホルダー

ることです。この手続きを経ることによって、都市計画法の法的拘束力が発生することになります。都市計画決定手続きは、当該地域の土地利用や地域の将来の発展に大きな影響を及ぼすことから、その決定にあたっては法令によって詳細な手続きが決められています。

都市計画の決定者は、都市計画の内容や影響の程度、範囲に応じて変わります。用途地域、地区計画など住民の身近な都市計画については基本的には市町村が決定し、より広域的、根幹的な見地から決定する必要のある都市計画は、都道府県が決定することとなっています。

都市計画決定者は、計画案の作成にあたり必要な場合は公聴会や説明会を開催して一般からの意見を反映させるための措置を講じます。作成された計画案は公告・縦覧され、この間、市民は意見の提出ができます。計画案は出された意見を付して都市計画審議会で審議されて、都市計画決定することになります。

一定規模以上の都市施設を整備する事業計画の場合は、都市計画事業が環境に与える影響を予測・評価し、内容について住民などから意見を聴取し審査をする環境アセスメントの手続きも行われます。

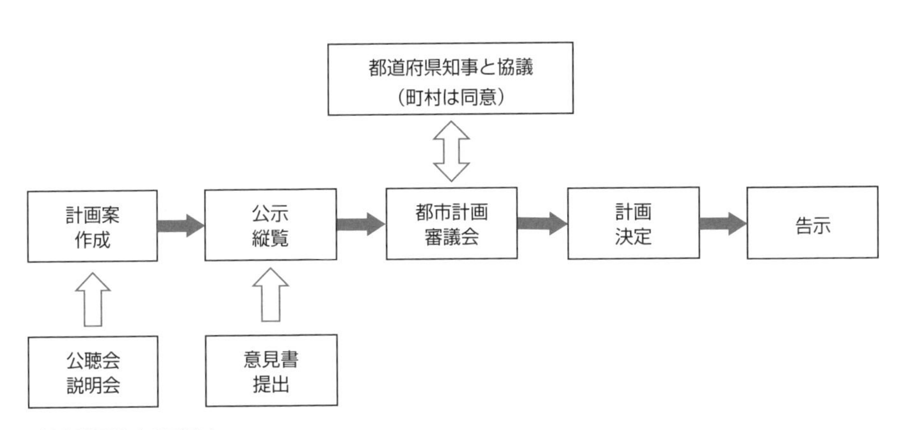

▲都市計画決定の手続き

手続きは都市計画法によって詳細に決定されている。決定主体が都道府県と市町村のどちらであってもおおむね同じ流れである。

2-2

都市計画法

都市計画法は建築基準法や農地法、宅地造成等規制法など土地利用の規制の土地関係法制と一体となって運用する都市計画の基本となる法律です。

■1 目的と基本理念

都市計画法は、第1条（目的）で、都市の健全な発展と秩序ある整備を図り、もって国土の均衡ある発展と公共の福祉の増進に寄与することを目的として、①都市計画の内容及び②その決定手続き、③都市計画制限、④都市計画事業⑤その他都市計画に関し必要な事項を定める、としています。

第2条（都市計画の基本理念）では、「都市計画は、①農林漁業との健全な調和を図りつつ、②健康で文化的な都市生活及び機能的な都市活動を確保すべきこと並びにこのためには③適正な制限のもとに土地の合理的な利用が図られるべきことを基本理念として定めるものとする、とあります。

その手段として、第4条（定義）では、都市計画を「都市の健全な発展と秩序ある整備を図るための①土地利用、②都市施設の整備及び③市街地開発事業に関する計画」としています。

都市計画の実施にあたっては、上位計画の国土利用計画法、国土形成計画法等に基づく諸計画との整合性を図り、都市計画法のほか具体的内容を規定している関連法令に準拠することになります。

■2 都市計画区域および準都市計画区域の指定

都市計画法第5条では都市計画区域、および準都市計画区域の指定について規定されています。この第1項では「都道府県は、市又は人口、就業者数その他の事項が政令で定める要件に該当する町村の中心の市街地を含み、かつ、自然的及び社会的条件並びに人口、土地利用、交通量その他国土交通省令で定める事項に関する現況及び推移を勘案して、一体の都市として総合的に整備し、開発し、及び保全する必要がある区域を都市計画区域として指定するものとする。この場合において、必要があるときは、当該市町村の区域外にわたり、都市計画区域を指定することができる」と規定されています。行政区域によらず一体の都市として区域を指定しています。

これ以外に首都圏整備法、近畿圏整備法、中部圏開発整備法による都市開発区域その他新たに住居都市、工業都市その他の都市として開発し、及び保全する必要がある区域も都市計画区域として指定する、とされています。

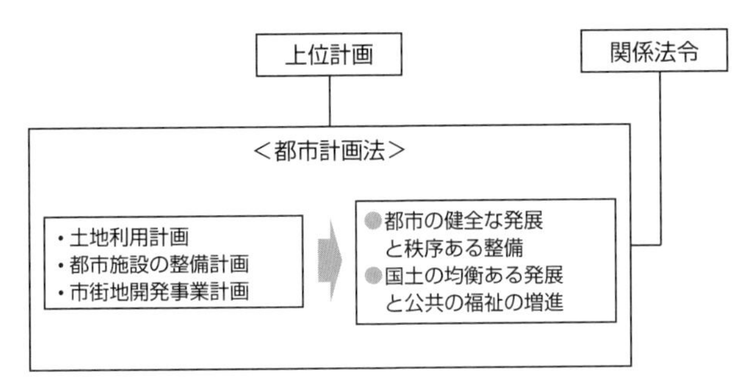

▲都市計画法の位置づけ

▼都市計画法の構成

章		節	条-項
第一章	総則		1～6
第二章	都市計画	第一節　都市計画の内容	6-2～14
		第二節　都市計画の決定及び変更	15～28
第三章	都市計画制限等	第一節　開発行為等の規制	29～52
		第一節の二　市街地開発事業等予定区域の区域内における建築等の規制	52-2～52-5
		第二節　都市計画施設等の区域内における建築等の規制	53～57-6
		第三節　風致地区内における建築等の規制	58
		第四節　地区計画等の区域内における建築等の規制	58-2～58-3
		第五節　遊休土地転換利用促進地区内における土地利用に関する措置等	58-4～58-11
第四章	都市計画事業		
		第一節 都市計画事業の認可等	59～64
		第二節 都市計画事業の施行	65～75
第五章	社会資本整備審議会の調査審議等及び都道府県都市計画審議会等		76～78
第六章	雑則		79～88-2
第七章	罰則		89～97
附則			

（平成三十年四月一日施行）

この都市計画区域の指定は、関係市町村及び都道府県都市計画審議会の意見を聴くとともに、国土交通大臣と協議し、その同意を得なければならない、とされています。また、2以上の都府県の区域にわたる都市計画区域は、都道府県都市計画審議会の意見を聴取の上、国土交通大臣が指定するとされています。

準都市計画区域については、第2項で「都道府県は、都市計画区域外の区域のうち、相当数の建築物その他の工作物（建築物等）の建築若しくは建設又はこれらの敷地の造成が現に行われ、又は行われると見込まれる区域を含み、かつ、自然的及び社会的条件並びに農業振興地域の整備に関する法律その他の法令による土地利用の規制の状況その他国土交通省令で定める事項に関する現況及び推移を勘案して、そのまま土地利用を整序し、又は環境を保全するための措置を講ずることなく放置すれば、将来における一体の都市としての整備、開発及び保全に支障が生じるおそれがあると認められる一定の区域を、準都市計画区域として指定することができる」と規定されています。

なお2015年時点までに決定された都市計画区域は、国土面積の27%にあたる10,119,119haになります。

■3　都市計画の内容

①都市計画区域の整備、開発および保全の方針

都市計画法第6条では、区域区分の決定の有無及び当該区域区分を定めるときはその方針、都市計画の目標のほか、土地利用、都市施設の整備及び市街地開発事業に関する主要な都市計画の決定の方針を定めることとされています。

②区域区分

都市計画法第7条では、都市計画区域では、無秩序な市街化を防止し計画的な市街化を図るために必要な場合は、市街化区域と市街化調整区域との区分を定めることができるとされています。

市街化区域は、すでに市街地を形成している区域及びおおむね10年以内に優先的かつ計画的に市街化を図るべき区域とされています。

▼都市計画区域と準都市計画区域

区域	都市計画法第5条
都市計画区域	市又は、人口、就業者数等が一定の要件を満たす町村の中心の市街地を含み一体の都市として総合的に整備し、開発し、及び保全する必要がある区域
準都市計画区域	そのまま土地利用を整序し、又は環境を保全するための措置を講ずることなく放置すれば、将来における一体の都市としての整備、開発及び保全に支障が生じるおそれがあると認められる一定の区域

市街化調整区域は市街化を抑制すべき区域です。

なお、2015年時点における市街化区域および、市街化調整区域の面積は、それぞれ1,448,850ha、および3,816,221haで都市計画区域に対する割合は、市街化区域が14.2%、市街化調整区域が37.5%となっています。

③都市再開発方針等

都市計画区域では、都市計画に住宅および住宅地の供給、住宅市街地の開発整備の方針、地方拠点都市地域の整備および産業業務施設の再配置、密集市街地における防災街区の整備などの都市再開発方針等を定めることができます。

④地域地区

都市計画法第8条では、都市計画区域に地区街区として、第一種低層住居専用地域ほか合計13の用途地域を定め、土地利用について規制をしています。

⑤促進区域

都市計画法第10条の2では、都市再開発や区画整理事業を特に促進する必要のある都市計画区域について促進区域を指定することができる、とあります。これらの対象となる区域としては、市街地再開発促進区域、土地区画整理促進区域、住宅街区整備促進区域、拠点業務市街地整備促進区域で、指定区域内の土地所有者は事業の施行が義務づけられることで土地利用が早期に実施されることを促す狙いがあります。

⑥遊休土地転換利用促進地区

都市計画法第10条の3では、都市計画区域について必要があるときは遊休土地転換利用促進地区を定めるものとしています。これは、市街化区域内で地域の開発に影響を与える規模の土地が未利用のまま存続し続けることで、周辺地域の計画的な土地利用に支障をきたす場合を想定し、その積極的な土地利用を促すことを狙っています。

対象となる遊休土地の条件は、相当期間にわたり住宅、事業その他に使われていないこと、用途に供されていないことが当該区域及びその周辺の地域の計画的な土地利用の支障となっていること、利用を促進することが、当該都市の機能の増進に寄与すること、一定の規模以上であること、などとなっています。

⑦被災市街地復興推進地域

都市計画法第10条の4によって、大規模な火災、震災、水害等によって被災した市街地復興を推進するために定められる地域です。

⑧都市施設

都市計画法第11条では、以下の11項目の都市施設から当該都市計画区域の都市計画で必要なものを定めることができる、と規定しています。特に必要があるときは、当該都市計画区域外においても、これらの施設を定めることができます。

1 道路、都市高速鉄道、駐車場、自動車ターミナルその他の交通施設
2 公園、緑地、広場、墓園その他の公共空地
3 水道、電気供給施設、ガス供給施設、下水道、汚物処理場、ごみ焼却場その他の供給施設又は処理施設
4 河川、運河その他の水路
5 学校、図書館、研究施設その他の教育文化施設
6 病院、保育所その他の医療施設又は社会福祉施設
7 市場、と畜場又は火葬場
8 一団地の住宅施設（一団地における五十戸以上の集団住宅及びこれらに附帯する通路その他の施設をいう。）
9 一団地の官公庁施設（一団地の国家機関又は地方公共団体の建築物及びこれらに附帯する通路その他の施設をいう。）
10 流通業務団地
11 その他政令で定める施設

⑨市街地開発事業

市街地開発事業は、処理施設や道路などの都市施設が市街地の骨格を線的、点的に整備するのに対し、特定の地域を区切り、その地域内で公共施設と宅地開発を総合的な計画により一体的に行うものです。

都市計画法第12条では、当該都市計画区域では、都市計画に以下の事業で必要なものを定めると規定されています。

1 土地区画整理法による土地区画整理事業
2 新住宅市街地開発法による新住宅市街地開発事業
3 首都圏整備法又は近畿圏整備法による工業団地造成事業
4 都市再開発法による市街地再開発事業
5 新都市基盤整備法による新都市基盤整備事業
6 大都市地域における住宅及び住宅地の供給の促進に関する特別措置法による住宅街区整備事業
7 密集市街地整備法による防災街区整備事業

なお、都市計画法第13条第1項12号では、市街地開発事業は、市街化区域または区域区分が定められていない非線引きの都市計画区域において定めることができるとされています。

⑩市街地開発事業等予定区域

市街地開発事業等予定区域とは、本来の市街地開発事業や都市施設が決定されるまでのいわば暫定的な区域です。一般に事業や施設の都市計画を決定するにはその計画策定に一定の期間を要するため、その間の買い占めや無秩序な開発などの発生を防ぐことを意図して予定区域を定めるも

のです。

都市計画法第12条の2項では、都市計画区域については、都市計画に、以下の予定区域で必要なものを定めると規定されています。

1　新住宅市街地開発事業の予定区域
2　工業団地造成事業の予定区域
3　新都市基盤整備事業の予定区域
4　区域の面積が二十ヘクタール以上の一団地の住宅施設の予定区域
5　一団地の官公庁施設の予定区域
6　流通業務団地の予定区域

⑪地区計画等

地区計画等は、地区の特性を反映した市街地等を形成するための計画で、都市計画法第12条の4項では、都市計画区域については、都市計画に、次に掲げる5種類の計画で必要なものを定めると規定されています。

1　地区計画
2　密集市街地整備法による防災街区整備地区計画
3　地域における歴史的風致の維持及び向上に関する法律による歴史的風致維持向上地区計画
4　幹線道路の沿道の整備に関する法律による沿道地区計画
5　集落地域整備法による集落地区計画

地区計画は、特定の地区について土地利用規制と公共施設整備を組み合わせて地区の特性に応じたきめ細かなまちづくりを実施するための計画です。

この地区計画のほかに5種類の地区計画が設定されています。防災街区整備地区計画は、阪神・淡路大震災の経験を踏まえ密集市街地の防災施設を整備するための計画です。

歴史的風致維持向上地区計画は、地域固有の歴史や文化的価値のある建造物とその周辺の市街地が形成してきた環境を維持向上するための計画です。

沿道地区計画は、幹線道路における騒音の軽減や、商業等の幹線道路の沿道としてふさわしい利便性を増進するための計画です。

集落地区計画は、都市計画区域内の農業振興地域の集落における営農と居住の調和のとれた居住環境と適正な土地利用のための計画です。

2-3

都市計画の関連法

建築物や土地利用、その他各種施設などの都市計画は、都市計画法とともに多くの都市計画関連法と一体的に運用されることで初めて機能が発揮されます。

■1 都市計画法･関連法令体系

都市計画の関連法令体系は、都市計画法を中心として、国土計画または地方計画に関する法律に基づく計画、都市施設に関する国の計画、公害防止計画、市町村の基本構想等の上位計画と、地域地区、促進区域、市街地開発事業、都市施設、地区計画等の関連法律より構成されています。

都市計画の実施にあたり、上位計画にあたる国土利用計画法、国土形成計画法等に規定される諸計画や市町村が定める各種計画等との整合を図る必要があり、上位計画による法令を満足する範囲において都市計画法が執行されることになります。

各種都市計画の内容については、都市計画法のほか、各関連法で規定される具体的内容と整合をとることになります。例えば、地域地区のうち用途地域については建ぺい率や容積率の指定要件は都市計画法で定めていますが、指定地域における前面道路幅員等に応じた規制内容等は建築基準法で詳細に定めています。

■2 上位計画の法令

①土地基本法

土地基本法は、土地についての基本理念を定めた法律で、適正な土地利用の確保、適正な地価の形成を図るための土地対策を総合的に推進するために制定されたものです。

基本理念として土地から得られる利益を国民が適正に享受しうるように配分するために、土地の取得、利用、処分等については、土地の特性に応じた制限や負担が課されるべきことが示されています。このため、適正かつ合理的な土地利用を図るため、自然的、社会的、経済的、文化的条件を勘案し、必要な土地利用計画を策定し、広域的視点から、調整を図るべきとされています。

このため国、地方自治体、事業者および国民の土地についての基本理念に関する責務を明らかにするとともに、土地に関する施策の基本となる事項を次のように定めています。

□責務

・国および地方自治体の責務

土地に関する施策の総合的な策定および実施

広報活動など土地についての基本理念への国民の理解を深める措置

・事業者の責務

土地の利用および取引における土地についての基本理念の遵守

国および地方自治体が実施する土地に関する施策への協力の努力

・国民の責務

土地の利用および取引における土地についての基本理念の尊重

国および地方自治体が実施する土地に関する施策への協力の努力

□国および地方自治体の基本的施策

・土地利用計画の策定

・適正な土地利用の確保を図るための措置

▼地域区分の指定状況（2014年3月31日現在）

（単位：千ha, %）

	全国		三大都市圏		地方圏	
	面積	割合	面積	割合	面積	割合
都市地域	10,225	27.4	2,841	52.9	7,384	23.1
農業地域	17,218	46.2	1,609	29.9	15,609	48.9
森林地域	25,371	68.0	3,136	58.4	22,235	69.7
自然公園地域	5,472	14.7	1,057	19.7	4,415	13.8
自然保全地域	105	0.3	19	0.3	87	0.3
五地域計	58,391	156.6	8,661	161.2	49,730	155.8
白地地域	253	0.7	32	0.6	221	0.7
単純合計	58,644	157.3	8,694	161.8	49,950	156.5
国土面積	37,292	100.0	5,372	100.0	31,920	100.0

注1：地方圏面積及び全国面積には、歯舞、色丹、国後及び択捉の各島の面積は含まれていない。

注2：土地利用の必要性から、五地域が重複して指定されているものもあり、五地域を単純に合計した面積は全国土面積に対して約1．6倍となっている。

注3：三大都市圏は、東京圏（埼玉、千葉、東京、神奈川）、名古屋圏（岐阜、愛知、三重）、大阪圏（京都、大阪、兵庫、奈良）である。

注4：総数と内訳の計が一致しないのは、四捨五入によるものである。

出所：土地利用基本計画制度について、国交省、2016年

②国土利用計画法

国土利用計画法は、その第1条で、「国土利用計画の策定に関し、必要な事項を定めるとともに、土地利用基本計画の作成、土地取引の規制に関する措置、その他土地利用を調整するための措置を講ずることにより、総合的、計画的な国土利用を図ることを目的とする」とあります。

□国土利用計画

国土利用計画は、全国の区域について定める全国計画、都道府県の区域について定める都道府県計画、および市町村の区域について定める市町村計画があり、各計画には以下の事項を含めることとなっています。

(1) 国土の利用に関する基本構想
(2) 国土の利用目的に応じた区分ごとの規模の目標及びその地域別の概要
(3) これを達成するために必要な措置の概要

□土地利用基本計画

土地利用基本計画は、都道府県ごとに作成する土地利用の計画で、土地取引の規制措置実施の基本となるものです。この計画では都市地域、農業地域、森林地域、自然公園地域、自然保全地域の5つの地域区分について、それぞれ主な公共施設の整備の見通し、地域区分された土地利用の調整、および相当範囲にわたって土地利用の現況に著しい変動を及ぼす事業が予定されている場合はその事業と各地域の土地利用との調整を検討することとされています。

なお、5つの地域区分は国土利用計画法で次のように規定されています。

・都市地域

一体の都市として総合的に開発し、整備し、及び保全する必要がある地域

・農業地域

農用地として利用すべき土地があり、総合的に農業の振興を図る必要がある地域

・森林地域

森林の土地として利用すべき土地があり、林業の振興又は森林の有する諸機能の維持増進を図る必要がある地域

・自然公園地域

優れた自然の風景地で、その保護及び利用の増進を図る必要があるもの

・自然保全地域

良好な自然環境を形成している地域で、その自然環境の保全を図る必要があるもの

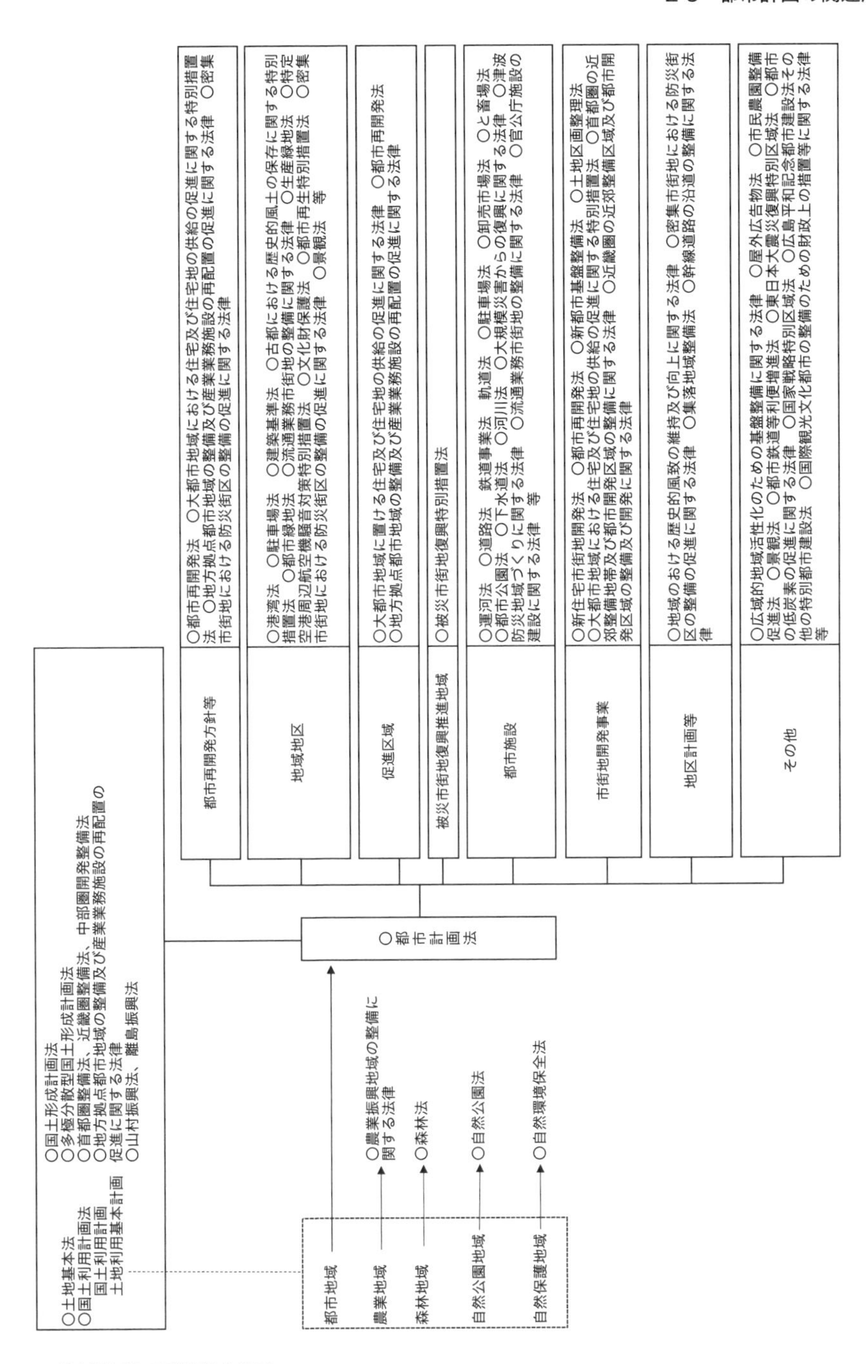

▲都市計画法の関連法令体系

■3 地域地区に関する法令

地域地区に関する法令としては、建築基準法、都市緑地保全法、生産緑地法、駐車場法、文化財保護法などがあります。ここでは、これらのうち建築基準法、都市緑地法、生産緑地法について概観します。

①建築基準法

建築基準法は第1条（目的）にあるとおり「建築物の敷地、構造、設備及び用途に関する最低の基準を定めて、国民の生命、健康及び財産の保護を図り、もって公共の福祉の増進に資する」ことを目的とする基本的な建築法規です。具体的な方法や方策を定めた建築基準法施行令、設計図書や事務書式を定めた建築基準法施行規則、さらにこれらを補完するために監督官庁が公示する建築基準法関係告示などと一体となって具体的な技術的基準などを示しています。

建築基準法の規定に対して、地方公共団体は条例によって、各地域の特殊性に基づいて必要な制限を加えることや、国土交通大臣の承認を得た上で緩和をすることができます。

また、法的拘束力はありませんが、行政の所管課は行政指導として建築指導要綱を定める場合があります。

建築物は関連法として、用途地域など複数の建築物で構成される地域の見地で規定される都市計画法のほか、消防活動と関連する消防法、地形に変更を加える宅地化に関する宅地造成等規制法、都市インフラと関係する水道法、下水道法、利用者と関係するバリアフリー法、建築材料の品質に関係する品確法、建築物の設計者の職能を規定する建築士法、施工者を規定する建設業法、その他の関連法規の規制を受けることになります。

建築基準法はこれらの関連法と密接な関係をもちながら一体的に機能することになります。個々の建築物は、単体規定として、構造、環境衛生、防火などについて関連規定の規制を受けることになります。また、一群の建築物は集団規定として都市計画区域内の用途、建ぺい率、容積率、建物の高さなどの規制を受けることになります。

これらの基準による規制の徹底を図るために、建築主事等が建築計画の法令適合性を確認する建築確認の仕組みが設定され、違反する建築物等を取り締まることとなっています。

②都市緑地法

都市緑地法は、都市における緑地の保全や緑化の推進のための仕組みを定めた法律で、第1条（目的）で「都市公園法その他の都市における自然的環境の整備を目的とする法律と相まって、良好な都市環境の形成を図り、もって健康で文化的な都市生活の確保に寄与することを目的とする」とあります。

市町村は、緑地の保全および緑化の推進に関する基本計画で、緑地の保全および緑化の目標、緑地の保全および緑化の推進のための施策に関する事項、都市公園の整備及び管理の方針、その他緑地の保全および緑化の推進の方針に関する事項を策定します。

主な制度としては、緑地の保全および緑化の推進に関する基本計画、緑地保全地域、緑化地域、緑地協定などがあります。

緑地保全地域は都市計画法によって定められる地域地区の1つですが、都市緑地法では無秩序な市街地化の防止や生活環境の確保などのために一定規模の緑地区域に対する規制について定めています。

区域内で、建築物等の新・改築、土地の形質の変更、木竹の伐採、水面埋め立てなどをする場合は、都道府県知事に届ける必要があり、知事は緑地保全計画の基準に照らして禁止、制限などを命ずることができるとされています。

緑化地域は良好な都市環境の形成に必要な緑地の確保のために、緑化を推進することが都市計画によって定められた地域地区です。都市緑地法では、その指定要件として建物敷地面積に占める緑化施設の面積比（緑化率）の最低限度が定められています。地域内の建築物の新・増築等にあたっては、原則として定められた緑化率以上を確保しなければならないとされています。

一方、緑地協定は、緑地を守るために、地域住民が都市緑地法に従って締結する協定です。緑地協定には、対象となる土地の区域、保全・植栽する樹木等の種類、樹木を保全・植栽する場所、保全・設置する垣・さくの構造、協定の有効期間、協定に違反した場合の措置など具体的事項が定められています。協定が締結されると協定区域内の土地の所有権者や借地権者は協定を遵守する義務が発生します。

このほか関連事項として「緑化施設整備計画認定制度」があります。近年、都市部のヒートアイランド現象に対して屋上緑化の有効性が確認されていますが、この制度は、一定の要件を満たす樹木・植物などを屋上等に設置する場合、固定資産税の軽減措置をとることで、屋上緑化を促そうとするものです。

③生産緑地法

生産緑地法は、都市計画における地域地区として市街化区域内に農林漁業と調和を図るために自治体が指定する生産緑地地区の要件を定めています。農林漁業などの生産活動が営まれていること、または公園など公共施設に適していること、500m²以上の面積があること、日照等の条件が営農に適していること等を満たすなどが生産緑地地区の指定要件とされています。

この生産緑地地区制度により指定された農地・森林（生産緑地）は、少なくとも30年間は継続して維持することとされており、優遇措置として固定資産税の一般農地並み課税や相続税の納税猶予の特例の対象となります。

生産緑地法は、1970年代当時、都市化が急速に進み緑地が宅地化されて、市街地の緑地が減少することで環境悪化や地盤の保水能力低下等による洪水、傾斜地の崩落などが頻発したことにより制定されました。生産緑地法はその後さらに都市化の進展により、改正が行われ、1992年には緑地を「生産緑地」と「宅地化農地」の2つに区分しています。「生産緑地」は緑地の環境機能を維持するための農地として土地を保全し、「宅地化農地」は宅地への積極的な転用を進める土地として設定されました。

■4　都市施設に関する法令

都市施設に関する法令としては、道路法をはじめ鉄道事業法、河川法、都市公園法、水道・下水道法、廃棄物の処理及び清掃に関する法律（廃棄物処理法）など、都市交通、河川、処理供給施設などの各種施設にかかわる法令があります。ここでは、道路法、都市公園法、廃棄物処理法、駐車場法についてみていきます。

①道路法

道路法の第1条では、この法律の目的について「道路網の整備を図るため、道路に関して、路線の指定及び認定、管理、構造、保全、費用の負担区分等に関する事項を定め、もつて交通の発達に寄与し、公共の福

▼道路の種類と管理者、費用負担

<table>
<tr><th colspan="2">道路の種類</th><th>定義</th><th>道路管理者</th><th>費用負担</th></tr>
<tr><td colspan="2">高速自動車国道</td><td>全国的な自動車交通網の枢要部分を構成し、かつ、政治・経済・文化上特に重要な地域を連絡する道路その他国の利害に特に重大な関係を有する道路
【高速自動車国道法第４条】</td><td>国土交通大臣</td><td>高速道路会社
（国、都道府県
（政令市））</td></tr>
<tr><td rowspan="2">一般国道</td><td>直轄国道
（指定区間）</td><td rowspan="2">高速自動車国道とあわせて全国的な幹線道路網を構成し、かつ一定の法定要件に該当する道路
【道路法第５条】</td><td>国土交通大臣</td><td>国・都道府県
（政令市）</td></tr>
<tr><td>補助国道
（指定区間外）</td><td>都府県
（政令市）</td><td>国・都府県
（政令市）</td></tr>
<tr><td colspan="2">都道府県道</td><td>地方的な幹線道路網を構成し、かつ一定の法定要件に該当する道路
【道路法第７条】</td><td>都道府県
（政令市）</td><td>都道府県
（政令市）</td></tr>
<tr><td colspan="2">市町村道</td><td>市町村の区域内に存する道路
【道路法第８条】</td><td>市町村</td><td>市町村</td></tr>
</table>

※高速道路機構および高速道路株式会社が事業主体となる高速自動車国道については、料金収入により建設・管理等がなされる
※高速自動車国道の（ ）書きについては新直轄方式により整備する区間
※補助国道、都道府県道、主要地方道および市町村道について、国は必要がある場合に道路管理者に補助することができる

祉を増進すること」としています。道路法の第3条では、道路を高速自動車国道、一般国道、都道府県道および市町村道の4種類に分類し、道路の種類ごとに指定・認定の要件を定めています。

1. 高速自動車国道

全国的な自動車交通網の枢要部分を構成し、かつ、政治・経済・文化上特に重要な地域を連絡する道路その他、国の利害に特に重大な関係を有する道路（高速自動車国道法第4条）

管理者は国土交通大臣、費用負担者は高速道路会社（国、都道府県（政令市））

2. 一般国道（直轄国道；指定区間）および補助国道（指定区間外）

高速自動車国道とあわせて全国的な幹線道路網を構成し、かつ一定の法定要件に該当する道路（道路法第5条）

管理者は国土交通大臣（指定区間）および都府県（政令市）（指定区間外）、費用負担者は国および都道府県（政令市）

3. 都道府県道

地方的な幹線道路網を構成し、かつ一定の法定要件に該当する道路（道路法第7条）

管理者は都道府県（政令市）、費用負担者は都道府県（政令市）

4. 市町村道

市町村の区域内に存する道路（道路法第8条）

管理者は市町村、費用負担者は市町村

道路の構造の原則については道路法第29条で「道路の構造は、当該道路の存する地域の地形、地質、気象その他の状況及び当該道路の交通状況を考慮し、通常の衝撃に対して安全なものであるとともに、安全かつ円滑な交通を確保することができるものでなければならない」と規定され、第30条で、道路の構造の技術的基準を政令によって定められる事項として以下の13項目が挙げられています。

「通行する自動車の種類」、「幅員」、「建築限界」、「線形」、「視距」、「勾配」、「路面」、「排水施設」、「交差又は接続」、「待避所」、「横断歩道橋、さくその他安全な交通を確保するための施設」、「橋その他政令で定める主要な工作物の自動車の荷重に対し必要な強度」、「高速自動車国道及び国道の構造について必要な事項」。

なお、一般に「道路」と称されていても、道路法に基づかない道路もあります。例えば、林道や農道などは道路法によらず、それぞれ森林法、土地改良法の規定によって道路として定められています。

②都市公園法

都市公園法は、第1条（目的）で、「都市公園の設置及び管理に関する基準等を定めて、都市公園の健全な発達を図り、もつて公共の福祉の増進に資すること」を目的とするとあります。

都市公園法における都市公園とは、地方公共団体が設置する公園・緑地では、居住者や近隣居住者が利用する住区基幹公園、都市住民が休息、鑑賞、遊戯などで利用する総合公園や運動公園などの都市基幹公園、さらに1つの市町村の区域を超える広域の大規模公園があります。

また国が設置する公園としては、1つの都府県の区域を超えるような広域的な利用を目的とした300ha以上の大規模公園、あるいは国家的記念事業や文化遺産の保存・活用の観点から設置された公園があります。

公園法では、都市公園を設置する場合の配置、規模に関する一定の技術的基準に適合するように行うことが規定され、原則、オープンスペースの都市公園に建築物を設ける場合には、建築面積の総計が敷地面積の 100分の2を超えてはならないなどの基本的事項が定められています（第4条)。管理については、公園管理者である地方公共団体はみだりに都市公園を廃止してはならないという義務（第16条）や、都市公園台帳を作成、保管する義務があると規定されています。

③廃棄物処理法（廃棄物の処理及び清掃に関する法律）

廃棄物処理法は、第1条（目的）に定められているとおり「廃棄物の排出を抑制し、及び廃棄物の適正な分別、保管、収集、運搬、再生、処分等の処理をし、並びに生活環境を清潔にすることにより、生活環境の保全及び公衆衛生の向上を図ること」を目的とします。第2条では、廃棄物とは「ごみ、粗大ごみ、燃え殻、汚泥、ふん尿、廃油、廃酸、廃アルカリ、動物の死体その他の汚物又は不要物であって、固形状又は液状のもの（放射性物質及びこれによって汚染された物を除く。)」とされています。

昭和30年代以後、高度経済成長が始まると大量消費および大量廃棄の生活への移行に従いごみの量の増加にともなう収集や処理などが問題となりました。このためそれ以前の清掃法を全面改訂して1970年に新たに制定されたのが廃棄物処理法です。

このあとも、経済成長、都市人口増加、市民の生活の変化などによってごみ焼却場などの処理施設の環境への影響や、処理場の立地なども問題となり、たびたび改正がなされてきました。

1991年には廃棄物処理施設設置を届出制から許可制とする規制強化や廃棄物の不法投棄の罰則強化などが行われ、1997年の改正では、廃棄物の再生利用の認定制度が設けられ、生活環境影響調査の実施など廃棄物処理施設の設置手続きの規定が設けられました。さらに、2000年代には、排出事業者の処理責任の徹底や廃棄物の野外焼却の禁止、最終処分場跡地の形質変更の都道府県知事等への届出義務化、石綿含有廃棄物の処理基準設定といった環境への影響を考慮した強化が行われました。

④駐車場法

駐車場法とは、都市における自動車の駐車施設の整備に関して、必要な事項を定めた法律です。駐車場法第1条（目的）では、「都市における自動車の駐車のための施設の整備に関し必要な事項を定めることにより、道路交通の円滑化を図り、もって公衆の利便に資するとともに、都市の機能の維持及び増進に寄与することを目的とする」とされています。

駐車場法では、都市計画法の各用途地域内において、必要な区域には、都市計画に駐車場整備地区を定めることができると定められています（第3・4条）。また、駐車場整備地区内の場合、道路の路面に路上駐車場、路面外に路外駐車場を設けることができるとされています（路上駐車場：第5～9条、路外駐車場：第10～19条）。また、地方公共団体は、定められた規模以上の建築物への駐車施設の附置義務、および管理義務を条例で定めることができるとされています（第20条）。

駐車場法施行令には、路上駐車場の配置・規模の基準や路外駐車場の構造・設備の基準などが定められています。

▼都市施設の種類

No.	施設の種類
1	交通施設（道路、鉄道、駐車場など）
2	公共空地（公園、緑地など）
3	供給・処理施設（上水道、下水道、ごみ焼却場など）
4	水路（河川、運河など）
5	教育文化施設（学校、図書館、研究施設など）
6	医療・社会福祉施設（病院、保育所など）
7	市場、と畜場、火葬場
8	一団地の住宅施設（団地など）
9	一団地の官公庁施設
10	流通業務団地
11	電気通信施設、防風・防火・防水・防雪・防砂・防潮施設

（注：都市計画法第11条第1項の規定による）

MEMO

第3章

都市計画の調査と立案

都市の中長期的な将来像は、都市計画の立案において最も基本となる事柄です。この将来像から土地利用や施設の種類、規模、配置など総合的視点から都市空間のあり方が示され、より具体的な施設計画などが立案されます。これらの段階において国土計画、都道府県計画などの上位計画の動向の把握、法定都市計画との関連を考慮することは極めて重要であり、そのために各種情報を入手するための調査が必要となります。ここでは都市計画の調査とそれに基づく都市計画の立案について解説します。

3-1

都市計画の立案の手順と項目

都市計画事業では、基礎調査に次いで各段階で検討が行われ事業計画案が策定されます。この過程では上位計画との整合、環境、防災など様々な検討が行われます。

■1　都市計画立案の流れ

都市計画立案において最も基本となる都市の将来像である基本構想は、都市の将来の方向性を基本理念、将来ビジョンとして社会計画、経済政策、都市計画を含む総合的な視点からおおむね10年程度の地域づくりの基本方針として示されます。

この基本構想により都市における諸々の活動の場として都市の骨格が全体および部門別に都市計画の基本方針として示され、マスタープラン作成の基本となります。基本計画によって基本方針が策定されると、部門別計画として土地利用や施設の種類、配置、規模など施設計画、事業化計画が策定されます。都市計画立案は一般的にこのような流れになります。

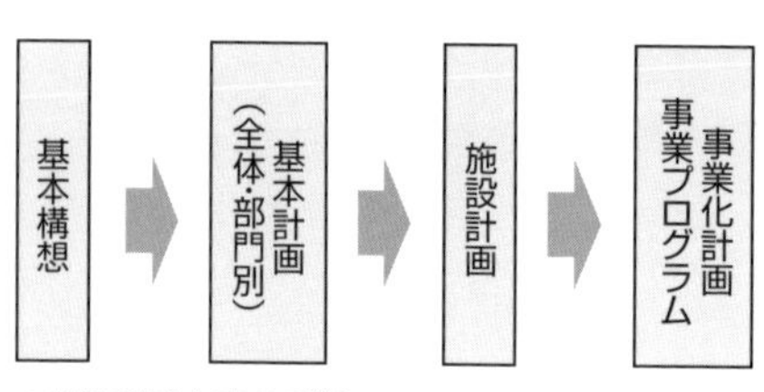

▲都市計画立案の手順

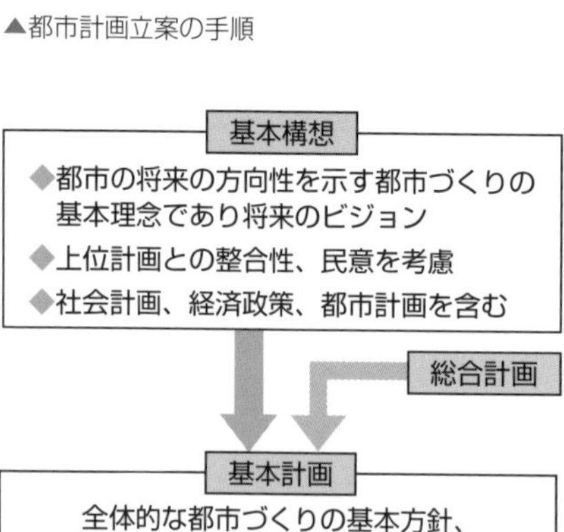

▲基本構想と基本計画

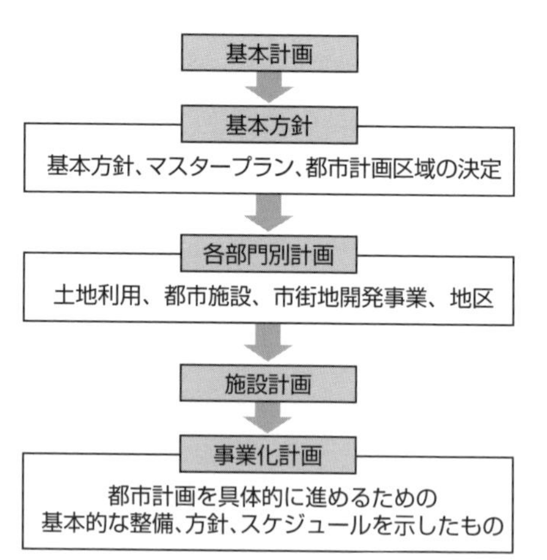

▲基本計画から事業化計画

■2　都市計画立案の流れと検討項目

①計画立案の流れ

都市計画立案は基礎調査データに基づき上位計画、基本構想、住民の意向、経済、行財政計画などを含め総合計画の視点を含めて基本計画、基本方針、マスタープランを策定し市街化区域、市街化調整区域といった都市計画区域の決定が行われます。

区域が決定されると部門計画として土地利用、都市施設の立案、市街地の開発、再開発事業などについて、都市財源計画、他事業との整合性、都市防災、環境アセスメント、景観計画との関連からの検討が行われます。可能な複数の代替案が立案され相互比較の検討の手順を経て最終案が決定されます。このあと、最終案は公示・縦覧に付され、聴取された意見による検討を経て法定計画として事業化計画が決定されることになります。

②検討項目

・都市計画区域（市街化区域、市街化調整区域）の整備、開発、保全の検討

都市計画区域とは、一体の都市として総合的に整備、開発、保全する必要がある区域です。この区域に対して全体をどのように整備、開発、保全するかの視点から、計画的に市街化を促進する区域、あるいは市街化を抑制し農地、緑地を計画的に確保する区域などの決定（線引き）を行います。

・土地利用計画の検討

国土利用計画の全国計画に沿って都道府県知事によって土地利用計画が定められます。この場合、主要な公共施設の整備の見通しに基づき区分された各地域の土地利用の調整や土地利用への変動要因との調整などを検討することになります。

・都市施設計画の立案

都市施設計画は、交通施設、公共空地、供給・処理施設、教育文化施設などの都市施設として必要なものを選択し、都市計画決定を行います。このためには施設に対する需要、時期、既存施設など都市の現状や将来見通しなどから都市施設の規模、種類、場所、時期など広範囲の検討がなされます。

・市街地の開発・再開発事業の検討

市街地の開発・再開発事業は、土地利用の細分化や老朽化建築物の密集、公共施設不足などによる防災機能を含めた都市機能低下への対策、あるいは土地の高度利用、都市機能の更新や公共施設整備を目的として行われます。総合的な計画に基づいて、公共施設の整備改善や宅地の利用増進のために、土地区画整理事業や市街地再開発事業などの検討が行われます。

・地区計画の検討

地区計画は、地区の特性にふさわしい市街整備・保全の計画で、地区計画に沿って道路、公園などの位置や建築物のルール設定の検討が行われます。地区計画は区域内で実施する土地の区画形質の変更、建築物の建築または工作物の建設、建築物の用途の変更、建築物の形態または意匠の変更、木竹の伐採などの届出が求められます。

・都市防災の検討

防災都市づくり計画策定指針（国土交通省、2012年）などに基づき、各自治体では総合的防災計画（防災都市づくりの計画）の策定を進めています。都市計画立案では、この防災都市づくり計画の内容を都市計画マスタープラン、その他施設計画等に反映させるべく検討することになります。

・都市の環境アセスメントの検討

一定規模以上で環境アセスメントを実施する事業が都市計画に定められる場合、事業者に代わって都市計画を定める都道府県等が行うことになり、対象都市施設が計画地周辺の環境へ与える影響を事前に調査、予測、評価し、事業計画に反映することが必要となります。また都市計画行為が環境アセスメント法の対象とならない場合でも、環境への影響が検討項目となる場合もあります。

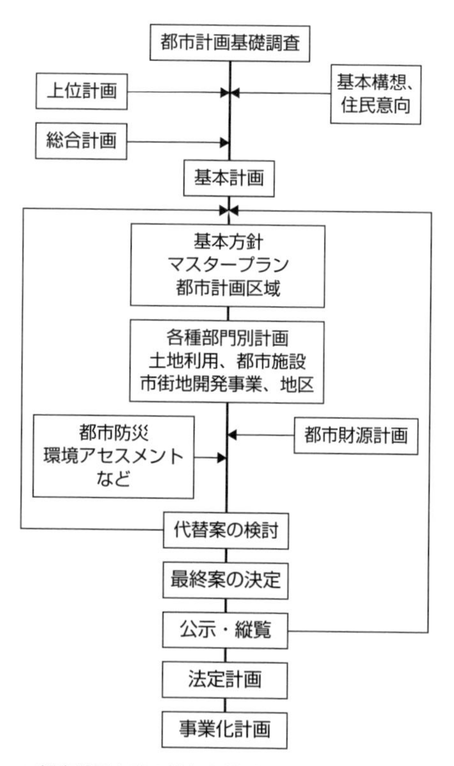

▲都市計画立案の流れと検討項目

3-2

都市計画のための調査

都市計画に関する調査は、都市とその周辺地域の現況特性を人口、産業、市街地や土地利用、交通量など広範かつ正確に把握するために実施するものです。

■1　基礎調査

①調査項目

都市計画のための調査は、都市計画法で基礎調査としておおむね5年ごとに実施することが規定されているほか、都市計画法施行規則（省令）でも定められています。

調査項目としては、都市計画法第6条では（1）人口規模、（2）産業分類別の就業人口の規模、（3）市街地の面積、（4）土地利用、（5）交通量、の各項目を調査することとされています。

さらに、都市計画法施行規則第5条では、より詳細な調査項目が規定されています。これらの項目には、（1）地価の分布の状況、（2）事業所数・従業者数・製造業出荷額及び商業販売額、（3）職業分類別就業人口の規模、（4）世帯数及び住宅戸数・住宅の規模その他の住宅事情、（5）建築物の用途・構造・建築面積及び延べ面積、（6）都市施設の位置・利用状況及び整備の状況、（7）国有地及び公有地の位置・区域・面積及び利用状況、（8）土地の自然的環境、（9）宅地開発の状況及び建築の動態、（10）公害及び災害の発生状況、（11）都市計画事業の執行状況、（12）レクリエーション施設の位置及び利用の状況、（13）地域の特性に応じて都市計画策定上必要と認められる事項、があります。

これらの調査項目は、大きく括ると人口に関する調査、土地に関する調査、産業に関する調査、都市施設に関する調査となります。

・人口に関する調査

人口関連の調査は、現況と過去からの人口推移の調査を行います。人口の総数、年齢別、職業分類別、産業分類別などについて静態的、動態的調査を行います。人口の増減については自然増減か社会増減か、といった原因も調査項目とします。なお、人口は国勢調査の結果を用いることとされています。

・土地に関する調査

土地に関する調査は、市街地の面積、土地利用状況、地価の分布の状況、土地の自然的環境などについて行い、将来の市街地の範囲や、地域地区の設定の基礎資料となります。土地利用状況では市街地化の進行や宅地開発、農地転用などの状況についても調査を行います。

建物については、用途、標石、回数、構造、建蔽率などを地区別に調査します。また保有関係について持ち家率も対象となります。

都市環境については、各種施設や防災等の計画、公園、緑地などの公共空地の計画の基礎情報として地形、水系、地すべりの記録や、地質、土壌分布、植生などの自然環境のほか、文化財建造物、埋蔵文化財なども調査の対象となります。

□産業に関する調査

産業構造は都市の性格を特徴づけ都市の将来の姿に大きな影響を与える重要な調査対象です。産業に関する調査は企業ごとに、あるいは業種別に沿革、立地条件、従業員数、立地面積などの企業規模、出荷額、販売額、搬出入量などの活動状況などについて行います。

□都市施設に関する調査

交通施設や処理施設などの都市施設に関する調査は、各種都市施設計画の基礎となります。道路、鉄道、バスターミナル、駐車場などの交通施設ごとに場所、規模、直近の改修計画などについて調査を行います。また交通については、交通施設の利用状況、運行頻度などのサービスレベル、起終点交通量や断面交通量、利用者数など利用状況の調査も行います。処理施設では下水の処理施設の整備状況、処理能力などが調査項目となります。このほか、各種都市施設について、施設の現況と需要に対するサービス状況などの調査を行います。

■2 調査の実施

①既存資料の利用

調査は、独自に調査を実施してデータを入手する場合を除き、既存統計資料から必要なデータを入手して検討に用います。

都市計画の立案に用いるための基本的な情報の多くは、既存資料を利用することができます。代表的な調査が5年ごとに行う人口、世帯に関する国勢調査です。人口に関する基本情報として国内居住者を対象として出生、死亡、婚姻、離婚などを調べた人口動態調査データ、住民登録に基づく人口移動がわかる住民基本台帳人口移動調査データがあります。

都市計画のような公共性の高い重要な事柄の検討には、信頼性の高いデータの使用が不可欠です。都市計画法、同施行令では「都市計画区域の設定、都市計画の立案には、人口規模、産業別の人口をはじめさまざまな事項についての現状の推移を考慮して策定すること」(都市計画法第5条、第6条および第13条)、「人口は、官報で公示された最近の国勢調査又はこれに準ずる全国的な人口調査の結果による人口による」(都市計画法施行令第41条)と定められています。

国勢調査は統計法に基づいて実施されるもので、国内に居住する全員・全世帯を対象に5年に一度実施する最も重要な調査です。性別、生年月日、就業状態、従業地、通学地、世帯員数、住居種類、住宅の建て方などの項目を調べます。

人口以外の既存統計資料としては、官庁統計や民間の統計があります。官庁統計は各省庁などが公表する統計で、政府統計の総合窓口（e-Stat）からアクセスでき、各府省が統計データを1つにまとめて提供する政府統計のポータルサイトで公表されています（https://www.stat.go.jp/data/index.html）。

民間統計は協会や新聞社、業界などの民間団体、企業が独自に作成した統計です。

また、その他の都市計画の検討において重要なものに地理情報があります。地理情報とは、地形図などの国土の地理情報で、地形図、地質図、道路地図、鉄道地図、水道施設概要図などがあります。これらの地

▼都市計画における主な調査項目

調査項目	根拠	細目	調査方法等
人口規模	法	過去5～10年、各年	国勢調査、住民基本台帳
産業分類別の就業人口の規模	法	過去5～10年、5年ごと	国勢調査
市街地の面積	法	過去5～10年、5年ごと	国勢調査によるDID面積
土地利用	法	調査年	土地台帳、実査等
交通量	法	調査年の近似年	全国交通情勢調査
地価の分布の状況	省令	調査年	公示地価、売買実例調査
事業所数、従業者数、製造業出荷額、商品販売額	省令	過去5～10年、5年ごと	事業所統計、国勢調査、工業統計、商業統計
職業分類別就業人口の規模	省令	過去5～10年、5年ごと	国勢調査
世帯数、住宅戸数、住宅の規模、その他住宅事情	省令	調査年の近似年	国勢調査、住宅統計調査
建築物の用途、構造、建築面積、延べ面積	省令	調査年	実査
都市施設の位置、利用状況、整備の状況	省令	調査年	担当部局による調査
国有地・公有地の位置、区域、面積、利用状況	省令	調査年	担当部局による調査
土地の自然的環境	省令	調査年	緑の国勢調査、踏査
宅地開発の状況、建築動態	省令	過去5～10年、各年	担当部局による調査
公害および災害の発生状況	省令	過去にさかのぼれる範囲	担当部局による調査
都市計画の事業の執行状況	省令	調査年	担当部局による調査
レクリエーション施設の位置、利用状況	省令	調査年	担当部局による調査
地域の特性に応じて都市計画策定上必要な事項	省令	適宜	適宜

出所：土木工学ハンドブック、土木学会編、59都市計画、p.2410

理情報は国土地理院で作成し提供しています。

②**独自に調査実施**

当該の調査対象に対して特定の条件、項目に関する個別の現地調査、観測、実験などを実施することによって必要なデータの入手をします。特定の個別路線に関する交通量路側調査を行ったり、特定の事柄に関する人々の意識、行動などの実態について実地調査やアンケート調査、実験、観察を行います。全数、抜き取り調査などの方法で実施しますが、調査対象、調査内容、種類などの個別の条件によって、実施の方法は大きく異なります。

■3 人口調査と予測

都市計画において人口は最も基本的なデータであり、過去の人口の推移、現状人口の把握に加えて、これらをもとに実施する将来人口の推計は、都市計画区域の設定、各種都市施設計画などに大きな影響を与える非常に重要なデータです。

人口推計の方法については以下のものがあります。

・コーホート要因法

コーホート要因法は、人口予測の手法として一般的に用いられる方法です。この方法では、まず既存人口に対して、対象地域の年齢別・性別（コーホート）の加齢によって発生する年々の変化をその要因（死亡、出生、転出入）ごとに繰り返し計算して将来の既存人口の推計をします。新たに生まれる人口については、将来の出生率による出生数から生存数を考慮して推計します。これら両者の合計に国際人口移動を考慮して将来人口を推計します。

・トレンド的予測

トレンド的予測は、過去の人口の変化の実績の時系列的変化を回帰分析することで、将来の人口を予測する方法です。過去の人口の経年変化のデータがあれば簡便に予測ができるため広く用いられています。回帰モデル式には、1次関数や、ロジスティック関数、指数関数、ゴンベルツ関数などがあります。

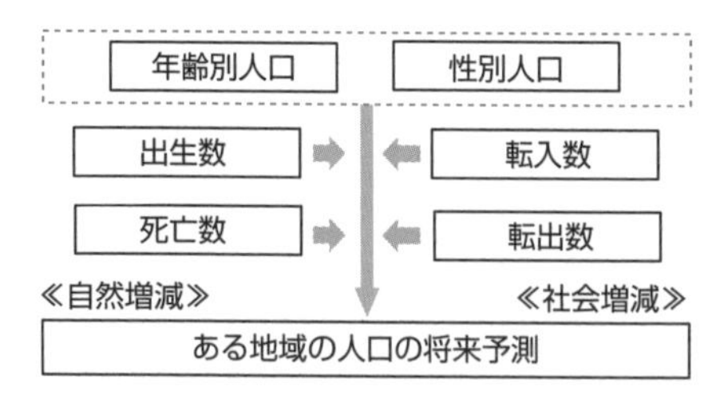

▲コーホート要因法による人口の将来予測

人口変化が安定的に推移し、将来も過去と同程度の変化が見込まれる場合の予測では1次関数が用いられますが、人口変化が大きな場合や人口増加率が変化する場合は、ゴンベルツ関数、ロジスティック関数などが用いられます。

ゴンベルツ関数やロジスティック関数は、時間の推移に対して変化率がはじめは小さく、途中で大きくなりその後また減少するようなS次曲線を描く成長曲線の代表的な関数です。ニュータウンの人口や世帯数などの予測に用いられます。

□昼間人口の予測

昼間人口は都市活動の程度の指標となります。対象地域の居住人口から通学、通勤などによる他の地域からの流入および流出人口を加減した人口です。5年ごとに実施する国勢調査では調査項目にある通勤・通学先の集計から算出されます。昼間人口100に対する夜間人口（居住人口）の比率である昼夜間人口比率は大都市では100以上でその周辺では100以下となります。昼間人口の予測方法としては、対象地域の予測人口に対して、推定した昼夜間人口比率を乗じて求める方法や、夜間人口に対して通勤、通学による流入・流出数を積み上げて推定する方法があります。

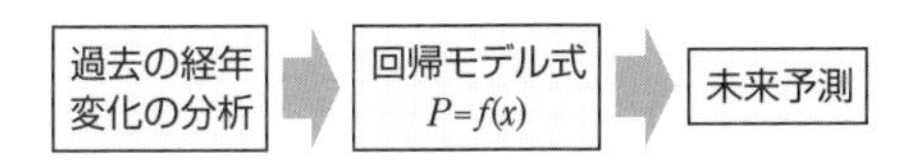

▲回帰モデルによる将来予測

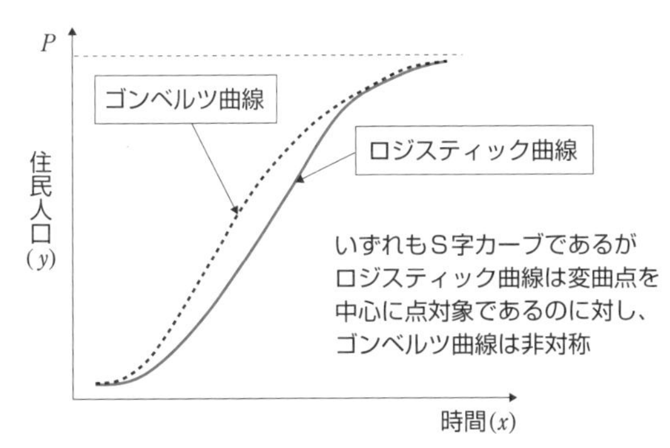

▲成長曲線の例

3-3

都市計画区域の指定

都道府県は、計画的な市街化や無秩序な市街化を防ぐために、さまざまな規制を設けて一体的かつ総合的な整備を行う地域として都市計画区域を指定します。

■1　2つのマスタープラン

□都市計画区域マスタープラン

都市計画法第6条の2で「都市計画区域については、都市計画に当該都市計画区域の整備、開発及び保全の方針を定めるものとする」と定められています。この整備、開発及び保全の方針が都市計画区域マスタープランです。このマスタープランには、①都市計画の目標、②区域区分の決定の有無及び区域区分を定める際の方針、および③土地利用、都市施設の整備及び市街地開発事業に関する主要な都市計画の決定の方針を定めることとされています。この都市計画区域マスタープランによって、土地利用、都市施設などの個々の都市計画が策定されることになります。

都市計画区域マスタープランが広域的な一体性を確保する視点から定められるのに対して、市町村マスタープランは、市町村が主体となって地域に密着した見地から、住民参加のもと独自に都市計画の方針を定めるものです。

市町村マスタープランのポイントは、地域密着、住民参加といったキーワードの実効化にあります。このためには地域住民への行政の明確でわかりやすい情報公開、住民の意見把握と反映の仕組みが重要で、従来型の官民の二者関係を越えた新たな仕組みが望まれます。

□市町村マスタープラン

都市計画法第18条の2で「市町村は、議会の議決を経て定められた当該市町村の建設に関する基本構想並びに都市計画区域の整備、開発及び保全の方針に即し、当該市町村の都市計画に関する基本的な方針を定めるものとする」と定められています。この当該市町村の都市計画に関する基本的な方針が、市町村マスタープランです。

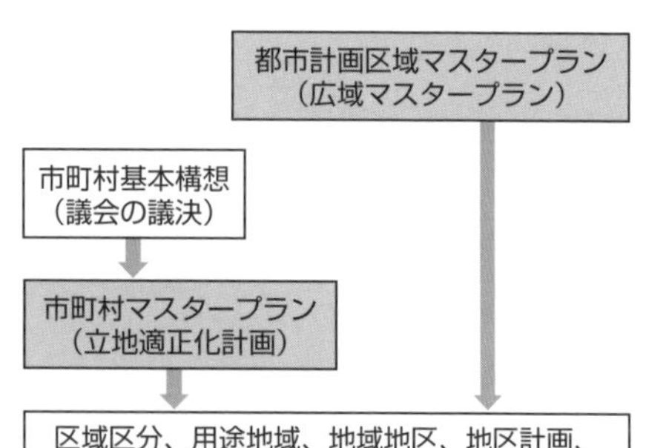

▲2つのマスタープラン

■2 都市計画区域と市街化区域

①都市計画区域の指定

都市計画区域は、土地利用基本計画で指定された5地域のうちの1つで都市計画法で「一体の都市として総合的に整備・開発及び保全をする必要がある地域」として定められた区域に相当します。一体の都市とは、社会経済活動にともなう人の交通や物流や、地形的条件、さらに土地利用の規制・誘導、都市施設の整備、市街地開発事業等の状況などから全体を一体的なつながりをもってとらえる必要がある区域です。都市計画区域の指定は、「市」の範囲と都市計画区域が一致している場合は都道府県知事が指定しますが、複数の都道府県にまたがる場合は国土交通大臣が指定します。指定の基準は対象とする地域が、市町村の中心地であるか、首都圏・近畿圏・中部圏の都市開発区域にある市町村か、あるいは首都圏・近畿圏・中部圏以外で新しく住宅都市・工業都市として開発または保全を必要とする地域のいずれかであることとされています。なお都市計画区域は、国土の約1/4の面積を占めますが、90%を超える人口が居住しています。

▼特色ある市町村マスタープランの例

＜集約型都市構造の実現＞

市町村名	特徴	概要
夕張市	段階的な集約化のプロセスを記載	・将来都市構造の再編プロセスを図と文章で明記。 ＊長期的には、既存ストックが集積している南北軸に市街地を集約し、その他の地区では自然環境共生型のライフスタイル等が展開する場としての活用等を検討。 ＊当面は、地区ごとに市営住宅の再編・集約化を中心に市街地のコンパクト化を図る。
柏市	低炭素まちづくりに係わる方針やアクションエリア等を記載	・低炭素まちづくりを推進するため、「省CO2まちづくり計画」による対策を記載。 ＊具体的な方策として、アクションエリアの設定、環境配慮計画の義務付け、金銭的インセンティブの検討を記述。
横須賀市	縮退が見込まれる地域の場所・環境改善方策を具体的に記載	・「土地利用の類型と配置方針」において、縮退が見込まれる地域を、低密度化・環境改善を図る地域として、土地利用誘導方針図上に具体的に明示。 ・同地域の土地利用方針として低密度化の誘導や縮退による空地等を活用した修復・改善について明記。
浜松市	市街化調整区域における居住・工業機能の集約化等の方策を記載	・市街化調整区域において「郊外居住地域」を設定し、その域内での集約と域内から市街化区域等市街地への移転とを促すことを記載。 ・他都市への既存工場移転を防ぐため、郊外地に「郊外産業地域」を設定し、その域内では工業系土地利用を担保することを記載。 ・これらの実現に向けて、開発許可制度や地区計画等の活用を記載。

次ページに続く

<計画のプロセスなど時間軸を意識>

市町村名	特徴	概要
文京区	将来決定を予定している高度地区の方針を都市計画素案公表に先立って記載	・「建築物の高さに関する方針」において、「都市型高層市街地」「低中層市街地」等市街地の属性を区分し、当該区分ごとに高さに関する設定方針を定め、建築物の高さの最高限度の誘導方針を方針図とともに都市計画の素案の作成に先立って記載。
武蔵野市	大規模な企業地等について、将来、現行の土地利用の維持が困難となった場合の方針を記載	・現在の都市計画法施行以前から立地している大規模な企業地や公共施設について「特定土地利用維持ゾーン」として設定。 ・「特定土地利用維持ゾーン」では、現在の土地利用の維持、保全を図るとともに、これが維持できず土地利用の転換が起こりそうになった場合には、まちづくり条例に基づき、地権者等への協議を求め周辺を含めたまちづくりに貢献するよう誘導することを明記。
名古屋市	まちづくりの評価指標やPDCAについて記載	・評価指標として、駅そば生活圏（駅から概ね800m圏内）の将来（2020年）の人口比率を記載、交通、緑・水、住宅・住環境、低炭素・エネルギーの関連する個別計画の達成目標を参考に記載。 ・都市計画マスタープランのP（Plan：計画）、D（Do：実施）、C（Check：評価）、A（Action：見直し）を記載。
京都市	地域ごとのまちづくりの熟度に応じた地域レベルの構想を記載	・地域ごとのまちづくりについて、地域の将来像とまちづくりの方針を随時都市計画マスタープランの「地域まちづくり構想」として位置づけ。　※地域：多様な主体で創られた共通の将来像を持ち、都市計画の支援などによってまちづくりを推進していく範囲 ・「地域まちづくり構想」を、地域のまちづくりの熟度に応じて、随時追加・見直し。

出所：国土交通省ホームページ、2012年4月

②市街化区域と市街化調整区域の指定

都市計画法第7条には、「都市計画区域について無秩序な市街化を防止し、計画的な市街化を図るため必要があるときは、都市計画に、市街化区域と市街化調整区域との区分を定めることができる」と定められています。

市街化区域とは、積極的に用途地域の指定や都市施設の整備を行うことにより優先的、計画的に市街化を進める区域で、すでに市街地を形成している区域とおおむね10年以内に計画的に市街化を図るべき区域によって構成されます。これに対し市街化調整区域では、都市施設の整備は行われず、開発・建築行為は制限を受けて市街化を抑制する区域です。この市街化区域と市街化調整区域を分けることを一般に「線引き」と呼んでいます。

なお、市街化調整区域に指定されず、かつ都市計画区域でもない区域を法律上は「区域区分が定められていない都市計画区域」（区域区分非設定地域）といいます。また、準都市計画区域は、将来的な都市化が見込まれる地域ですが開発行為に対し非線引き区域と同程度の制限が行われます。

今後の人口や産業構造の変化、防災対策など地域をめぐる社会経済情勢の変化に応じて「都市計画区域の整備、開発及び保全の方針」、「都市再開発の方針」および「住宅市街地の開発整備の方針」を見直す一環として、線引きの見直しが具体的な都市計画として実施されることが必要となります。

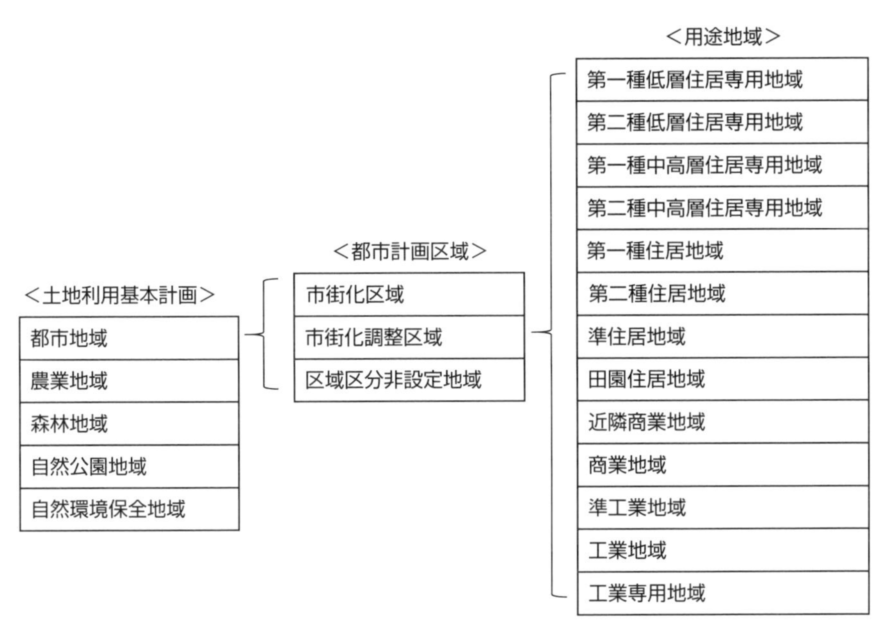

▲国土の区分

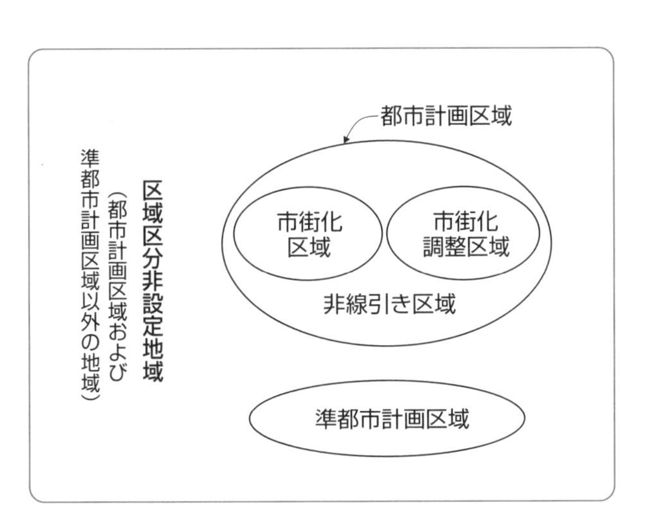

▲都市計画区域

MEMO

第4章

土地利用

都市計画において、限られた資源である土地を有効に活用することは最も基本的な事柄です。計画的な土地利用によって無秩序な土地利用を排除することは効率的で良好な市街地形成のための第一歩となります。このためには枠組みとなる都市計画区域の設定からきめ細かな地区計画まで各段階に応じていろいろな土地利用制度の仕組みがあります。本章では土地利用計画を進めるための地域地区制度について見ていきます。

4-1

地域地区

地域地区は、用途地域や高度地区、防火地域など様々な地区に指定することでその土地利用に法規制をかける都市計画行政の根幹をなす制度です。

■1　狙いと種類

地域地区は、対象とする区域をどのような用途に、どの程度利用するかなどを定め、指定された種類に応じて、区域内の建築物の接道、用途、高さ等の形態、構造、建蔽率、容積率、オープンスペースなどに対して一定の制限を課す仕組みです。

これにともなう規制や市街地の土地利用の誘導によって、指定された区域の特性に応じた住環境の保全、商工業などの都市機能の維持や増進によって良好で効率的な都市環境を形成することを狙いとしています。

地域地区は都市計画法第8条によって「都市計画区域については、都市計画に、次に掲げる地域、地区又は街区を定めることができる」として21種類が定められています。

① 用途地域
② 特別用途地区
③ 特定用途制限地域
④ 特例容積率適用地区
⑤ 高層住居誘導地区
⑥ 高度地区または高度利用地区
⑦ 特定街区
⑧ 都市再生特別措置法による都市再生特別地区、居住調整地域または特定用途誘導地区
⑨ 防火地域または準防火地域
⑩ 密集市街地整備法による特定防災街区整備地区
⑪ 景観法による景観地区
⑫ 風致地区
⑬ 駐車場法による駐車場整備地区
⑭ 臨港地区
⑮ 古都における歴史的風土の保存に関する特別措置法による歴史的風土特別保存地区
⑯ 明日香村における歴史的風土の保存および生活環境の整備等に関する特別措置法による第一種歴史的風土保存地区または第二種歴史的風土保存地区
⑰ 都市緑地法による緑地保全地域、特別緑地保全地区または緑化地域
⑱ 流通業務市街地の整備に関する法律による流通業務地区
⑲ 生産緑地法による生産緑地地区
⑳ 文化財保護法による伝統的建造物群保存地区
㉑ 特定空港周辺航空機騒音対策特別措置法による航空機騒音障害防止地区または航空機騒音障害防止特別地区

■2　用途地域

用途地域は、都市計画区域マスタープランや市町村マスタープランに示される地域ごとの市街地の将来像と整合をとりつつ、地域相互の調整から市街地の種類を定め、その特性に応じた土地利用に沿った建築の規制をする地域です。用途地域設定の基本は用途の混在を防ぐことで、地域における住居の環境の保護または業務の利便の増進を図るものです。

用途地域は13の種類があり、主に建築基準法によって種類ごとに建築できる建物の用途、容積率、建蔽率などの建築規制が定められています。

用途地域は各地区について、地域の特性に応じて住居系地域に8つ、商業系地域に2つ、工業系地域に3つの合計13の地域に分けています。

①住居系用途地域：「第一種低層住居専用地域」「第二種低層住居専用地域」「第一種中高層住居専用地域」「第二種中高層住居専用地域」「第一種住居地域」「第二種住居地域」「準住居地域」「田園住居地域」

②商業系用途地域：「近隣商業地域」「商業地域」

③工業系用途地域：「準工業地域」「工業地域」「工業専用地域」

なお、用途地域は当該自治体が発行する都市計画図に記載されています。

▼用途地域の種類

区分	名称	内容（都市計画法第9条）
住居系	第一種低層住居専用地域	低層住宅に係る良好な住居の環境を保護するため定める地域
	第二種低層住居専用地域	主として低層住宅に係る良好な住居の環境を保護するため定める地域
	第一種中高層住居専用地域	中高層住宅に係る良好な住居の環境を保護するため定める地域
	第二種中高層住居専用地域	主として中高層住宅に係る良好な住居の環境を保護するため定める地域
	第一種住居地域	住居の環境を保護するため定める地域
	第二種住居地域	主として住居の環境を保護するため定める地域
	準住居地域	道路の沿道としての地域の特性にふさわしい業務の利便の増進を図りつつ、これと調和した住居の環境を保護するため定める地域
	田園住居地域	農業の利便の増進を図りつつ、これと調和した低層住宅に係る良好な住居の環境を保護するため定める地域
商業系	近隣商業地域	近隣の住宅地の住民に対する日用品の供給を行うことを主たる内容とする商業その他の業務の利便を増進するため定める地域
	商業地域	主として商業その他の業務の利便を増進するため定める地域
工業系	準工業地域	主として環境の悪化をもたらすおそれのない工業の利便を増進するため定める地域
	工業地域	主として工業の利便を増進するため定める地域
	工業専用地域	工業の利便を増進するため定める地域

■3 特別用途地区

特別用途地区は、「用途地域内の一定の地区における当該地区の特性にふさわしい土地利用の増進、環境の保護等の特別の目的の実現を図るため当該用途地域の指定を補完して定める地区」と定められています。

用途地域は、都市計画法に定める13種類で全国一律に同じ規制がなされます。これに対し特別用途地区は、地方公共団体ごとの規定によって用途地域の指定を補完して用途地域に重ねて適用されます。特にその地区固有の状況に応じたまちづくりの施策を行う場合などに地方公共団体の条例で定められます。

▼特別用途地区の例

種 類	内 容
特別工業地区	工業・工業専用・準工業地域内の業種を制限する「公害防止型」と、準工業・商業・住居系の用途地域内の制限を緩和する「地場産業保護型」の2タイプがある。東京都の第1種・第2種特別工業地区は前者、埼玉県川口市の特別工業地区は後者の例
文教地区	教育、研究、文化活動のための環境の維持向上を図るため、学校や研究機関、文化施設などが集中する地域に指定され、風俗営業や映画館・ホテル等が禁止
小売店舗地区	近隣住民に日用品を供給する店舗が集まっている地区で、特に専門店舗の保護又は育成を図るため、風俗営業やホテル・デパート等が規制
事務所地区	商業地のうち官公庁、企業の事務所等の集中立地を保護育成する地区
厚生地区	病院・診療所等の医療機関、保育所・母子寮等の社会福祉施設等の環境を保護するための地区
娯楽・レクリエーション地区	商業地域のうち、劇場、映画館、バー・キャバレー等が集中する盛り場に指定する「歓楽街型」と、主に住宅地周辺のボーリング場・スケート場等の遊技場を対象とする「レクリエーション施設型」などがあり、「用途地域」の規制が緩和又は強化
観光地区	温泉地・景勝地など観光地の観光施設の維持・整備を図るための地区
特別業務地区	商業地のうち、卸売店舗を中心とした地区に指定される「卸売業務型」、準工業地域のトラックターミナル・倉庫など流通関連施設向けの「ターミナル・倉庫型」及び幹線道路沿いの自動車修理工場・ガソリンスタンド等の「沿道サービス型」の地区
中高層階住居専用地区	大都市の都心部の夜間人口の過疎化対策の一環として、一定地域のビルの中高層階の用途を住宅に限定し、住民の増加・定住化を図るための地区
商業専用地区	横浜の「みなとみらい21」や千葉の「幕張メッセ」などの、店舗・事務所等が集中する市街地でその他の用途を規制し、大規模ショッピングセンターや業務ビルの集約的な立地を保護・育成するための地区
研究開発地区	製品開発の研究のための試作品の製造を主たる目的とする工場、研究所その他の研究開発施設の集積を図り、これらの施設に係る環境の保護及び利便の増進を図る地区

■4　特定用途制限地域

特定用途制限地域は、「用途地域が定められていない土地の区域（市街化調整区域を除く。）内において、その良好な環境の形成又は保持のため当該地域の特性に応じて合理的な土地利用が行われるよう、制限すべき特定の建築物等の用途の概要を定める地域」です。

用途地域の場合の文教地区や特別工業地区などの特別用途地区の指定と同様に、特定用途制限地域の指定により、用途地域の定められていない地域でも建設の規制を可能とする制度です。

▲商業専用地区（横浜市みなとみらい21地区）

造船所や国鉄貨物支線・操車場等の跡地を1980年代から再開発した新都心。

■5　特例容積率適用地区

特例容積率適用地区は、「用途地域内の適正な配置及び規模の公共施設を備えた土地の区域において、建築物の容積率の限度からみて未利用となっている建築物の容積の活用を促進して土地の高度利用を図るため定める地区」と定められています。

一般的に、容積率の移転は隣接する敷地の間でしか認められませんが、特例容積率適用区域制度では、その区域内であれば隣接していない建築敷地の間で移転を認めるものです。これによって区域内で未利用

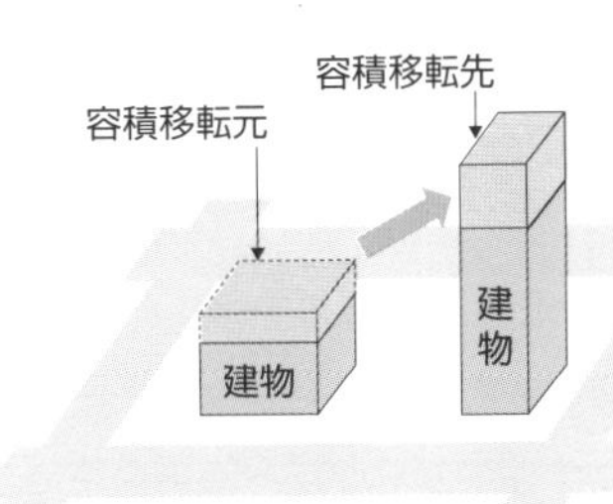

▲特例容積率適用地区（東京駅丸の内口付近）とイメージ

となっている建築物の容積の活用を促進して土地の高度利用を図るものです。この制度によって区域内で「空中権」の売買が可能となります。

特例容積率適用地区の事例の1つとして、鉄道等の公共交通機関の整備率が高く公共施設を備えた地区であり、高度利用を図りつつ歴史と文化を活かした都市空間の形成を進めていくべき地区として指定された東京の大手町・丸の内・有楽町地区があります。低層の東京駅の容積率を周囲の高層ビルに移転してビルの建て替えなどが進められました。

■6　高層住居誘導地区

高層住居誘導地区は、「住居と住居以外の用途とを適正に配分し、利便性の高い高層住宅の建設を誘導するため、第一種住居地域、第二種住居地域、準住居地域、近隣商業地域又は準工業地域でこれらの地域に関する都市計画において建築基準法の規定する建築物の容積率が十分の四十又は十分の五十と定められたもののうちにおいて、建築物の容積率の最高限度、建築物の建蔽率の最高限度及び建築物の敷地面積の最低限度を定める地区」と定められています。

容積率は400または500%と定められている地域が、この制度の地区に指定されると、建物の住宅部分が延べ面積の3分の2以上ある場合、最高限度の600%まで容積率が引き上げられます。また、高さ制限や前面道路幅員容積率制限なども緩和され、日影規制の対象外となります。この高層住居誘導地区に指定されることで、実際に容積率600%の建築物を建てることが可能になります。

■7　高度地区

高度地区は、「用途地域内において市街地の環境を維持し、又は土地利用の増進を図るため、建築物の高さの最高限度又は最低限度を定める地区」と定められています。

商業地域や住居地域において市街地の環境を保護するために大きな建築物を抑制する場合に最高限度が設定され、都心部などで建築物の高度利用を促進するために最低限度の設定が行われます。

■8　高度利用地区

高度利用地区は、「用途地域内の市街地における土地の合理的かつ健全な高度利用と都市機能の更新とを図るため、建築物の容積率の最高限度及び最低限度、建築物の建蔽率の最高限度、建築物の建築面積の最低限度並びに壁面の位置の制限を定める地区」と定められています。土地の高度利用のために建築物の最高限度および最低限度、建蔽率の最高限度、建築面積の最低限度、壁面の位置が定められる地区です。狭小建物の建築を制限することで、将来の都市再開発事業を実施しやすくすることを狙った制度です。

■9　特定街区

特定街区は、「市街地の整備改善を図るため街区の整備又は造成が行われる地区について、その街区内における建築物の容積率並びに建築物の高さの最高限度及び壁面の位置の制限を定める街区」と定められています。

特定街区内では、一般的な建築規制を撤廃して、建築物の容積率、建築物の高さの最高限度、壁面の位置について特別に指定されます。これによって、通常の建築規制にとらわれない建築を可能とするものです。東京の日本橋三井本館ビル、日本工業倶楽部、新丸ビルなどは特定街区制度の活用で建築された例です。

▲特定街区の例（三井本館〈重要文化財〉と日本橋三井タワー〈東京〉）

基準容積率712%に500%の割増容積率を受けて文化財の保存と超高層ビル建設を両立。

■10　都市再生特別地区

都市再生のために緊急・重点的に市街地整備を推進すべき地域として指定された地区で、都市の再生に貢献し高度利用のための建築を誘導する必要がある区域を対象とし、都市再生を推進するために通常の用途地域や容積率、建蔽率、建築面積、高さ、壁面位置などを解除して自由度を高めることで、高度利用など土地の有効活用を図る地区です。

■11　特定用途誘導地区

特定用途誘導地区は、立地適正化計画で定める都市機能誘導区域内において、建築物の用途、容積率・高さの最高限度などについて、通常の用途地域の制限を適用せずに緩和措置を講ずる地区です。医療施設、福祉施設、商業施設など都市居住者の福祉や利便のための施設の誘導を意図した地区制度です。

■12　防火地域又は準防火地域

「防火地域または、準防火地域は、市街地における火災の危険を防除するため定める地域」と定められています。火災を防止するため特に厳しい建築制限が適用される地域です。

特に人通りや交通量が多い都市中心部や市街地で密集度が高く火災発生の影響が大きい地域、火災時に消防自動車や緊急自動車の通行のため交通の確保を要する幹線道路沿いなどが指定されます。

■13　景観地区

景観地区は、歴史的建築物のある市街地の景観を保存・継承する意図により指定される地区です。建築物の高さの限度、敷地面積の最低限度、壁面位置の制限などに加え、周囲の建築物やまちなみ、自然との一体性による調和など各地区特有の景観要素に応じた指定をするものです。

■14　風致地区

風致地区は、「都市の風致を維持するため定める地区」と定められています。

風致地区に指定されると、緑や川など都市において良好な自然的景観を維持するために、建築物の建設、宅地造成などに一定の制限が設けられます。

■15　駐車場整備地区

都市の中心部の商業地域、準商業地域などで自動車交通量の多い地区における混雑解消を意図して定められるものです。駐車場製備地区に定められると地区内の延べ面積2,000m^{2}以上の建築物または事務所等の特定用途に供する一定面積以上の建築物の新増築にあたっては、駐車施設の設置が義務づけられます。

■16　臨港地区

臨港地区は、「港湾を管理運営するため定める地区」と定められています。港湾区域において、利用目的に応じて指定される商港区、工業港区、マリーナ港区などの分区内では、分区の目的を著しく阻害する建築物等の新増築および用途変更が禁止されます。

▲鎌倉風致地区（鎌倉市明月院通り）

▲臨港地区（藤沢市湘南港〈江ノ島ヨットハーバー〉）

■17　歴史的風土特別保存地区

歴史的風土保存区域は、古都の歴史的風土を保存するために指定される区域で、建築物、工作物の建築、宅地造成、土地開墾、土地の形質変更、土石採取、水面の埋め立て・干拓、木竹の伐採については制限が加えられており、実施のためには許可が必要とされています。また、景観や伝統建築物の保護の観点から屋外広告物の表示・掲出、建築物・工作物の色彩についても制限が加えられており実施のためには許可が必要となっています。

■18　特別緑地保全地区

特別緑地保全地区は、都市における良好な自然的環境となる緑地の現状凍結的な保全を図るために、建築行為など一定の開発行為を制限するものです。寺社林や丘陵地、屋敷林などが対象となります。特別緑地保全地区に指定されると、建築物、工作物の新築、増改築、宅地の造成、土地の開墾、土石の採取など土地の形質変更、木竹の伐採、水面の埋め立て・干拓、土石、廃棄物等の堆積は制限が加えられ、実施にあたっては許可が必要になります。

■19　流通業務地区

流通業務地区は、物資の流通の効率化のために流通業務施設の立地を誘導する意図で定めるものです。指定されると、貨物の積み下ろしのための施設、荷さばき場、運送業等の用に供する事務所など流通業務に必要な施設以外の新たな施設の建設は規制されます。

■20　生産緑地地区

生産緑地地区は、市街化区域内にある500m²以上の規模の農地等で、都市環境の保全等に効用が認められ、農林漁業の継続が可能である区域を指定するものです。固定資産税、相続税、贈与税などの面で大幅な優遇措置が付与されますが、生産緑地は農地等として管理することが義務づけられ、建築物等の新改築、宅地造成などについては制限を受け、実施には許可が必要となります。

▲生産緑地地区（横浜市）

■21　伝統的建造物群保存地区

伝統的建造物群保存地区は、城下町、宿場町、門前町、港町などに残る伝統的建造物群がまちなみと一体となって価値を形成する環境の保存を図るために指定する地区です。文化財建造物が歴史的建造物を単体として保護するのに対し、伝統的建造物群保存地区は、地区内の面的な空間として保存するための制度です。このため、建造物等の外観を変更する場合には一定の制約を受け、実施には許可が必要となります。

■22　航空機騒音障害防止地区または航空機騒音障害防止特別地区

航空機騒音障害防止地区とは、航空機の著しい騒音の影響を受ける地域に定めるもので、指定を受けると、この地区内で建築する住宅、学校、病院等の建築物は防音上有効な構造とすることになります。また、航空機騒音障害防止特別地区は、滑走路周辺などの航空機の特に著しい騒音の影響を受ける地域に定めるもので、指定を受けるとこの地区内では住宅、学校、病院等の建築物の建築は原則禁止となります。

▲佐原伝統的建造物群保存地区（千葉県香取市）

小野川や街道沿いに残る伝統的建造物により形成される歴史的景観保全のために指定された。地区内の建築行為は許可制となっている。

4-2

用途地域の建築規制

住居、商業、工業などに指定された用途地域の建築物は、地域の用途・使用目的に従って混在を防ぎ、環境保全や土地利用の効率化を図ために規制がされます。

■1　建築規制

用途地域の建築規制は、用途の制限と建築物の形態の制限によって実施されます。用途の制限は、建築物の用途を区分し用途の混在を制限することで、無秩序で雑然とした都市環境を防ぐ狙いがあります。形態の規制は、市街地の防災や住環境の保全の観点から用途地域ごとに、建物の高さ、（敷地面積に対する建築面積や延べ床面積の割合である）建蔽率、容積率の制限、周囲の敷地や道路との関係からの外壁後退、日照の確保からの高さ、斜線制限があります。

用途地域の建築規制は、特性に応じた用途の規制と、敷地に対する空地の確保を目的とする建物の形態の規制の両面から、都市の環境の悪化を防ぐものです。

■2　建蔽率

建蔽率は、敷地面積に占める建築面積の割合です。建築面積は建物の平面投影面積で敷地を真上から見たときの面積のことです。

建蔽率は敷地の空地の割合を示しており、建蔽率が高くなると空地が減少し、防災や風通しなど住環境が悪化することから建蔽率が規定されています。

建蔽率は用途地域ごとに30%から80%の範囲で規定されており、建築基準法では指定される建蔽率を超えて建物を建てることは原則として禁じられています。

例外としては、第一種住居地域、第二種住居地域、準住居地域、近隣商業地域、準工業地域、商業地域などで建蔽率の上限が80%と規定されている地域であっても、防火地域内に耐火建築物を建てるのであれば、建蔽率の制限がありません。巡査派出所（交番）のほか公衆便所、公共用歩廊、公園、広場等についても建蔽率の制限はありません。

特定行政庁が指定する角地にある敷地に防火地域内の耐火建築物を建てる場合は、建蔽率に10%の割増がなされます。

また、別々の建蔽率の敷地にまたがった建物の場合は、複数敷地の建蔽率の加重平均によることになります。

■3　容積率

建物の延べ床面積の敷地面積に対する割合が容積率です。容積率は、市街地の環境の保護とともに敷地に対する居住者数を道路、上水道などの公共施設の能力に対応させる狙いがあります。

▼用地地域における建築物の用途制限

用途地域内の建築物の用途制限 ○　建てられる用途 ×　建てられない用途 ①、②、③、④、▲、■：面積、階数等の制限あり		第一種低層住居専用地域	第二種低層住居専用地域	第一種中高層住居専用地域	第二種中高層住居専用地域	第一種住居地域	第二種住居地域	準住居地域	田園住居地域	近隣商業地域	商業地域	準工業地域	工業地域	工業専用地域	備考
住宅、共同住宅、寄宿舎、下宿		○	○	○	○	○	○	○	○	○	○	○	○	×	
兼用住宅で、非住宅部分の床面積が、50m^2以下かつ建築物の延べ面積の2分の1未満のもの		○	○	○	○	○	○	○	○	○	○	○	○	×	非住宅部分の用途制限あり。
店舗等	店舗等の床面積が150m^2以下のもの	×	①	②	③	○	○	○	①	○	○	○	○	④	① 日用品販売店舗、喫茶店、理髪店、建具屋等のサービス業用店舗のみ。2階以下 ② ①に加えて、物品販売店舗、飲食店、損保代理店・銀行の支店・宅地建物取引業者等のサービス業用店舗のみ。2階以下 ③ 2階以下 ④ 物品販売店舗及び飲食店を除く ■ 農産物直売所、農家レストラン等のみ。2階以下
	店舗等の床面積が150m^2を超え、500m^2以下のもの	×	×	②	③	○	○	○	■	○	○	○	○	④	
	店舗等の床面積が500m^2を超え、1,500m^2以下のもの	×	×	×	③	○	○	○	×	○	○	○	○	④	
	店舗等の床面積が1,500m^2を超え、3,000m^2以下のもの	×	×	×	×	○	○	○	×	○	○	○	○	④	
	店舗等の床面積が3,000m^2を超え、10,000m^2以下のもの	×	×	×	×	×	○	○	×	○	○	○	○	④	
	店舗等の床面積が10,000m^2を超えるもの	×	×	×	×	×	×	×	×	○	○	○	×	×	
事務所等	事務所等の床面積が150m^2以下のもの	×	×	×	▲	○	○	○	×	○	○	○	○	○	▲2階以下
	事務所等の床面積が150m^2を超え、500m^2以下のもの	×	×	×	▲	○	○	○	×	○	○	○	○	○	
	事務所等の床面積が500m^2を超え、1,500m^2以下のもの	×	×	×	▲	○	○	○	×	○	○	○	○	○	
	事務所等の床面積が1,500m^2を超え、3,000m^2以下のもの	×	×	×	×	○	○	○	×	○	○	○	○	○	
	事務所等の床面積が3,000m^2を超えるもの	×	×	×	×	×	○	○	×	○	○	○	○	○	
ホテル、旅館		×	×	×	×	▲	○	○	×	○	○	○	×	×	▲3,000m^2以下
遊戯施設・風俗施設	ボーリング場、スケート場、水泳場、ゴルフ練習場等	×	×	×	×	▲	○	○	×	○	○	○	○	×	▲3,000m^2以下
	カラオケボックス等	×	×	×	×	×	▲	▲	×	○	○	○	▲	▲	▲10,000m^2以下
	麻雀屋、パチンコ屋、射的場、馬券・車券発売所等	×	×	×	×	×	▲	▲	×	○	○	○	▲	×	▲10,000m^2以下
	劇場、映画館、演芸場、観覧場、ナイトクラブ等	×	×	×	×	×	×	▲	×	○	○	○	×	×	▲客席及びナイトクラブ等の用途に供する部分の床面積200m^2未満
	キャバレー、個室付浴場等	×	×	×	×	×	×	×	×	×	○	▲	×	×	▲個室付浴場等を除く
公共施設・病院・学校等	幼稚園、小学校、中学校、高等学校	○	○	○	○	○	○	○	○	○	○	○	×	×	
	大学、高等専門学校、専修学校等	×	×	○	○	○	○	○	×	○	○	○	×	×	
	図書館等	○	○	○	○	○	○	○	○	○	○	○	○	×	
	巡査派出所、一定規模以下の郵便局等	○	○	○	○	○	○	○	○	○	○	○	○	○	
	神社、寺院、教会等	○	○	○	○	○	○	○	○	○	○	○	○	○	
	病院	×	×	○	○	○	○	○	×	○	○	○	×	×	
	公衆浴場、診療所、保育所等	○	○	○	○	○	○	○	○	○	○	○	○	○	
	老人ホーム、身体障害者福祉ホーム等	○	○	○	○	○	○	○	○	○	○	○	○	×	
	老人福祉センター、児童厚生施設等	▲	▲	○	○	○	○	○	▲	○	○	○	○	○	▲600m^2以下
	自動車教習所	×	×	×	×	▲	○	○	×	○	○	○	○	○	▲3,000m^2以下

用途地域内の建築物の用途制限 ○　建てられる用途 ×　建てられない用途 ①、②、③、④、▲、■：面積、階数等の制限あり		第一種低層住居専用地域	第二種低層住居専用地域	第一種中高層住居専用地域	第二種中高層住居専用地域	第一種住居地域	第二種住居地域	準住居地域	田園住居地域	近隣商業地域	商業地域	準工業地域	工業地域	工業専用地域	備考
工場・倉庫等	単独車庫（附属車庫を除く）	×	×	▲	▲	▲	▲	○	×	○	○	○	○	○	▲300m²以下、2階以下
	建築物附属自動車車庫 ①②③については、建築物の延べ面積の1/2以下かつ備考欄に記載の制限	①	①	②	②	③	③	○	①	○	○	○	○	○	① 600m²以下1階以下、③ 2階以下、② 3,000m²以下2階以下
		※一団地の敷地内について別に制限あり。													
	倉庫業倉庫	×	×	×	×	×	×	○	×	○	○	○	○	○	
	自家用倉庫	×	×	×	①	②	○	○	■	○	○	○	○	○	① 2階以下かつ1,500m²以下、② 3,000m²以下 ■ 農産物及び農業の生産資材を貯蔵するものに限る
	畜舎（15m²を超えるもの）	×	×	×	×	▲	○	○	×	○	○	○	○	○	▲3,000m²以下
	パン屋、米屋、豆腐屋、菓子屋、洋服店、畳屋、建具屋、自転車店等で作業場の床面積が50m²以下	×	▲	▲	▲	○	○	○	▲	○	○	○	○	○	原動機の制限あり。▲2階以下
	危険性や環境を悪化させるおそれが非常に少ない工場	×	×	×	×	①	①	①	■	②	②	○	○	○	原動機・作業内容の制限あり。作業場の床面積 ① 50m²以下、② 150m²以下 ■農産物を生産、集荷、処理及び貯蔵するものに限る
	危険性や環境を悪化させるおそれが少ない工場	×	×	×	×	×	×	×	×	②	②	○	○	○	
	危険性や環境を悪化させるおそれがやや多い工場	×	×	×	×	×	×	×	×	×	×	○	○	○	
	危険性が大きいか又は著しく環境を悪化させるおそれがある工場	×	×	×	×	×	×	×	×	×	×	×	○	○	
	自動車修理工場	×	×	×	×	①	①	②	×	③	③	○	○	○	原動機の制限あり。作業場の床面積、① 50m²以下、② 150m²以下、③ 300m²以下
	火薬、石油類、ガスなどの危険物の貯蔵・処理の量：量が非常に少ない施設	×	×	×	①	②	○	○	×	○	○	○	○	○	① 1,500m²以下、2階以下 ② 3,000m²以下
	火薬、石油類、ガスなどの危険物の貯蔵・処理の量：量が少ない施設	×	×	×	×	×	×	×	×	○	○	○	○	○	
	火薬、石油類、ガスなどの危険物の貯蔵・処理の量：量がやや多い施設	×	×	×	×	×	×	×	×	×	×	○	○	○	
	火薬、石油類、ガスなどの危険物の貯蔵・処理の量：量が多い施設	×	×	×	×	×	×	×	×	×	×	×	○	○	

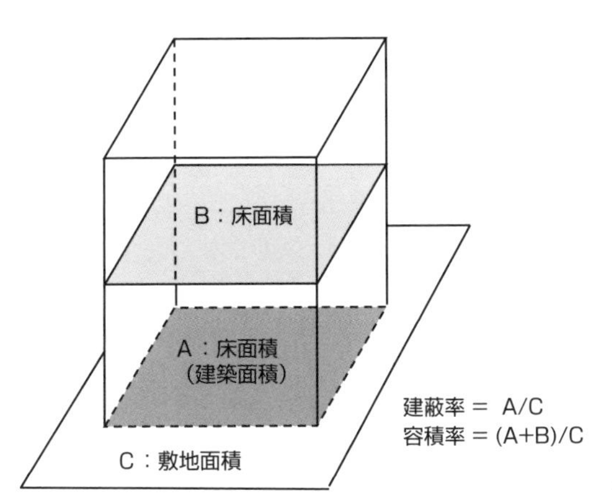

◀建蔽率と容積率

例外としては、総合設計制度によって公開空地が設けられる場合は容積率の割増がなされます。また、接面する前面道路の幅員が12m未満の場合、都市計画で定められた容積率以下の制限を受ける場合があります。住居系の用途地域では「道路幅×4/10」の数値、その他の用途地域（商業系・工業系）では「道路幅×6/10」の数値と、指定容積率を比較して、原則として低い方が適用されます。これは、道路幅員の狭い、基盤整備の十分でない地域に高容積の建築物ができるのを抑える狙いがあります。例えば、第一種中高層住居専用地域で、都市計画で指定容積率が300%、前面道路幅員が5mの場合、5m×4/10＝20/10（200%）＜30/10（300%）より、200%が適用されることになります。

容積率の異なる敷地にまたがった建物の容積率は、建蔽率と同様に両敷地の容積率の加重平均によります。

■4　用途地域以外の区域の建築規制

都市計画区域および準都市計画区域内で用途地域の定められていないいわゆる白地地域では、以前は建物の用途の規制はありませんでした。このため地域の環境に悪影響を与える建築物が建てられる事例が出てきました。そこで、都市計画法では、2000年の改正で「特定用途制限地域」を定め、その地域の特性に応じた用途の建築物のみを認めるように制限されるようになりました。なお、市街化調整区域については別途、開発許可申請における用途で一定の制限が行われています。

「特定用途制限地域」では、都市計画で制限すべき建築物等の用途の概要を定め、具体的な規制の内容については、各自治体の条例によって定めるようになっています。「特定用途制限地域」内では、建築物の用途に加えて、建蔽率、容積率、斜線制限、日影規制および、敷地や建物の構造、設備の規制もできるようになっています。さらに、2006年の改正では、床面積が1万m^2以上の劇場、店舗、飲食店等の大規模収客施設の建築は原則として禁止となりました。

■5　土地利用計画の基本

都市計画の具体的な執行は、すでに述べた地域地区制度によって、区域内の建築物の接道、用途、高さ等の形態、構造、建蔽率、容積率、オープンスペースなどに制限を加えることです。この地域地区制度の設定のもととなるのは、各用途にともなう諸活動による区域間相互の関係や影響などから土地利用をどのような配置にするかということであり、この配置の基本となるのが、住宅地、商業地、工業地それぞれの好ましい条件になります。

住宅地については、地形などの自然的な条件と生活の場としてのインフラなどの整備状況が好ましい条件としてあります。地形的条件には低湿地よりも乾燥した水はけのよい土地が優れています。急傾斜地なども土砂災害防止の見地から好ましくありません。

インフラ関連では、幹線道路からの距離も排気ガス、騒音、振動に影響を与える条件となります。工業地との直接的な隣接も騒音、振動などから好ましくありません。道路や緑地帯などの緩衝帯が影響緩和のために必要となります。電気、上下水道、ガスなどの生活関連施設は基本的な住宅地の条件です。このほか、学校、病院、近隣商業施設、図書館等の文化施設などの存在も住宅地の条件となります。通勤、通学、買い物のための鉄道、バスなどの公共交通機関の利用しやすさも住宅地の重要な条件です。

商業地の好ましい条件として、中心的商業地区の場合は、鉄道駅周囲などの中心市街地に立地していることがあります。これに対して近隣商業地域は、規模は小さくても住宅地に近接することが好ましい条件になります。大型の商業施設については自動車による利用客が主流を占めることから区画道路を経ずに、幹線道路に直接アクセスできることが重要となります。市役所や区役所などの行政施設は必ずしも鉄道駅に近接している必要はありません。

工業地の条件には、業種にもよりますが、材料、製品の搬入・搬出のための自動車交通路の確保があります。幹線道路との距離、高速道路のインターチェンジへのアクセスが重要な条件となります。また用排水道の整備も工場立地には重要な条件です。他の用途地域への影響から直接の接触を避けて、道路、緑地帯などによる緩衝効果のある緩衝帯を設置することが必要となります。

以上の住宅地、商業地、工業地の好ましい基本的条件から、当該地域の特性により用途地域の配置の検討を行うことになります。一般的には、住宅地は静かで風致のよい土地が適していることから、丘陵地を含む郊外地が向いています。商業地は交通の利便性がよく、住宅地からのアクセスが重要となる中心市街地に位置する必要があります。工業地は輸送交通、エネルギー供給、用排水、廃棄物流搬出の都合上、平坦地が好ましく、通勤の利便性を求められる一方では、他の用途地域への騒音、振動などの影響の点からの隔絶性も条件となります。

MEMO

第5章

都市交通と交通施設

人々の生活において、住む、働く、憩うという行動は、特定の場所で土地を利用することで成り立ちます。これらの行動には常に一定の場所から他の場所への人・物の移動、情報伝達といった交流が不可欠です。この交流は長期にわたる人口の移動から、日々の生活のための物資の輸送や人々の通勤、通学、情報の伝達までさまざまです。とりわけ人・物の移動のための都市交通と交通施設は都市計画の主要なテーマです。本章では都市交通と交通施設について解説します。

5-1

都市交通の特質と課題

都市交通の発達は都市の構造に影響を与えてきました。今後の人口減少、高齢化の進展に加えて、情報関連技術の変化は都市交通計画に大きな影響を与えることになります。

交通は、都市における人々の生活を維持するために日々反復して発生する、空間的な隔絶を克服するために必要不可欠な人・物の移動を意味します。移動の手段である交通機関は、技術の発展にともない移動距離と移動速度を向上させて、移動量の増加や時間短縮の進化を遂げてきました。

交通の種類は、人を移動する旅客交通と物資を移動する貨物交通に大別されます。旅客交通は移動の目的から通勤、通学、観光などに分類され、移動する場所から陸上、水上、航空の各交通に分類できます。

都市居住者の生活は都市の基本的機能である交通機関に大きく依存しているゆえに、都市交通には高い公共性があります。交通は交通手段である施設と、その手段を提供する仕組みが一体となった体系化が図られいます。交通施設には鉄道や道路であれば、軌道や車線、それを支える橋、トンネルなどのインフラ施設、電気通信施設や利用のための駅やターミナル、駐車施設などの交通施設があります。このため交通機関の整備には、一般には巨額の費用がかかり、その施設も高い耐久性と長い年月にわたる維持が期待されます。しかし、需要の予測には社会経済活動の変化など多岐にわたる要素が影響を与え大きな不確定要素があります。

都市交通は、都市のあり方と一体で考える必要があります。20世紀の都市の発展には公共交通機関、特に自動車交通の発達が大きな影響を与えてきました。特に人口密度が低い地域ほど自動車交通が進展し1世帯あたりの自家用乗用車保有台数が増加する傾向がありました。これに対して、公共交通機関である鉄道やバスは減少の一途をたどり、路線の採算性に影響を与えてサービス低下を招く課題が出ています。人口減少、高齢化と併せて都市交通のあり方は今後の都市計画の大きな課題です。

一口メモ：スマートホンの位置情報によるモビリティ分析

スマートホンの各種機能を利用することによってIP アドレスやデバイスの位置情報、各種サイトの使用履歴に基づいてさまざまな位置情報が集積される。

この情報は、スマートホンの所持者各個人の移動の履歴であり、スマートホンの普及によって人の動きをしめすメガデータを形成している。今後、プライバシー保護の課題などをクリアしつつ、都市交通や防災などのモビリティ分析における有力な情報となるものと思われる。

5-2

人の動きと都市交通

都市生活の変化、情報化の進展等による人の動き、物の輸送における量や速度、手段などの傾向は、今後の都市交通のあり方を考える上できわめて重要な情報です。

■1　人の動きを示す単位

都市交通の需要のもととなる人の動きは、4年ごとに実施される全国都市交通特性調査によって把握されます。人の動き、すなわち交通は、何の目的で（object）、どこから（起点：origin）、どこまで（終点：destination）、どのような手段で（mode）移動したかを知ることで把握できます。この場合、1つの目的のための移動を1単位として1トリップと定義しています。このトリップ数の1日あたりの合計が、交通の需要のもととなる移動の量を示すもので、生成原単位（1人1日あたりのトリップ数）と呼びます。通常は5歳以上を対象とします。

例えば、自宅から会社に通勤で移動し、執務中に取引先のA社へ会議出席を目的に出かけ、会議終了後、取引先B社に面談のため立ち寄ってから帰社。その後定時まで執務をして、勤務終了後に、スーパーマーケットで買い物をして帰宅した、という移動の場合を考えます。移動の目的ごとにみると、通勤のために自宅から会社へ移動、会議出席のために会社からA社へ移動、B社で面談のためにA社からB社へ移動、終了後に帰社のためB社から会社へ移動、勤務後に会社からスーパーマーケットまで買い物のために移動、その後帰宅のためにスーパーマーケットから自宅まで移動、と6つの目的の移動で6トリップ/人・日となります。

特定の地域全体の平均パーソントリップが得られれば、このトリップ数と地域全体の5歳以上の人口の積から、当該地域全

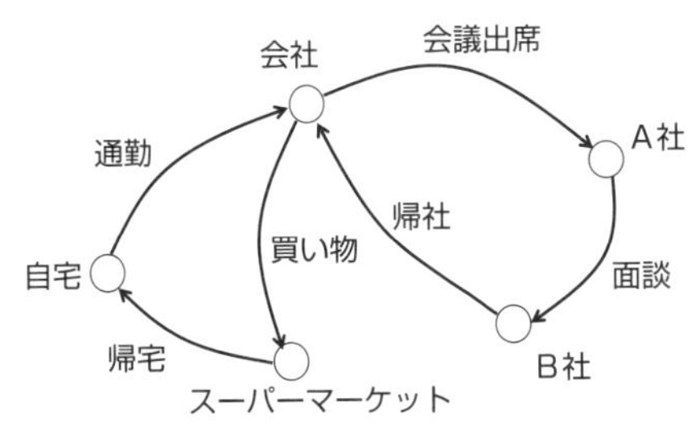

▲パーソントリップ

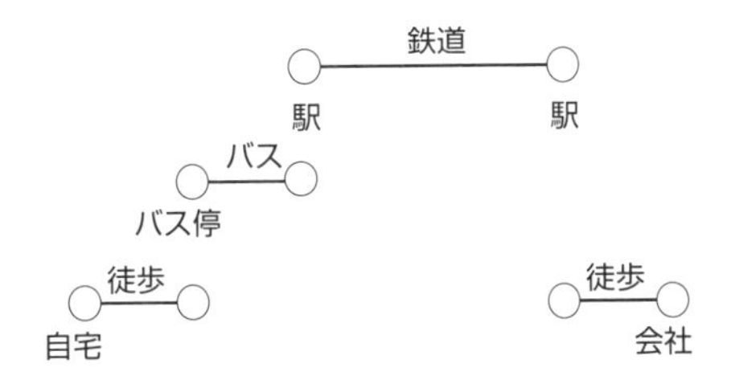

▲ジャーニー（手段トリップ）

体の1日あたりの総トリップ数である交通生成量が得られます。なお、人の移動の単位をパーソントリップと呼ぶのに対して、貨物の移動をカーゴトリップと呼びます。

一方、単一の移動手段での移動をジャーニー（手段トリップ）と呼びますが、1つのトリップが、徒歩、バス、鉄道、タクシー、自動車など複数の移動手段で構成される場合、最も距離の長い移動手段をそのトリップのジャーニーとして代表させます。

■2　都市における人の動きの傾向と都市交通

都市における人の動きは都市交通の元となるもので、都市における人の動きの傾向は都市交通の計画のための重要な情報を含んでいます。ここでは2015年に実施された調査結果をもとに、都市における人の動きと変化についてみてみます（出所：全国の都市における人の動きとその変化～平成27年全国都市交通特性調査集計結果より～、国土交通省）。

□1日あたりの全体のトリップ数

パーソントリップ数は平日が休日より20～30%多く、1987年以降2015年まで28年間の変化は、平日が2.63から2.17に、休日が2.14から1.68といずれも20～30%の減少傾向にあります。

□外出率

調査当日に外出をした人の割合の回答結果です。これによれば外出率は平日、休日ともに減少の傾向を示しています。1日あたりのトリップ数の減少とともに外出率の長期的な低下の傾向は、インターネットなど情報伝達手段の発達が買い物、在宅勤務・テレワークなどの業務方法に構造的な影響を与えており、今後の都市計画で注目する必要のある傾向だといえます。

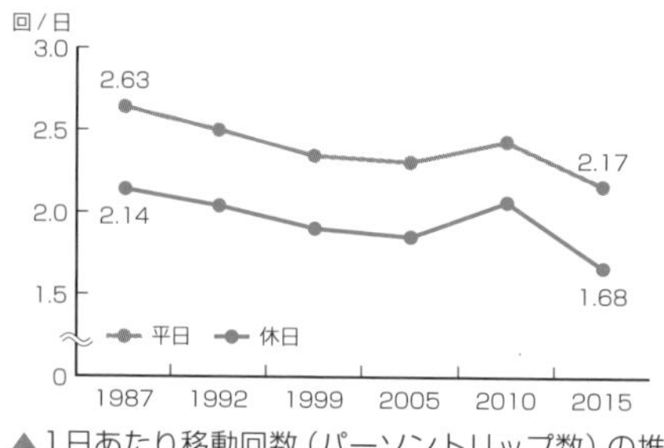

▲1日あたり移動回数（パーソントリップ数）の推移

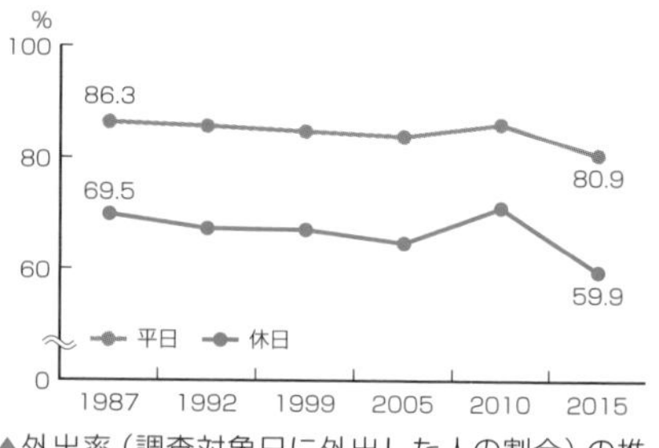

▲外出率（調査対象日に外出した人の割合）の推移

□年齢層別トリップ数

20歳代と70歳代の年齢層別の1日あたりトリップ数は、1992年から2015年までの23年間で70歳代が1.5から1.9と増加しているのに対し、20歳代は逆に2.4から1.8と30%を超える減少傾向を示しています。

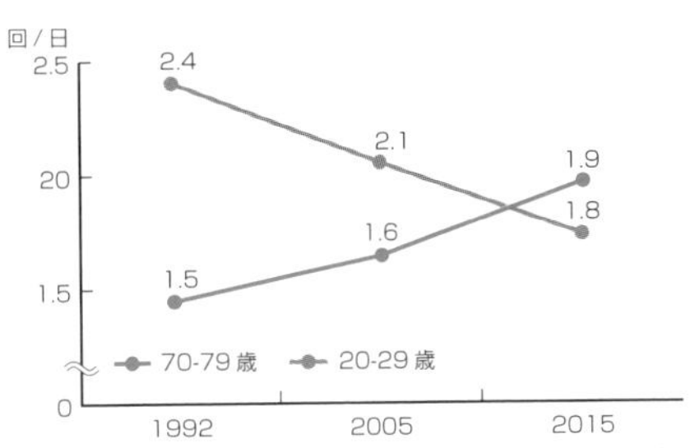

▲年齢層別の1日あたりの移動回数（パーソントリップ数）の推移

□20歳代の1日あたりの移動回数の推移

20歳代の男・女別、平日・休日別の1日あたりのトリップ数はいずれも減少となっていますが、女性よりも男性が平日で2.98から1.91と約60%、休日で2.31から1.24と 86%もの大幅な減少傾向にあります。

□20歳代の交通手段別構成比

三大都市圏では鉄道が自動車よりも大きな割合を示していますが、地方都市圏では自動車の割合が大きく、2015年までの28年間の推移をみると、三大都市圏、地方都市圏のいずれも、鉄道の利用が増加する一方、自動車交通は減少の傾向にあります。若年層の交通手段における自動車交通の比率の減少傾向も、都市計画において中期的に注目する必要のある傾向です。

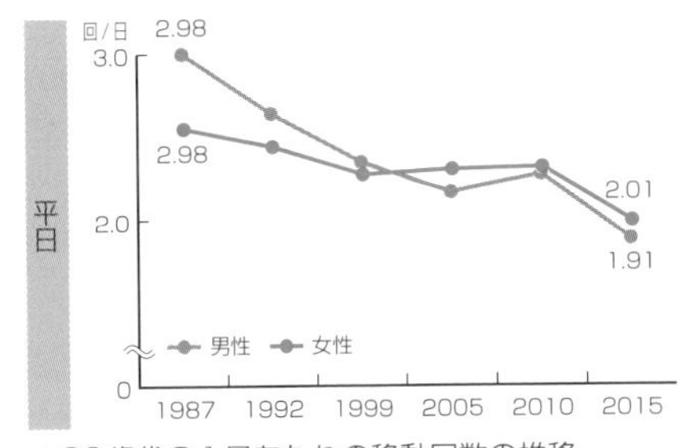

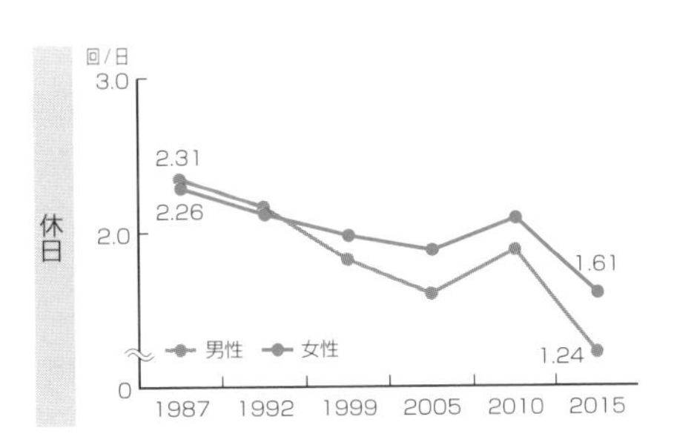

▲20歳代の1日あたりの移動回数の推移

第5章　都市交通と交通施設

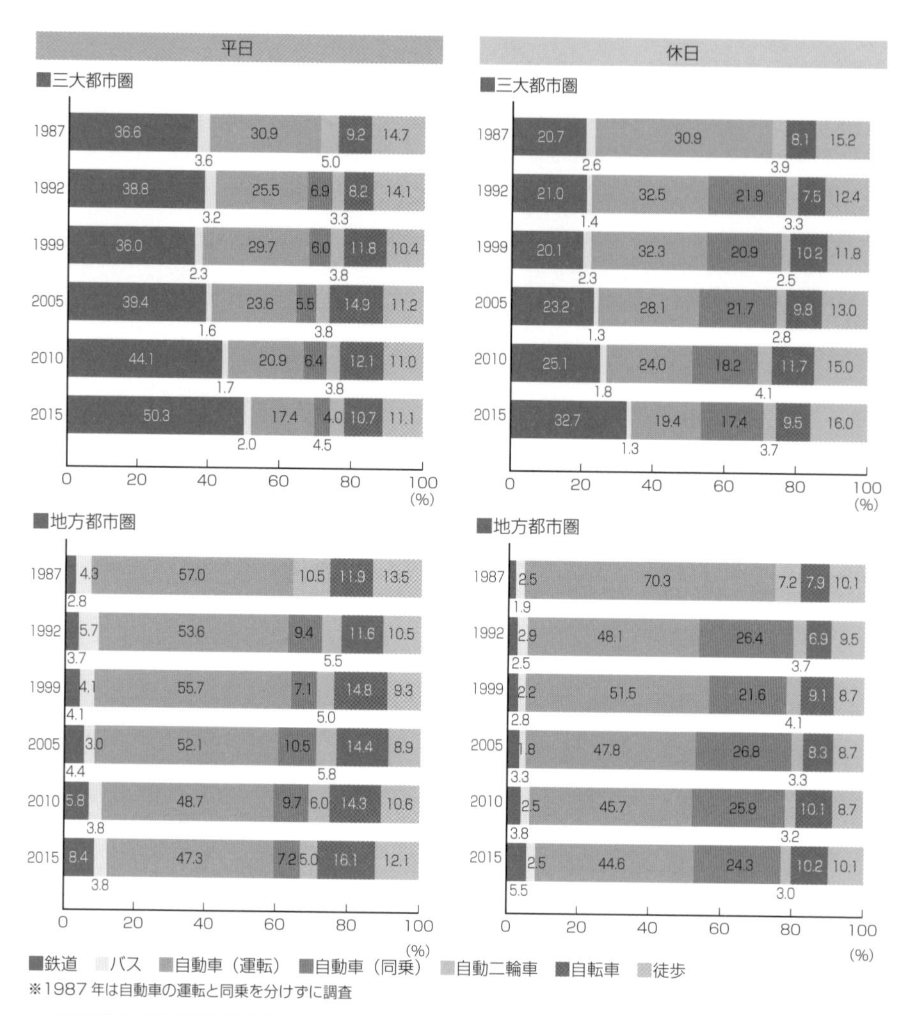

▲20歳代の交通手段別構成比

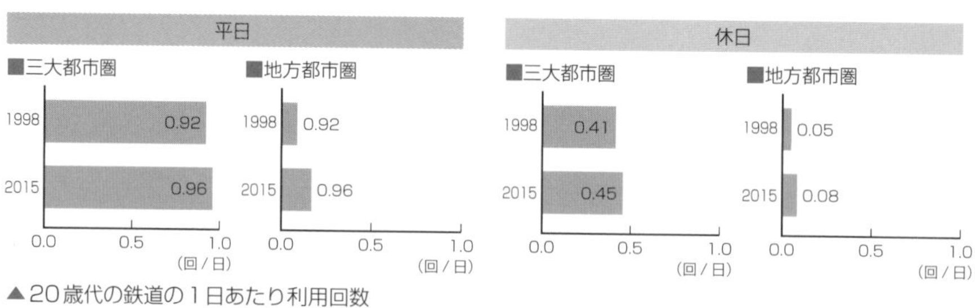

▲20歳代の鉄道の１日あたり利用回数

□30歳代（子どもがいる世帯）の平日目的別移動回数（トリップ）

子どもがいる世帯の女性は送迎を目的とするトリップの比率が最も大きく、男性の場合の8倍となっています。

送迎目的の交通手段については、三大都市圏、地方都市圏とも主要な手段は自動車ですが、三大都市圏の女性については、自転車が多く使われる傾向があります。

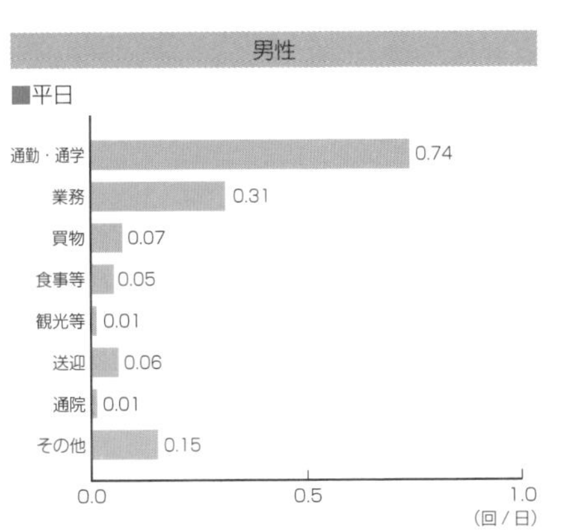

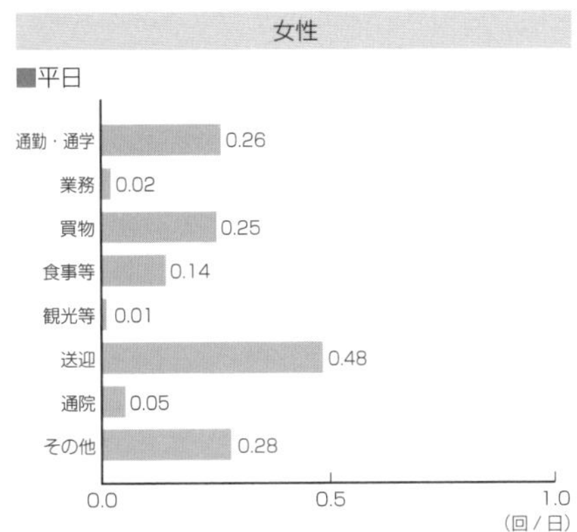

▲30歳代（子どもがいる世帯）の目的別移動回数（トリップ数）

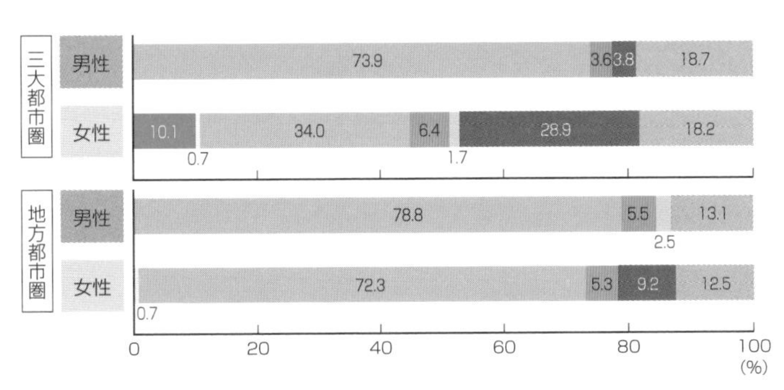

▲30歳（子どもがいる世帯）の送迎目的の交通手段

□都市別の人の動き

都市別の自動車（運転・同乗）の利用割合は、地方都市圏のほとんどの都市において50%以上、すなわち1日の移動の半分以上は自動車による移動となっています。休日には自動車を使う割合は平日よりも大きくなり、三大都市圏でも50%未満は首都圏・京阪神圏のごく一部の都市に限られます。このように都市の人の動きでは自動車が大きな比率を占めています。

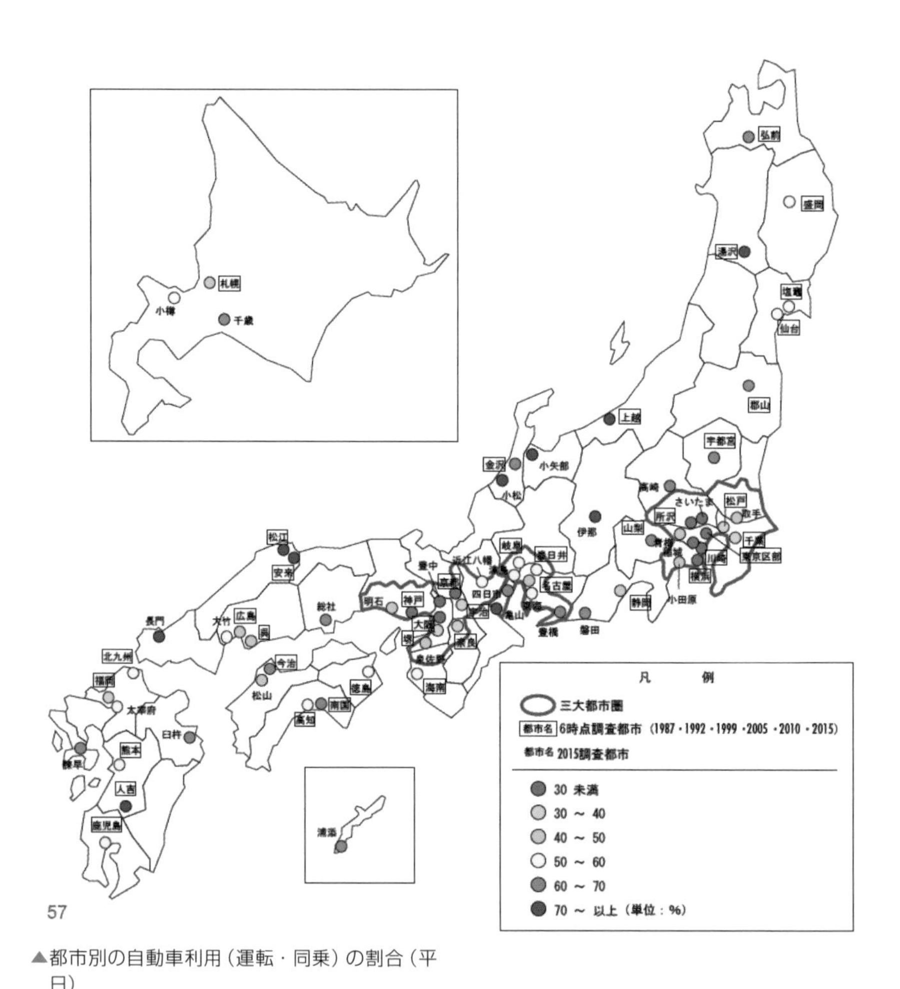

▲都市別の自動車利用（運転・同乗）の割合（平日）

出所：全国の都市における人の動きとその変化～平成27年全国都市交通特性調査集計結果より～、国土交通省都市局、p.57

□都市類型別平均移動時間

三大都市圏は都市類型別で、1回の移動の時間が大きい傾向にあります。「通勤」、「通学」、「買物」の目的別で都市類型間の比較では、「買物」はどの都市類型でもおよそ20分程度と同じですが、「通勤」、「通学」では、三大都市圏が長く、移動時間全体に影響を与えています。

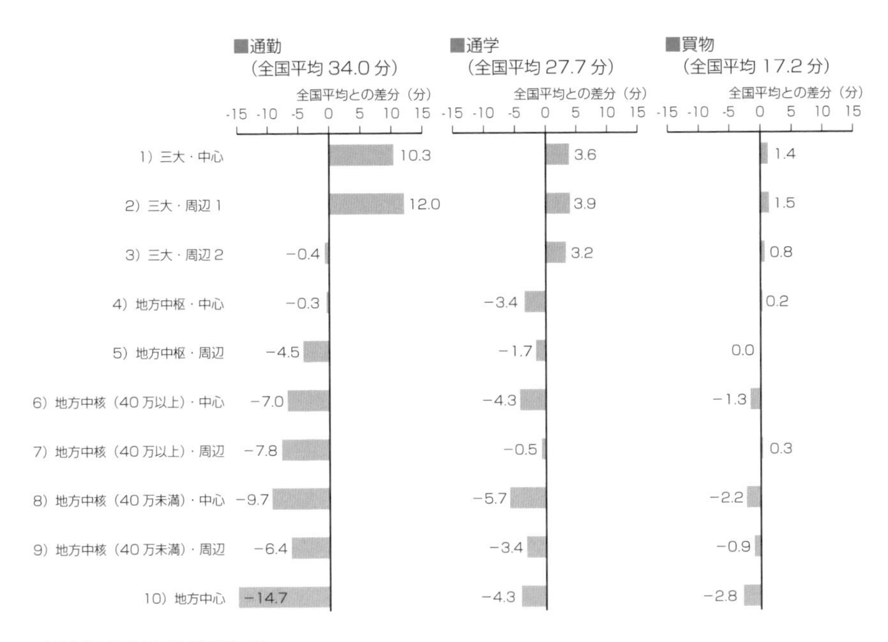

▲都市類型別の平均移動時間

出所：全国の都市における人の動きとその変化～平成27年全国都市交通特性調査集計結果より～、国土交通省都市局、p.60

□移動距離別の交通手段

短距離では徒歩が用いられていますが、三大都市圏では1～3kmで自転車が用いられる傾向があります。5km以上となると三大都市圏では鉄道、地方都市圏では自動車が使われています。地方圏では、100m程度以上から自動車が広く利用されています。

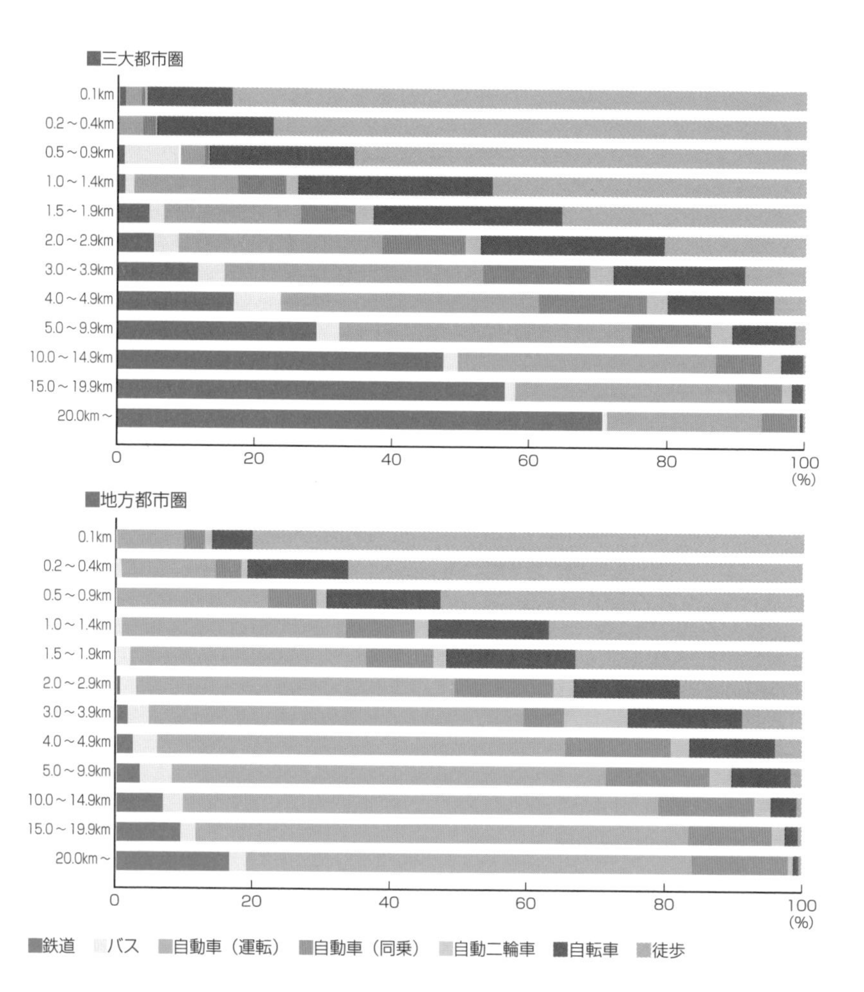

▲移動距離別の交通手段

出所：全国の都市における人の動きとその変化～平成27年全国都市交通特性調査集計結果より～、国土交通省都市局、p.62

□居住地特性と交通特性

三大都市圏では最寄り駅までの距離が長いほど自動車を利用する傾向がありますが、最寄り駅からの距離が2km未満では自転車を使う傾向もあります。地方都市圏では距離によらず平日、休日とも自動車の利用が多くを占めています。

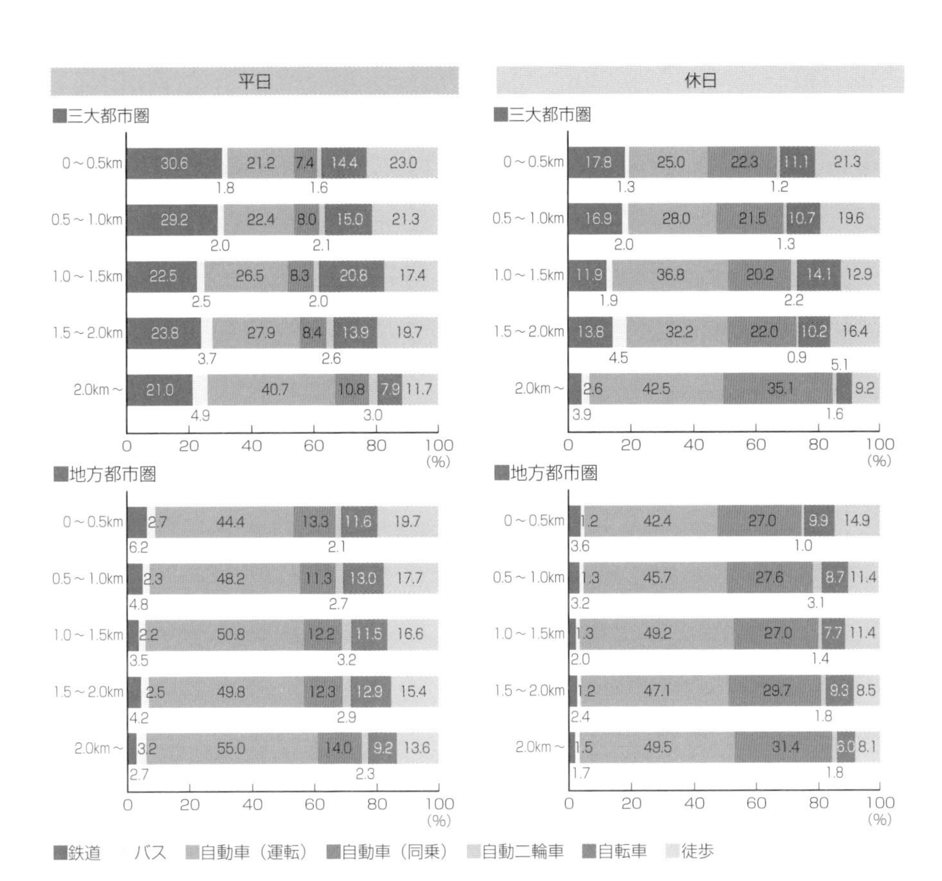

▲最寄り駅までの距離別の交通手段

出所：全国の都市における人の動きとその変化～平成27年全国都市交通特性調査集計結果より～、国土交通省都市局、p.63

□自転車の利用

自転車は三大都市圏の女性によって多く利用されています。利用目的では平日、休日を問わず女性の買物に用いられています。地方都市圏では平日における通勤・通学で自転車が用いられており、三大都市圏では送迎に多く用いられています。休日は、平日に比べると利用回数は少なく、男性の「観光等」目的での利用が見られます。

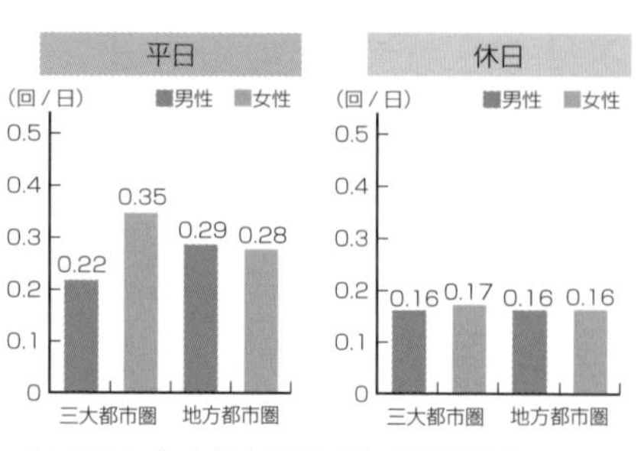

◀1日あたり自転車利用回数（都市圏別）

出所：全国の都市における人の動きとその変化～平成27年全国都市交通特性調査集計結果より～、国土交通省都市局、p.66

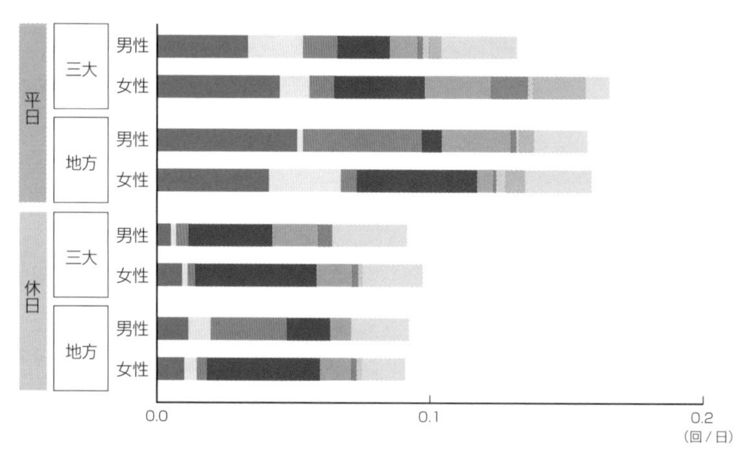

▲1日あたり自転車利用回数（利用目的別）

出所：全国の都市における人の動きとその変化～平成27年全国都市交通特性調査集計結果より～、国土交通省都市局、p.67

5-3 都市交通施設

道路、鉄道駅、バスターミナル、交通広場、駐輪場などの都市交通施設は、都市構造の骨格を形作り、そのあり方は都市の住みやすさに大きな影響を与えます。

■1　都市交通の構成

都市交通全般における自家用自動車の担う部分は減少傾向にありますが、通勤・通学をはじめ日々の都市生活にとって、公共交通機関のあり方は重要な都市交通の課題です。

都市における基幹輸送手段としては、大都市においては鉄道、地下鉄などの大量高速輸送機関があり、地方中核都市においては、モノレール、新交通システムなどの中量輸送機関、地方都市においてはバスなどがあります。都市交通は、基幹となる交通手段と、これらを補完するバス、自家用自動車、自転車等の2次輸送手段が交通結節点を通じて効率的な一体的交通体系となるように構築することが重要です。

わが国では過去数十年にわたり外出率、トリップ数が減少傾向にありますが、今後の人口減少やIT通信のさらなる進化により、都市生活者の行動パターンの変化にともなって都市交通の利用者のニーズは多様化するものと思われます。都市の景観や環境への配慮、高齢者などの移動弱者のためのバリアフリー化、より安全で快適な鉄道駅やバスターミナルなどの交通関連施設のあり方など、都市交通のあり方を考える際は、単なる輸送手段を超えた社会の多様なニーズに応えるまちづくりの視点が求められています。

■2　都市交通手段の種類と特徴

都市交通の手段としては、JR、私鉄、公営地下鉄などの都市高速鉄道や、自動案内軌条式旅客輸送システム（AGT）、モノレール、路面電車・LRT、バス、自家用自動車、自転車などがあります。都市交通はこれらの複数の交通手段を組み合わせて成り立っており、都市交通の効率性や快適性は、交通手段の接点である交通結節点の設備やシステムによって大きな影響を受けるという特徴があります。

基幹交通手段の鉄道や地下鉄は、最も大きな投資を必要としますが、1時間あたり1方向輸送量が数万人規模と大きく、大都市の通勤時間帯でも速度30〜50km/hの高速輸送手段です。近年は、複数の私鉄、地下鉄の相互乗り入れにより広域的な鉄道網の構築が進んでいます。

また、小断面地下鉄（リニア地下鉄）は、従来型の地下鉄などに対して軌道断面を小さく抑え、輸送密度でモノレールやバスとの中間領域を担う交通システムとなっています。小断面のため小さい曲線半径や急勾配の線形に対応でき、維持・保守も容易です。都営地下鉄大江戸線（開業1991年）、大阪市営地下鉄長掘鶴見線（1990年）、横浜市営地下鉄グリーンライン（2008年）などがあります。

自家用自動車は個別のOD（起点終点間）輸送のニーズに応える利便性は高いとはいえ、エネルギーあたりの輸送効率、輸送量は公共交通に比べはるかに低いという欠点があります。

自転車は2km程度までの近距離の移動手段として利便性が高く、最寄り鉄道駅までの通勤・通学の交通手段や、子育て世代の女性の送迎、買い物などの移動に用いられています。輸送量は限定的です。自転車の利便性は道路幅員などの自転車走行の道路条件や駐車施設の充実度などにも左右されます。

路線バスは固定設備がほとんど不要で、路線の新設・改廃など柔軟な路線設定ができますが、道路を路線とするために一般の自動車交通の影響を受けます。かつては大都市圏における基幹的な交通手段でしたが、自動車交通の急増する昭和40年代以後、道路渋滞により運行速度や定時性が著しく低下するようになりました。このためバスの公共交通機関としてのサービス能力の低下は、路線の縮小や廃止による利用者の減少、路線の採算性悪化につながる悪循環を引き起こしました。2002年の乗合バス事業の規制緩和による路線廃止などもあり、路線バスのサービス低下は、特に代替公共交通手段のない地方都市において大きな課題となっています。専用レーンを走る基幹バスは、一般の道路交通の混雑の影響を受けないため、通常の路線バスと比べ、輸送力、定時性が改善されます。

路面電車（LRT）は、既存のインフラ、インフラ外施設、運行システムを利用するため、従来技術の延長として完成された交通システムで、先端技術によるAGT、モノレールより建設、維持運営コストが安くなります。バス路線と同様に、増加する自動車交通による渋滞で公共交通機関としてのサービス低下により大都市では昭和40年代以降多くの路線が廃止されましたが、函館、富山、福井、広島、長崎、熊本、鹿児島などの地方都市の都市交通として使われています。

昭和50年代以後、バスや路面電車に代わる交通手段として各地で整備されたのが、モノレールや中量軌道システムです。自動車交通と分離することで道路混雑の影響を受けなくした専用軌道が、道路施設として整備されました。軌道断面が小さく占用空間を少なくできるため、急な平面線形・縦断勾配がとれるほか、完全自動運行システム（AGT：Automated Guideway Transit）による無人運転で運行にかかわる人員が少なくて済む利点があります。モノレール、中量軌道システムに加え、動く歩道などの連続輸送システムも含めて新交通システムと総称する場合もあります。

■3　都市交通手段の適用範囲と交通ギャップ

□都市交通手段の適用範囲

各種交通手段としては、100m未満は徒歩で、それを超えると自転車、バス、鉄道などの手段によることになりますが、都市交通手段の適用範囲の説明には、これに輸送手段の能力に相当する単位距離・1方向・1日あたりの輸送人数である輸送密度を加えて示すのが一般的です。横軸に移動距離、縦軸に輸送密度をとり、各交通手段のカバーする範囲を面として示すものです。

1kmを超えて最も移動距離が長く、かつ輸送密度の高い交通手段が都市高速鉄道で、次いで中量輸送システムのモノレールやAGT、路面電車・LRT、そしてバスとなります。輸送密度の低い個別輸送としては自家用自動車やタクシーの自動車交通が都市高速鉄道と同等の輸送距離をカバーし、2km未満の交通手段として自転車があります。徒歩、動く歩道は1kmまでの範囲となります。

□交通ギャップ

都市内においてある距離を満足しうる速度や時間で移動するという交通需要に対しどれだけ応えられるか、という観点から交通手段を検証すると、満たしきれないギャップが存在します。徒歩、自動車、航空機の移動距離と輸送需要に対する満足度の関係を示すカーブを重ね合わせると移動距離0.4～3.0kmおよび、80～300kmの範囲で50%満足のレベルを下回る領域が存在します。これが交通ギャップで、都市交通においては0.4kmから3.0kmの移動距離の範囲は、徒歩も自動車も輸送需要を満たすことができないギャップということになります。

この部分のギャップを埋めるのがバス、路面電車、AGT、モノレールなどの中量軌道システム、地下鉄、JR、私鉄などの公共

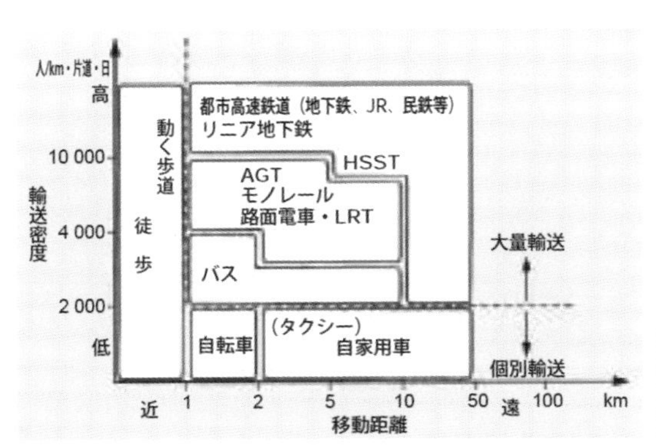

◀各種都市交通手段の適用範囲

出所：地田伸也他、都市における交通システム再考、土木学会誌vol.88, No.78、p.78

交通機関や、自転車、自家用自動車です。首都圏の都心部など大都市の限られた地域では400m以内で複数の地下鉄などの利用が可能であり、この交通ギャップは公共交通機関によって完全に埋められている状況にあります。

しかし、地方都市やその他の多くの都市部各地域では、このギャップの大部分を自動車交通が担っているのが実態です。定期バスの運行もこのギャップを埋める手段ではありますが、近年の運行路線数や運行頻度の減少によって、需要に応えているとはいえない状況にあります。交通ギャップの考え方は新しいものではありませんが、移動距離400mから3kmの公共交通手段によるこの交通ギャップの克服が、依然として都市交通の課題であり続けていることを示しています。

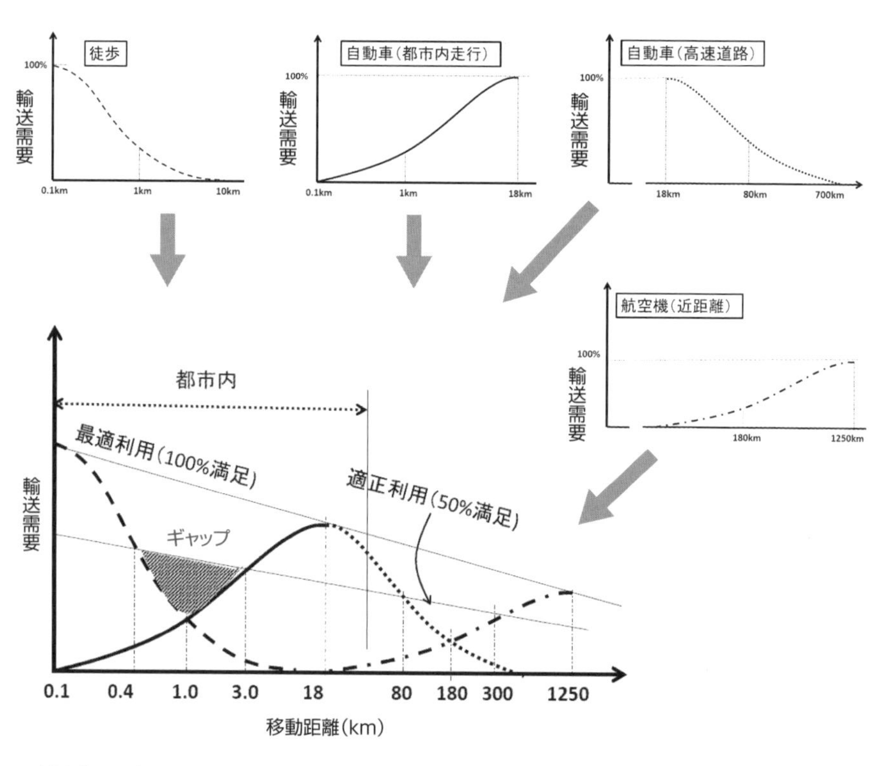

▲交通ギャップ

□アクセスとイグレス

都市内の移動の需要への満足度を考える上で、適切な交通手段のあり方を距離と時間から考えることと同時に、「起点からその交通手段を利用する場所までのアクセス」や「交通手段の利用終了の場所から目的地までの移動」であるイグレスの距離や時間も重要です。また複数の交通手段の接点である交通結節点のバリアフリーや歩行空間などの施設の利便性も重要な要素です。これらの交通施設も含めた一体的な交通環境の整備状況が、都市内の移動への満足度に大きく影響を与えています。

交通環境の整備に関してこれまで実施されてきた具体的な施策としては、駐輪場、駐車場の整備や、交通広場のパークアンドライド、タクシーベイ、バスターミナルなどの諸施設整備、鉄道駅での交通結節点機能の充実、トランジットモール、ペデストリアンデッキ、地下街などの一体的歩行空間の整備など多岐にわたります。

◀横浜ベイクォーター（2010年完成）

鉄道駅と近隣周辺施設をつなぐ歩行空間。

◀仙台駅西口ペデストリアンデッキ（1977年完成）

鉄道駅とバスターミナル、近隣商業施設をつなぐ歩行空間。

■4　道路

□道路の機能

○**交通機能**：交通機能は道路の基本的な機能です。人や車が道路上を円滑に移動できる「通行機能」があり、道路に面した沿道の土地、建物等の施設への出入り、路側のバス停の利用、荷捌きのための「沿道利用機能」があります。

○**空間機能**：道路は、建物や工作物のない空間を保持するという機能があります。火災や事故が発生した場合、避難路のためのスペースとなり、消防車の消化活動や救助活動の場所を提供します。また建物相互の間隔を空けることで延焼による火災の拡大を遅延、防止させる災害防止機能があります。さらに、道路は収容スペースとしての機能があります。地下鉄、都市モノレール、路面電車、バスなど公共交通機関の導入空間機能があります。

また、上下水道、汚水管、電気、電話、ガス管などのライフラインを収納する共同溝などの供給・処理・通信情報施設用の空間としての機能があります。

さらに、道路は、電柱、案内板、信号、照明、その他ストリートファニチャー等道路付属物のための空間でもあります。

▼都市内道路の機能

機能の区分			内容
①交通機能		通行機能	人や物資の移動の通行空間としての機能
		沿道利用機能	沿道の土地利用のための出入、自動車の駐停車、貨物の積み降ろし等の沿道サービス機能
②空間機能	都市環境機能		景観、日照、相隣等の都市環境保全のための機能
	都市防災機能	避難・救援機能	災害発生時の避難通路や救援活動のための通路としての機能
		災害防止機能	火災等の拡大を遅延・防止するたmの空間機能
	収容空間	公共交通機関の導入空間機能	地下鉄、都市モノレール、新交通システム、路面電車、バス等の公共交通機関の導入のための空間
		供給処理・通信情報施設の空間	上水道、下水道、ガス、電気、電話、CATV、都市廃棄物処理管路等の都市における供給処理および通信情報施設のための空間
		道路付属物のための空間	電話ボックス、電柱、交通信号、案内板、ストリートファニチャー等のための空間
③市街地形成機能		都市構造・土地利用の誘導形成	都市の骨格として都市の主軸を形成するとともに、その発展方向や土地利用の方向を規定する
		街区形成機能	一定規模の宅地を区画する街区形成
		生活空間	人々が集い、遊び、語らう日常生活のコミュニティ空間

出所：実務者のための新都市計画マニュアルⅡ、日本都市計画学会、2003年

○**市街地形成機能**：道路は都市構造の骨格として都市の主軸を形成し、人・物資の流出入を促し、新たな土地利用によって市街地の発展を促すことにより、土地利用の方向性を規定します。また市街地における地区、街区の境界となります。さらに居住者に対する日照や風通しをよくし、道路側に街路樹等を植えて整備をすることで生活環境を整え、人々にうるおいとやすらぎを与えます。

□都市計画道路の種類と幅員構成

都市計画道路は、都市施設の1つとして計画決定され、都市計画と一体的に市街地環境を整備する道路です。都市計画法に基づく認可や承認を受けて都市計画道路事業として実施されます。市街地の中の道路は街路と呼ばれていますが、都市計画道路事業は「街路整備事業」、あるいは「街路事業」として自治体によって実施されます。なお、都市計画決定された道路予定地には、恒久的な建物の建築は禁じられています。

都市計画道路は5種類に区分されています。

- ・自動車専用道路：都市高速道路、都市間高速道路その他の自動車専用道路。
- ・幹線街路：都市の主要な骨格として近隣住区等の道路や外郭を形成する道路。発生又は集中する交通を当該地区の外郭の道路に連結する。
- ・区画街路：宅地の利用に供される生活道路。
- ・特殊街路：自動車以外の歩行者、自転車、新交通システム等のための道路。
- ・駅前広場：道路の一部として整備する交通のための広場。

都市計画道路の幅員は、安全性や快適性のために歩行者と自動車を分離して歩車道および植樹帯などを設置します。沿道の土地利用状況によっては停車帯を設置します。

道路配置は住宅地にあってはおおむね0.5kmから1.5km、商業地にあっては0.3kmから0.5kmの間隔で、居住地や商業地を囲むように外郭に幹線街路を配置し、この内側に補助幹線街路を配置します。自動車交通は補助幹線から幹線街路へと流れることで、居住区内の通過交通を防ぐようにします。

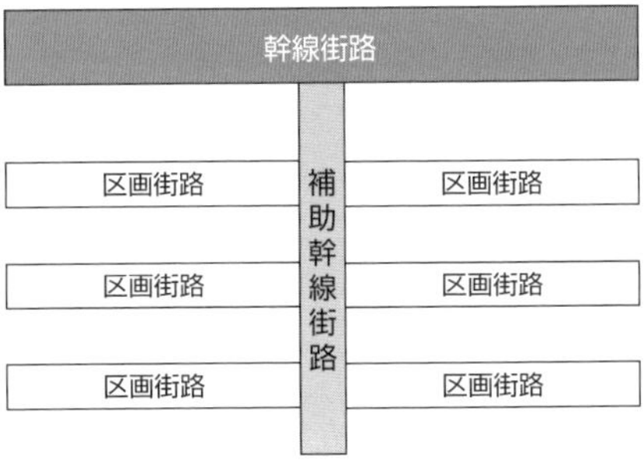

▲道路の配置

▼都市計画道路の種類

道路の区分		道路の機能等
自動車専用道路		都市間幹線道路、都市高速道路、一般自動車道等の自ら自動車の交通の用に供する道路で、広域交通を大量でかつ高速に処理する。
幹線街路	主要幹線街路	都市の拠点間を連絡し、自動車専用道路と連携し都市に出入りする交通や都市間の枢要な地域間相互の自動車交通の用に供する通路で、特に高い走行機能と交通処理機能を有する。
	都市幹線街路	都市内の各地域または主要な施設相互間の交通を集約して処理する道路で、居住環境地区等の都市の骨格を形成する。
	補助幹線街路	主要幹線街路または都市幹線街路で囲まれた地域内において幹線街路を補完し、区域内に発生集中する交通を効率的に集散させるための補助的な幹線街路である。
区画街路		街区内の交通を集散させるとともに、宅地への出入交通を処理する。また、街区や宅地の外郭を形成する。日常に密着した道路である。
特殊街路		自動車交通以外の特殊な交通の用に供する次の道路である。 ①専ら歩行者、自転車又は自転車及び歩行者のそれぞれの交通の用に供する道路 ②専ら都市モノレール等の交通の用に供する道路 ③主として路面電車の交通の用に供する道路

出所：実務者のための新都市計画マニュアルⅡ、日本都市計画学会、2003年

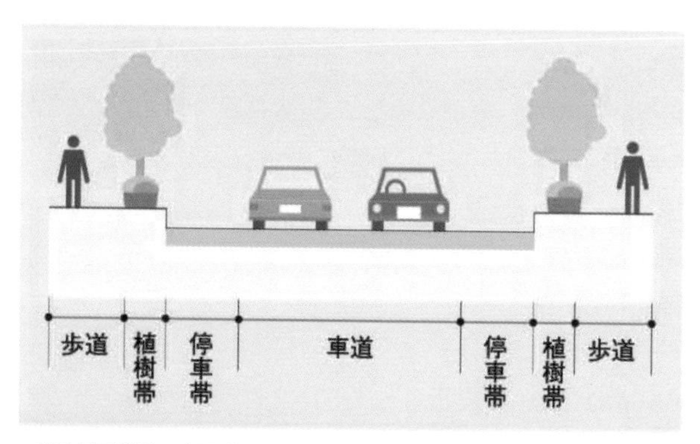

▲都市計画道路の幅員構成

出所：実務者のための新都市計画マニュアルⅡ、日本都市計画学会、2003年

■5　道路の公共交通手段（路線バス）

路線バスは、歩行距離を越える最寄りの鉄道駅までの近距離の最も一般的な公共交通手段です。特に自動車を利用できない若年者、高齢者、身障者など交通弱者にとっては不可欠な交通手段となっています。路線バスは長年にわたって道路の主要な公共交通手段の役割を担ってきましたが、過去半世紀にわたって一貫して減少傾向をたどっています。

路線バスの輸送人員は、国土交通省の調査（2018年）によれば、1970年に三大都市圏で46億人、その他55億人、合計101億人だったのをピークにその後減少を続け、2017年にはそれぞれ29億人、14億人、43億人と半分以下になっています。特に減少傾向は地方部で著しくほぼ1/4になっています。

路線バス利用者の減少の理由としては、人口減少とともに自家用車の普及の影響があります。また交通渋滞の慢性化により路線バスの定時性が失われたことや運行路線の縮小によるサービス低下もあげられます。

大都市圏ではモノレールや中量軌道システム、地下鉄の整備によって路線バスの需要が他の公共交通手段に移行しましたが、公共交通手段の整備の遅れている地方部では、自家用自動車によって路線バスの需要の一部をカバーしてきました。しかし高齢化のよる運転免許保持者の減少などによって路線バスのニーズには根強いも

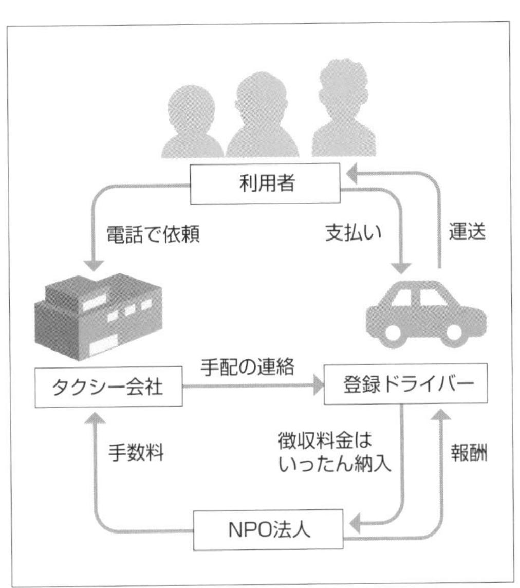

◀兵庫県養父市のライドシェアの仕組み

国家戦略特区で実施された地元住民の自家用車によるライドシェアサービス。

のがあります。

路線バスの公共交通機関としての信頼性やサービスの向上のために、これまでさまざまな試みがなされてきました。2000年以後、多くの自治体では縮小されたバス路線や運行回数を補うためにコミュニティバスや乗合タクシー、デマンドタクシーも実施されています。公共交通としての信頼性を向上させるの試みもなされており、バス専用レーンや優先レーンを設定することで定時制を回復させるほか、運行状況や到着時間などをバス近接情報として乗客に提供するシステムなどが導入されています。

一方では情報化の進展により新たな公共交通への試みも行われています。需要者と交通手段の提供者の間の情報を高度に組み合わせることで、タクシー、ライドシェア、カーシェア、自家用車の相乗りの手配、あるいはバスとタクシーを融合させた乗り合いの公共交通システムも実施、あるいは検討されています。このためには路線バスなどの都市内の移動を物理現象や経済現象とともに社会問題としてとらえるモビリティ・マネジメントの考え方を取り入れた対応が求められています。

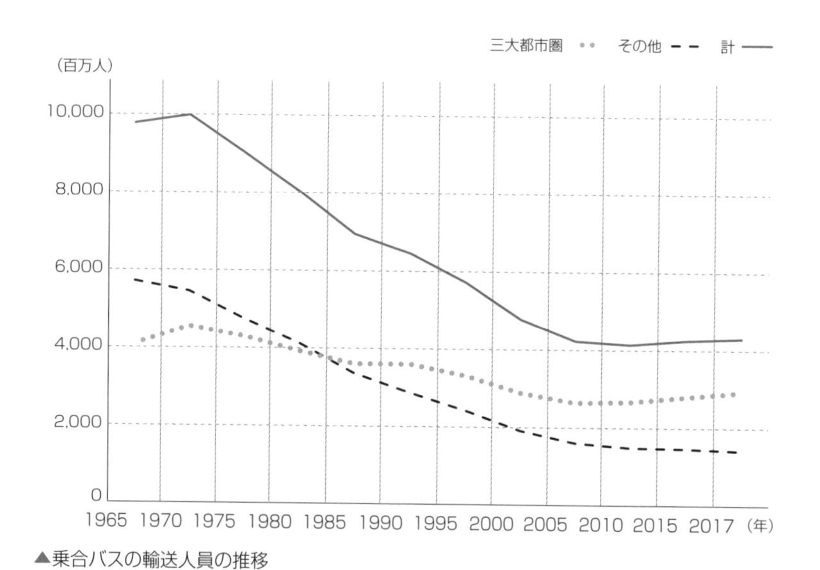

▲乗合バスの輸送人員の推移

出所：国交省自動車関係統計データ、2018年

■6 駅前広場と交通広場

駅前広場や交通広場の都市交通施設としての主要な機能は交通結節点にあります。鉄道から鉄道、バス、自動車、自転車、徒歩など異なる交通手段への乗り換え拠点は、交通サービスレベルにかかわり、駅を中心とする市街地の形成にも寄与します。また、駅前広場や交通広場は、バス相互間の乗り換え、駅ビルや周辺施設相互の徒歩移動など、鉄道を利用しない人にとっても重要な都市施設です。

駅前広場は、都市計画の考え方からは、都市計画運用指針（国交省）によると「鉄道駅等交通結節点においては、複数の交通機関間の乗り継ぎが円滑に行えるよう、必要に応じ駅前広場等の交通広場を設けるものとし、周辺幹線街路と一体となって交通を処理するものについては道路の一部として都市計画に定めることが望ましい」とされ、道路の一部として都市計画に含めることが望ましいとされています。

駅前広場は交通施設であるとともに、歩行者の通路であり滞留の広場としての機能も併せもった都市施設だという考え方によって整備が行われてきました。

ヨーロッパでは自家用自動車の通行を制限し、バス、路面電車、LRT、タクシーなどの公共交通機関を優先的に通行させる、一種の広場型の道路ともいえるトランジットモールという歩車共存道路が見られます。また、わが国では駅前広場の上空を利用した歩行者専用の通行・滞留空間の施設であるペデストリアンデッキが建設されてきました。

▲豊橋駅東口のペデストリアンデッキ（1998年完成）

ペデストリアンデッキは、鉄道と他の交通手段との結節点として交通の円滑化を図るために、鉄道駅付近の再開発とともに1970年代より建設が始められ、近年ではごく一般的な都市構造物となりました。日本の都市内の鉄道駅では、改札、コンコース等の駅舎機能をプラットホームや軌道をまたいだ上階部分に設置する橋上駅が多く採用され、歩行者交通の面からは、駅と地下鉄、バス、タクシー乗り場、商業施設、ホテル、事務所建物等の周辺施設との間で、平面交差を避け、移動抵抗の少ないアクセスを確保する施設としてペデストリアンデッキが導入されたのです。歩行空間の確保とともに、イベント広場や喫煙所、トイレなど、積極的に滞留機能をもつ設備も付加するように変化してきました。

■7 都市鉄道

わが国の都市鉄道は、路線延長では全国の2割以下ですが、輸送人員からみると9割近くに達し、都市交通機関として極めて重要な役割を担っています。東京圏、大阪圏、名古屋圏の三大都市圏での旅客輸送に占める鉄道の機関分担率は約52%に達しているのです。鉄道はまちづくりの中核となる公共交通機関であり、都市鉄道のあり方をまちづくりの視点から検討してゆくことが一層重要となっています。

都心部では都市の国際競争力を強化するため、さらにアクセスの利便性の向上を図ることが必要です。郊外部にあっては、沿線のまちづくりを進めるために関係者の連携が求められています。

都市部における鉄道ネットワークは、世

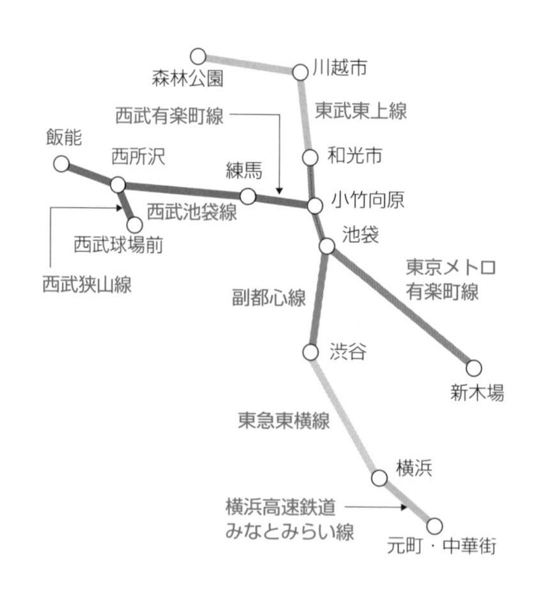

◀首都圏における5社による相互乗り入れ運行

東京メトロ、東急電鉄、西武鉄道、東武鉄道、横浜高速鉄道の5社が直通運転。

界的にも例の少ない複数の事業者の連携のもとに、一体的な相互乗り入れで鉄道利用者のサービス向上が図られてきました。都市鉄道においては、今後はいかにして一層の質的向上を図っていくかが大きな課題となっています。

これら都市鉄道の課題としては、交通機関としての基本的サービスの機能から快適性の向上まで多岐にわたる多様で質の高い要請まで含まれます。

基本的サービスとしては、交通機関の利便性である相互直通運転などによる定時運行、正確性、速達性の確保、輸送力の確保による混雑緩和などがあります。また、交通結節点としての駅における駐輪場整備や他交通機関とのアクセス向上やバリアフリーなどの向上、あるいはホームドアー・可動式ホームさくの設置による安全性の向上などがあります。駅ナカ商業施設や清潔なトイレ、待合室、LANアクセスポイント、展示・イベントスペース等の施設の充実・列車の有料着席サービス、運行情報のタイムリーな提供、ICカードなどによる乗降車・発券・清算手続き・その他ショッピングの決済の効率化も、都市鉄道のサービスの質的向上の一環として求められています。

■8　新交通システム

新交通システムとは、都市交通機関として路線バスなどと同様に歩行距離を越えた都市内近距離の移動をカバーする交通手段の一種です。一般の道路交通とは隔絶した専用軌道で運行される自動案内軌条式旅客輸送システム（AGT）、案内軌条式鉄道、中量軌道システムや、従来からの懸垂式・跨座（こざ）式モノレール、動く歩道なども加えた、近距離の都市交通手段全般を包括した区分として使われています。

準拠法令上の扱いが異なることもあり、例えば、案内軌条方式の場合、軌道法に準拠する軌道として扱われますが、鉄道事業法に準拠して鉄道として扱われることもあります。道路の中央分離帯に高架橋脚を設置する場合、道路施設として補助金の関係から道路法に準拠する道路付属物として扱われる場合もあります。なお、AGTは都市計画法上では、都市計画道路の一部の特殊街路として扱われます。

新交通システムは、昭和40年代後半から始まった郊外型大規模住宅地の開発の機運と相まって、住宅地と最寄り鉄道駅間の交通アクセス手段として商社、車両メーカー、重工メーカーが開発に乗り出しました。これらは昭和50年以降各地で開催された博覧会の会場などへのアクセス手段として試験的に導入され、それ以後恒久的な路線として建設されました。

▼主なモノレールおよびAGTシステム

種類	都市	路線名	開業年
中量軌道システム	大阪市	ニュートラム	1981
	神戸市	ポートライナー	1981
	さいたま市	ニューシャトル	1983
	横浜市	横浜シーサイドライン	1989
	神戸市	六甲ライナー	1990
	広島市	アストラムライン	1994
	東京都	ゆりかもめ	1995
モノレール	神奈川県	湘南モノレール	1970
	福岡県	北九州高速鉄道	1985
	千葉県	千葉都市モノレール	1988
	大阪府	大阪高速鉄道	1990
	東京都	多摩都市モノレール	1998
	広島県	スカイレールサービス	1998
	千葉県	舞浜リゾートライン	2001
	沖縄県	沖縄都市モノレール	2003
	東京都	日暮里舎人ライナー	2008

◀千葉モノレール（千葉、1988年開業）

◀金沢シーサイドライン（神奈川、1989年開業）

国内初の標準化された新交通システムが採用された。それ以前は開発者の独自の方式が採用されていた。

短距離連続輸送システムの代表である動く歩道は大阪の阪急梅田駅に1967年に設置され、次いで1970年の大阪万博でも採用されました。以後、歩行距離を越えて2km程度までの移動距離をカバーする交通手段として、国内では空港、駅、商業施設など約1,100か所（2018年現在）で採用されてきました。今後時間あたり輸送人数が1万人を超える規模の動く歩道も出てくることが予想されます。

一方、路面電車は、かつて道路の自動車交通との輻輳（ふくそう）による渋滞や乗降の不便さから信頼性の低い交通機関とされてきました。しかし近年、道路交通を補完する交通手段としてLRT（Light Rail Transit）が、大幅な改良によって利用しやすい交通機関として見直されています。専用軌道を設けることで定時性、速達性が改善され、低床式車両の導入により乗降の容易性、快適性などが確保されるようになりました。クリーンなエネルギーによる都市環境への負荷軽減や高齢者・移動困難者の利便性確保などとともに、中心市街地の活性化のための次世代公共交通機関として再評価されるようになっています。富山市のLRTはその具体例の1つです。

▲富山市 LRTポートラムの2車体連節低床式路面電車（2006年開業）

5-4

都市交通計画

都市交通計画は、土地利用、社会活動など交通発生の諸側面の現況および将来予測に基づき、総合交通体系全体の総合的な視点から策定されます。

■1　交通計画の手順

交通計画策定の基本的な手順は、目標・計画フレームの設定、現況の調査に基づく分析、将来の交通需要の予測を行い、代替案の策定、そして代替案の評価を経て計画の決定を行うものです。

交通は対象とする地域における土地の利用の種類、程度、分布など、そこにおける人々の諸活動に密接に関係しています。交通計画における目標・計画フレームの設定では、これらの諸々の活動を踏まえ、さらにその背後にある総合交通体系、あるいは都市総合交通計画などに基づいた計画策定が重要となります。

現況の調査・分析では交通需要の把握を行い、代替案策定の基礎となる将来の交通需要の推計を行います。代替案の評価では費用便益分析、環境影響評価などにより代替案相互の評価を実施することになります。

交通計画は、その内容の違いによって各手順の比重が異なります。投資額が大きく長期的となる鉄道路線の延伸や新交通システムの新設などの場合は、将来の需要予測に力点が置かれますが、交差点の車線や信号時間の変更、交通規制など短時間で実

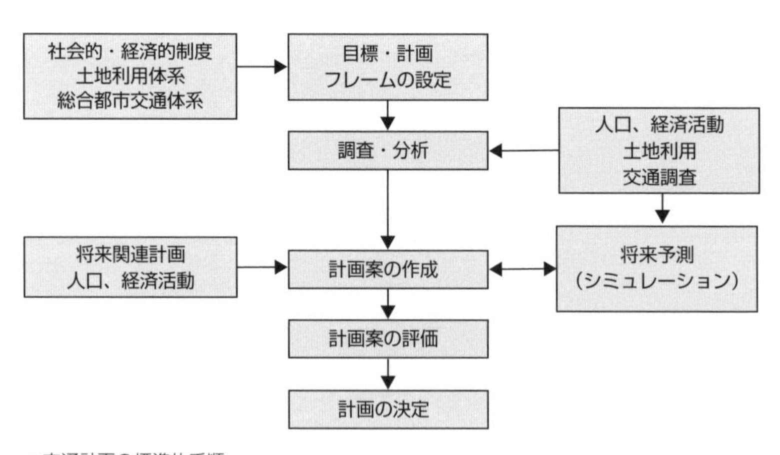

▲交通計画の標準的手順

施され、その効果も比較的短時間で把握される場合は、将来予測よりも施策実施後の影響予測に力点が置かれます。

■2　交通調査と項目

交通調査では人口、経済活動、土地利用といった社会、経済などの基本データとともに、交通施設に関する調査項目や、OD調査、PT調査など交通量に関する調査項目があります。

交通施設に関する調査項目としては、鉄道路線の種類、延長、駅位置、運行回数、輸送能力などがあります。道路については、道路の種類、延長、断面構成、構造などと、道路の公共交通であるバス路線サービスの状況として路線、延長、バス停、運行頻度、ターミナルなどがあります。自家用自動車、自転車の駐車設備や、その他駅前広場の状況なども主要な調査項目となっています。

交通量に関する調査項目としては、12時間、24時間の断面交通量や走行速度などがあります。交通量調査のデータは、定期的に実施される調査結果を用いる場合と特定の対象について調査を実施する場合があります。

既存調査データの代表的なものとしては、国土交通省が定期的に実施する道路交通に関する全国規模の調査である全国道路・街路交通情勢調査（道路交通センサス）があります。この調査では、交通量・旅行速度などの実測や、地域の起点終点間（OD）の自動車交通を調査します。交通量、旅行速度の調査対象は、すべての高速道路・一般国道・都道府県道・一般市道などで、車道や歩道の幅員やその幅員構成、交差点・バス停・歩道の設置状況等の道路状況、自動車・二輪車・歩行者の交通量や、ピーク時の旅行速度の調査が行われます。OD調査では、路側調査と、インタビューによる自動車交通の目的・目的地などの調査が行われます。

1日の行動を起点と終点、交通目的、手段で追跡調査をするパーソントリップ調査も全国的に実施されています。1967年に広島で初めて実施されて以来、全国65の都市圏で実施され調査結果が公表されています。

物資流動の実態調査も、貨物自動車輸送の集散拠点の各種事業所、流通センター、市場、貨物駅、ターミナルを対象に実施されています。全国的な調査としては全国貨物純流動調査（物流センサス）があります。この調査は民間物流事業者を対象とした標本調査として1970年に第1回が実施され、以後5年ごとに調査が行われています。

■3　将来交通需要の推計と４段階推計法

交通計画策定の手順の中で、将来交通需要の推計は中心的な位置を占めます。この推計法の代表的な方法として４段階推計法があります。この推計法は、1950年代のアメリカ、デトロイトの交通計画策定における交通需要の推計において、初めて土地利用と交通実態調査の相互作用の分析結果が取り入れられことに始まります。このあと、シカゴ都市圏の高速道路と高速鉄道を主体とする総合交通計画の策定において、発生交通、分布交通、配分交通の３段階に加え、交通機関別分担を加えた４段階推計法が採用されました。このあと、４段階推計法以外の推計法として、非集計モデルや活動モデルと呼ばれる新しい推計法が開発されています。

４段階推計法はその名称どおり、４つの段階を経て将来交通需要量を推計する方法です。その基本となるのが、土地利用と交通需要は密接な関係をもっており、将来推計には土地利用計画を明確に定めて土地利用の定量的な把握をする必要がある、ということです。

第１段階で発生・集中交通量を推計し、これをもとに第２段階で分布交通量を求め、次いで第３段階で各種交通機関に振り分け、これをさらに第４段階で、路線ごとに振り分けます。

第１段階では、発生・集中交通量はその関連地域の経済活動に比例することから、その地域の経済活動の程度をもとに、その地域から他の地域への発生交通量、および他の地域からその地域への交通量（集中交通量）を算出します。

学校、事務所、工場、病院、商店街、ショッピングセンター、公民館、公会堂などの施設の存在は、通勤、通学、買い物などの経済活動にともなう人・物の移動、すなわち交通を発生させます。この現象を定量的に算出するために原単位計算法や回帰モデル計算法があります。

原単位計算法では、「交通発生量は施設の土地利用や建物床面積に比例する」という関係をもとに算出する方法です。

$$G_i = b_1S_{i1} + b_2S_{i2} + b_3S_{i3} + \cdots + b_nS_{in}$$

ここで

G_i：iゾーンの交通発生量

b_n：各用途別交通発生原単位（トリップ/m^2）

S_{in}：iゾーンの用途別面積

回帰モデル計算法は、各ゾーンの住居人口、従業員数、自動車保有台数などと発生交通量の関係をあらかじめ推定しておき、これを用いて交通発生量を予測する方法です。

$$G_i = a_0 + a_1 x_{i1} + a_2 x_{i2} + a_3 x_{i3} + \cdots + a_n x_{in}$$

ここで
G_i：iゾーンの交通発生量
a_n：各用途別交通発生原単位（トリップ/m²）
x_{in}：iゾーンの用途別面積

なお、これらの方法では過去の調査によって各用途別交通発生原単位を別途算出しておく必要があります。この原単位は、学校、病院、大規模店舗、事務所などの各施設が発生・集中させるトリップの総数を床面積で除した単位床面積あたりの発生・集中トリップ数です。

第2段階では、発生・集中交通量より、将来のゾーン間の分布交通量を求めます。

この算出方法として現在パターン法は、現在のODパターンを下敷きに発生・集中交通量の将来予測値を分割して求めるものです。また、重力モデルでは、現在の交通量から分布モデルをつくり、このモデル式で予測する方法です。「2ゾーン間のトリップ数はそれぞれの発生・集中交通量の大きさに比例し、2ゾーン間の距離に反比例する」というもので、重力モデルという名称は、万有引力の法則に由来するものです。

第3段階では、各ゾーン間の交通量を鉄道、バス、自家用車などの各種交通機関へ分割します。この分割法もいくつかの方法があります。トリップエンドモデルは、第1段階直後に分割するもので、交通機関の選択肢はゾーンの住民の特性、都心への距離、人口密度、自動車普及率、鉄道整備に比例すると考えて交通機関分担率を推計します。

もう1つはトリップインターチェンジモデルで、当該地域におけるPT（パーソントリップ）調査より求めた所要時間比、コスト比と交通機関別分担率の曲線を利用して分割します。

第4段階では、路線ごとに交通需要を最短経路などで配分する配分交通量を推計します。この配分交通量への分割にもいくつかの方法があります。最短経路や最小コストなどの指標によって各路線に配分する方法や、選択しない理由を、移動時間、移動コスト、非快適性（混雑度）などを抵抗値としてOD間のリンクの抵抗値に逆比例するとして分割する方法、交通容量が各路線で同等になるように配分する方法などがあります。

■4　代替案の評価

都市交通に関する施策は、交通施設の利用者に対するサービスや利便性の向上などの直接的効果とともに、都市や地域の人口分布、産業構造に影響を与え、まちの魅力、観光、集客、賑（にぎ）わいなど間接的かつ広範な効果を及ぼします。代替案の評価では、これらをできるだけ正確に予測して計画に反映させることが必要です。これらの手続きによって策定された複数の代替案

▼代替案評価のための各手法

アプローチ	特徴	長所	短所
(1) 費用便益 分析	プロジェクトに要する費用とそれから得られる便益を貨幣に換算して対比・評価し、そのプロジェクトを実施することの望ましさを検討する。	1.概念的にわかりやすく理解しやすい。 2.厚生経済学の理論的根拠に基づいている。 3.すべてのインパクトを貨幣換算するため、計画案の評価が容易になる。 4.分析者の主観が入りにくく、客観的な評価が行いやすい。	1.貨幣換算の困難な社会的・環境的評価項目を除外し、貨幣換算の容易な項目のみ扱っている。そのため計画案の評価において経済的な面が強調されやすい。 2.各計画案の全体としての費用と便益を用いて最も効果的な案を選択するという基準に基づいているため、便益の分配という公平性の基準に欠けている。
(2) 費用便益 分析の拡張	費用便益分析を拡張したり、あるいは新しい分析手法を運用することによって環境・社会面の評価を経済評価法の中に導入する。	費用便益分析の長所と同様	1.貨幣換算の困難な社会的・環境的評価項目をできるだけ貨幣尺度上で計算しようとしているが、それにも限界がある。また、貨幣換算しやすい経済的な評価項目が強調されやすい。 2.費用便益分析の短所2と同様。
(3) 多面的な 評価情報の 整理	経済・社会・環境に関する評価情報を多面的に収集・整理し、意志決定者に提供する。	1.貨幣換算の困難な評価項目についても考慮することができる。 2.便益の分配という公平性の基準を考慮することができる。	1.計画案の評価は、意志決定者の判断に大きく左右される。 2.評価項目が多く、特に異なる評価尺度上で計測されている項目が多い場合には、放火項目間のトレードオフの把握が困難である。 3.評価情報が多面的であるため、意志決定者の計画案の評価は容易でない。
(4) 代替案の 総合的な 序列化	経済・社会・環境に関する評価情報を多面的に収集・整理し、これを用いて計画案の総合的な好ましさを検討する。	1.計画案の好ましさを少なくとも序数尺度上で検討して序列化でき、意志決定者にとって計画案の評価が容易になる。 2.数多くの評価項目を定量的に扱うことができ、また項目間のトレードオフを検討することも容易になる。そのため、評価観の異なるグループの存在を評価の中で扱うこともできる。	1.計画案の総合的な好ましさを求めるためには多大の分析作業が必要となる。 2.分析作業を容易にするために、分析フレームワークを限定したり、なんらかの仮定を設けることも多く、分析者の主観が入りやすい。

出所：土木工学ハンドブックII、第60編 交通運輸計画、第5章 交通運輸施策の計画、p2474

の評価においては、各案の特質を総合的・多面的に比較して最適案を選定することが求められます。

代替案の評価は、交通計画の実施によって誰が（主体）その効果をどのような項目において享受するか、ということによって決まります。これらの主体と効果の享受の関係では、経済的、社会的、環境的な直接的な効果を都市交通の利用者、運営者、周辺住民が受け、地域社会・自治体・国が一定のタイムラグをともなって間接的な効果を受けることになります。

代替案評価の方法では、まず経済性の定量評価である費用便益分析があります。ある代替案の実施にともなって発生する便益とその費用の比である費用便益比が1.0を超えた場合に投資の意味があると評価するものですが、費用には初期投資および、その維持・運営にかかる費用を、時間の経過を割引率として考慮して算出します。概念的にわかりやすく客観性のある方法として評価が容易である長所がある反面、貨幣換算が可能な項目のみが対象となり、計測が困難な社会的、環境的評価項目が除外されるため、経済的な面が強調される傾向があります。

環境社会面の評価項目を経済的評価の費用便益分析に取り入れた、費用便益分析を拡張する方法もありますが、やはり費用と便益により効果的な案を選定するという基準によるため、便益の分配という公平性に欠ける短所があります。

多面的な評価情報の整理に基づいて評価をする方法として、経済、社会、環境などの多面的な評価情報を収集・整理して意思決定者に提供するものもあります。費用便益分析では評価しえない、貨幣価値に換算しにくい価値についても考慮することができます。しかし、この方法で提供される各項目の評価情報は、異なる尺度による場合が多く、意思決定者の評価は容易ではなく、また判断は意思決定者によって大きく左右されることになります。

代表案の総合的な序列化も評価の方法として用いられます。多面的な評価情報を収集・整理する場合より一歩進んで、相対評価としての序列化をするもので、意思決定者の判断はより容易になります。しかし、序列化の段階で多くの仮説条件の設定もあり、分析者の主観が入りやすい短所もあります。

ベルリン中央駅（ドイツ）

ドイツの首都がボンからベルリンへ移転し、議事堂近くの旧駅跡地に新ベルリン中央駅が2006年5月に開業した。

ベルリン中央駅は、ホームや発着する列車を覆う籠手（こて）形のアーチとガラスの大屋根の最上階から地下2階までの5層の駅舎構造である。コンコースやホームはパイプ鉄骨で支えられ、地上3階に東西方向の近距離列車のSバーンと長距離列車のホームがある。地下2階には南北方向の長距離列車、地下鉄が離発着する。

大空間を確保するための構造形式としてアーチは定番であるが、19世紀の鉄道建設時代にホームの屋根として多く採用された。このためか、列車やホームを覆うアーチの大屋根は、どこか19世紀の雰囲気を残す。鉄材とガラスの組み合わせも19世紀における未来的建築としての万博建物や温室建物として用いられ、新しさと伝統の両面を醸し出す。

ベルリン鉄道の変遷は、2つの大戦や都市の東西分裂の歴史から複雑な経緯をたどる。最初の鉄道は1838年のベルリン・ポツダム間で、その後、地方からベルリンに乗り入れる終着駅が、都心周辺部に建設されていった。

19世紀後半には、終着駅相互がSバーンの環状線でつながれ、ヒットラー時代にはベルリンオリンピックの都市インフラ整備の一環として地下鉄線も建設された。

▲ベルリン中央駅

第6章

供給・処理施設

供給・処理施設には上水道、ガス、電気などの供給関連施設と、下水処理や廃棄物処理など処理関連施設があります。家庭や事務所などの都市施設における照明、冷暖房、その他の設備のための電力やガス、上水、下水、さらには工場における生産ラインの動力や工場用水などは、供給関連設備によって支えられています。都市生活から排出される生活廃棄物や、生産活動によって排出される産業廃棄物は、1日24時間、365日絶えることなく連続的に処理されています。ひとたび災害があれば、大量のがれきを処理する必要も出てきます。本章では、供給施設および廃棄物処理施設のうち、上下水道、廃棄物処理について解説します。

6-1

上水道

供給システムのひとつである上水道は、取水の水源系、浄水の水質変換系、そして浄水を都市生活に必要な場所まで移動する輸送系によって構成されます。

■1　上水道の始まり

近代水道は、産業革命後のヨーロッパにおいて都市への急速な人口集中が開始した時期に始まりました。上水道の目的は、衛生的で必要な量の水を人々に安定的に供給することです。川などから取水した水について、ろ過などで水質を変換する浄水を行い、必要な場所まで配水する一連の施設が上水道です。

わが国では、江戸期に河川系の清浄な水を人工水路によって長距離にわたって都市の中心まで送水し、木製の樋管によって送配水する、という大規模な上水道がありました。近代水道の導入は、19世紀後半になってからで、欧米技術の導入によって横浜、神戸等の外国人居留地をもつ都市から始まりました。

幕末の開港以来、急速に人口の増加した横浜は、イギリス人技術者のヘンリー・パーマー（1838～93年）の技術指導のもとに給水人口10万人で計画され、1887（明治20）年に、道志川で取水した水を鉄管で送水し、沈殿、ろ過を経て各戸に配水する、わが国初の近代水道を完成させました。

◀横浜水道で使用されていた46cm径のイギリス製鋳鉄送水導管（横浜水道記念館）

■2　上水道の事業区分

水道法の規定をみると、上水道の定義や構成する施設などが示されています。この法律は、「清浄、豊富、低廉な水の供給をもって公衆衛生、生活環境の改善に寄与」することを目的としており、この中で水道とは、「水道、導管その他の工作物で飲用に適する水を供給する施設の総体」とされています。

水道は事業上の区分として4つに分類されます。給水人口5000人以上の都市の一般的な水道を「上水道」と呼びます。これに対し、給水人口5000人未満100人以上の町村部の小規模水道を「簡易水道」と呼んで区別します。「専用水道」とは、社宅など特定の人向けに給水する水道です。このほか、水道事業者に水を供給する「水道用水供給事業」も水道の一区分です。

■3　水質基準

水道水の水質については、水道法第4条の規定に基づいて「水質基準に関する省令」で規定されており、水道水はこれに適合する必要があります。

水質の健康への影響には、一時的に多量に摂取することによる障害である急性毒性と、長期間摂取することにより次第に現れる障害である慢性毒性、発ガンの危険性などがあります。水質基準は、これらの原因となる物質ごとに、人がある一定量を一生涯にわたって毎日摂取し続けても健康への悪影響がないと推定される1日あたりの摂取量（1日許容摂取量：TDI）を求め、これをもとに定められています。

具体的な規定は、人の健康に関する項目である細菌、カドミウム、水銀、鉛などの項目と、生活利用に影響する性状に関する項目である鉄、ナトリウム、かび臭物質、色、濁り、味、臭気など合計51の項目で定められています（2014年4月）。水質基準については、常に最新の科学的知見に基づいた検討を加え、将来的に必要に応じて逐次改定をすることとされています。

■4　上水道の施設

上水道の施設は、水源地から取水する水源系、取水した水を浄水する水質変換系、そして浄水を必要とされる場所まで送る輸送系の3つの系で構成されています。

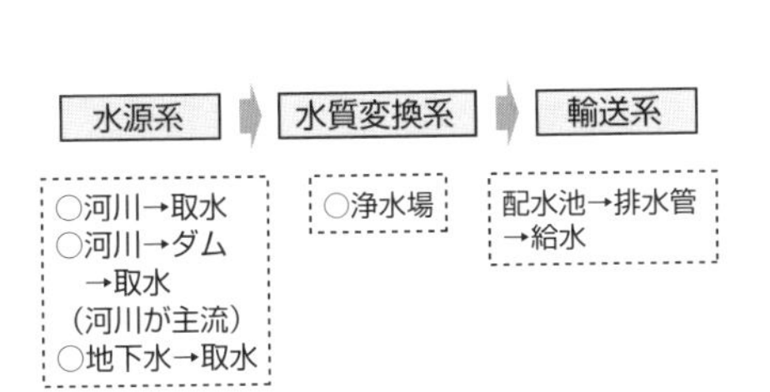

▲上水道の構成

□取水施設

取水の対象となる水源の70%以上は河川です。わが国では河川勾配が急であり保水性が低いことから、ダムによる貯水なしには安定的な水の供給は成り立ちません。給水人口が100万人以上となる水道では半分以上がダムを経ての取水です。

水の引き込み施設としては、貯水池などの場合は取水塔であり、水深が大きな河川、湖沼の場合は、取水施設を水中に設置して取水します。流れのある河川から取水する場合は、取水堰(しゅすいせき)のゲートで仕切ることで、水位を上げて水を引き込みます。

□浄水施設

取水された原水はその水質に応じた浄水の方法が適用されます。一般的な方法としては、濁りを沈殿によって分離して、沈殿物を除去します。沈殿には、凝集剤で沈殿を促進させる薬品沈殿が行われます。濁りが除去されたあとは、塩素殺菌による消毒が行われます。原水にマンガン(Mn)、鉄(Fe)、悪臭の原因物質などの含有物質が含まれる場合は、含有物に応じた特別な浄化施設が別途に設けられます。

浄水の工程は、今日では凝集沈殿から急速ろ過をする方法が主流となっています。

▲西岩崎頭首工(取水堰)(栃木県那珂川)

農業・飲料用水のフローティング式コンクリート取水堰。

なお、近年ではより上質な水道水とするために、通常の沈殿とろ過の組み合わせによる浄水方法に加え、活性炭やオゾン処理といった高度な浄水処理が行われ始めています。

沈殿池は、水深を深くとったプールで、引き入れた水の流速を下げ、凝集剤によって沈殿を促進します。プールの底に沈殿した汚泥はゆっくりと動く汚泥掻寄機（おでいかきよせき）によってピットに溜められて排出されます。

□配水施設

配水施設には、配水池と配水管路があります。配水池は一定のペースで供給される浄水施設からの水を、時間的に変動のある水需要に対応できるように水量調節をする役割とともに、水頭を確保して配水管に水圧を加える役割があります。配水管路は、配水区域に行きわたるようなネットワークを組んで、水圧の保持、均等化をする役割があります。

□給水施設

給水方式は、送水された配水管に直接つながれた直結給水方式と、いったん水槽で水道水を受けてから給水するタンク給水方式があります。直結給水方式には水道管の圧力そのままで配水する直圧式と、さらに圧力をかける増圧式があります。3階建て程度までの配水の場合は、直圧式が使われますが、それ以上の高さになると圧力を増加した増圧式が採用されます。

タンク給水方式は、ホテルなど大量の水を必要とする施設に採用する方式です。受水槽から配水する場合と、高置水槽を経由して配水する場合があります。直結式が配水された水をすぐに消費するのに対し、タンク給水方式は配水された水を一定時間貯留することから、タンクの清掃方法など衛生上の配慮が必要となります。

凝集沈殿

急速ろ過

塩素消毒

▲浄水の工程

COLUMN

チェスター配水塔（イギリス）

イギリス中西部のチェスターは、古代ローマの遺跡の上に築かれた街である。城壁に取り囲まれた街の中心部には、鉄道時代以前の物流を担った運河が通る。この運河沿いに、ひときわ目を惹く煉瓦造りの巨大な円筒形の塔がある。これがチェスター配水塔である。

チェスターは大西洋に注ぐディー川の河口から15kmほど遡った場所に開けた都市で、人々の生活水はこの川から取水していた。

近代的な水道施設は、1853年になって建設された。川から水を引き込む貯水池、緩速砂ろ過施設、水道タンク、ポンプ場とともに、配水塔が建設された。

配水塔は、直径21mで、頂部に深さ3.6m、1,220m^{3}の容量の鋳鉄製の水槽が備えられた高さ19.4mの煉瓦構造であった。その後1889年に、給水人口の増加にともない水圧を増やすために、水槽は3mほどジャッキアップされ、水槽の下側に追加の煉瓦が挿入された。この継ぎ足された部分は、現在の配水塔の外観を見るとよくわかる。

配水塔の構造は、そのままでは単純な巨大な円筒形であるが、壁面の各部にデザインが施されている。

当初の配水塔の円筒の壁面には、8か所にピラスターと呼ばれる壁面より突出した矩形断面の付け柱が等間隔で設けられている。付け柱の間には、ニッチと呼ばれる壁面に凹みをつけ、その上部をアーチ形とする装飾や、アーチ枠のガラス窓が設けられている。かつての頂部付近には、水平にディンティルと呼ばれる歯状飾りが施されている。

のちに水槽をジャッキアップして追加した煉瓦積の部分にも、壁面に変化をつける矩形の突起が設けられている。

▲チェスター配水塔（イギリス）

栗山配水塔（千葉）

配水塔は、浄水を各家庭へ送るために必要な水圧を加えるための貯水・給水施設である。貯水して位置エネルギーを確保するために、内部に水槽を組み込んだ高さのある塔状の構造で、高台に建設されたものが多い。

大正から昭和にかけて各地で建設された配水塔は、高さがあるため目立つ存在で、地域のランドマークとして意匠が凝らされたものも多い。

栗山配水塔は、千葉県営水道の施設として、1937（昭和12）年に完成した。第二次大戦では被害をまぬがれ、今日でも当時の姿を保ちつつ水を送り続ける現役の施設である。

北総線で、東京都から江戸川を越えて千葉県に入ると、最初の駅が矢切駅である。栗山配水塔は、この駅の南西付近の高台の千葉県水道局栗山浄水場内にある。建設された当時は、5kmほど北で江戸川から取水した水を浄化した旧古ヶ崎浄水場の水源工場の配水施設であった。昭和30年代になって、拡張事業が行われると、配水塔のすぐ横に現在の栗山浄水場が新設された。

栗山配水塔の特徴は、鉄筋コンクリート造の筒状の塔本体とドーム状の丸屋根が創り出すずんぐりとした外観にある。丸屋根の頂部には、4本の柱で支えられたドーム状の換気口がある。丸屋根のすぐ下にある鉢巻状にぐるりと配置されたテラスがアクセントを添えている。高さが31.9mある円筒形の構造体の内部には、直径15m、深さ20m、貯水量が3,500m^{3}の水槽がある。

▲栗山配水塔（千葉）

下水道

下水道は雨水や都市活動によって排出される生活用水や産業施設からの廃水を処理することで、都市の生活空間を良好な衛生状態に保つ役割があります。

■1　近代下水道の始まり

わが国の近代下水は、明治初期に神戸や横浜の居留地で外国人技師によって、煉瓦製や陶製の下水道が埋設されたのが最初です。日本人技術者が関与したものでは、明治10年代中頃になって横浜や、東京神田で煉瓦製の卵形の下水管が埋設されました。

下水道に関する法律である下水道法が制定されたのは1900（明治33）年のことで、下水道の目的を「土地を清潔に保つこと」として、下水事業は市町村公営で、新設には主務大臣の認可を受けることが義務づけられました。日本で最初の下水処理場は1922（大正11）年に完成した三河島汚水処理場です（現・三河島水再生センター、2007年に重要文化財）。

■2　下水道の普及率

わが国の下水道普及率（全国平均）は、76.3%（2012年度末）で、先進国としては低い普及率です。普及率の地域格差が大きいのも特徴で、北海道、東京、神奈川、近畿圏では80～90%台に達してほぼ下水道が網羅されていますが、全国的には10%台、20%台の県もあり、普及率にばらつきが見られます。

◀国内最初期の下水管（横浜）

神奈川県庁前の日本大通りで発見された、明治10年代半ば頃に施工された卵形断面の煉瓦造下水管。

■3　下水道の役割

　下水道の基本的な役割は、雨水や汚水を速やかに排除して（排水）、居住地域への浸水を防除することです。

　下水処理の対象となる生活用水は、トイレ、風呂、炊事、洗濯などの家庭から排出される下水（生活用水）と、企業の事務所やホテル、レストランなどから排出される下水（都市活動用水）があります。排出量は、2000年頃から減少傾向になっていますが、およそ1人1日あたりで300リットル程度になっています。

　下水処理を行うことによって生活空間を良好な衛生状態に保つことは、都市環境保全のための基本的な事柄です。下水処理は伝染病などの発生を予防するとともに、公共水域の水質の保全や水環境の保全により、人々の憩うレクリエーション活動の水辺空間などの提供にも効果を上げています。

□分流式と合流式

　下水の流し方には、雨水と汚水を別々に流す分流式と、両方をいっしょに流す合流式があります。分流式では、汚水は雨水とは別に下水処理場に送られて処理されたのちに放出されますが、雨水は地表を流れる途中で汚れた状態のまま川に放出されてしまいます。また、管路は下水用と雨水用の2系統が必要です。これに対して合流式は、雨水と汚水の両方を同じ管路で流すために1本で済みますが、大雨が降った場合、汚水を含んだ下水が無処理のままで放流されてしまうことがあります。下水の整備は合流式から始まったため古くから整備の進んだ地域では合流式が多く、1970年以降に整備された地域は分流式が採用されています。

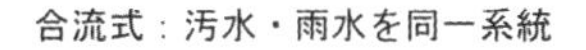

▲下水の流し方（出所：日本下水道協会）

■4　排水設備

排水設備はその地域の土地や建物の下水を公共下水道に流入させるための施設で、管路施設、管渠（かんきょ）、排水ますなどがあります。

管路施設は、発生した下水を処理施設まで送るためのものであり、下水を流す水路や管である管渠とポンプ場などの付帯設備があります。

下水を管路施設を通して移送する方法としては、重力を利用する自然流下式や真空式、圧力式といった方法があります。自然流下式は地形条件の影響を受けますが、真空式は地形条件に左右されにくく一般には平坦で軟弱な場所で採用されます。圧力式は、汚水をポンプで圧送する方式で、急こう配のある地形にも対応できます。

管路の材料は、硬質塩化ビニール管、強化プラスチック管、ポリエチレン管、鋳鉄のダクタイル管、コンクリート管、鋼管などのいろいろな管が用途に応じて使われます。

ポンプは流路の途中で放流先に対して水頭を確保するために設けられるものです。自然流下のみで下水を流す場合を除き必要な施設です。管路のところどころに中継ポンプ場が設置されて揚水することで、地形条件によらず地表から一定の深さで管路が設置できます。

排水ますには、管渠と取付管で接続された公設ますと、公設ますへ接続する前に私有地内で汚水や雨水をとりまとめる私設ますがあります。

マンホールは、道路上で蓋をよく目にする施設で、管渠の点検や清掃のため一定間隔で設けられた施設です。いくつかの管路が合流する場所や、曲がりをもつ場所などには必ず設置されます。

■5　下水処理施設

下水処理のプロセスも、上水の場合と大まかな工程は同じです。砂やその他の固形物を物理的に除去する処理と、微生物を利用するエアレーションによる生物反応の

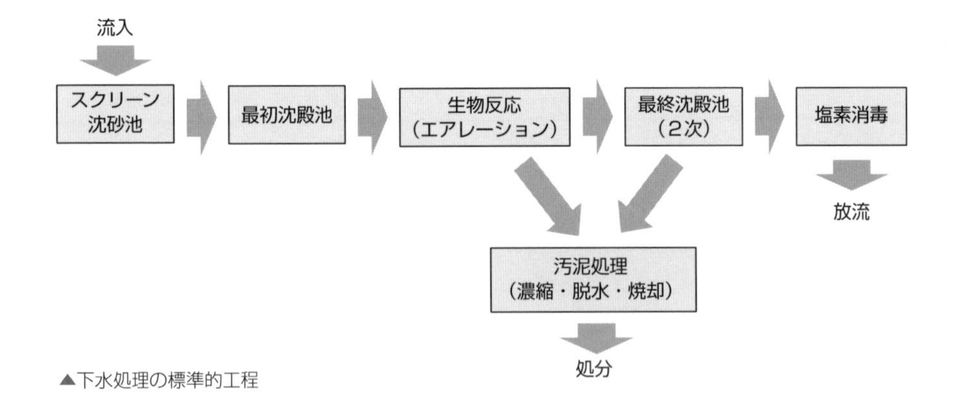

▲下水処理の標準的工程

組み合わせで処理を行い、最終的に消毒、滅菌をして川に放水します。最初沈殿池に下水を引き込む前に、上水ではなかった沈砂池を通して土砂分離をする場合もあります。ただ、富栄養化防止など環境保全を考慮して閉鎖水域へ放流する処理下水の場合、物理的、生物的な方法では除去できない浮遊物、窒素、リン、その他有機物などに対して高度処理を行う場合もあります。

下水処理施設では、下水の処理関連の施設以外に、下水から分離した大量の汚泥の処理を行う施設があります。汚泥処理施設は、汚泥から水分を除去する脱水や、焼却、脱臭などの汚泥の減量、安定化をするものです。

■6　下水道資源の有効利用

下水道関連施設は都市部にあって広い空間を必要とする都市施設です。このため処理施設としての本来の利用とともに下水処理施設の空間を有効に利用することや、下水処理を経て生成された処理水や処理生成物を資源として有効活用することが課題です。

処理水は年間約140億m^3に上りますが、その多くは川などにそのまま放流されています。処理水の再利用の例としては、都市内の水辺空間の創出、公園のせせらぎ復活用水などの環境用水、農業用水、融雪、消火・防火水、工業放水、電車の車両洗浄用水、トイレ用水などがあります。都市景観形成のモデル事業として実施され

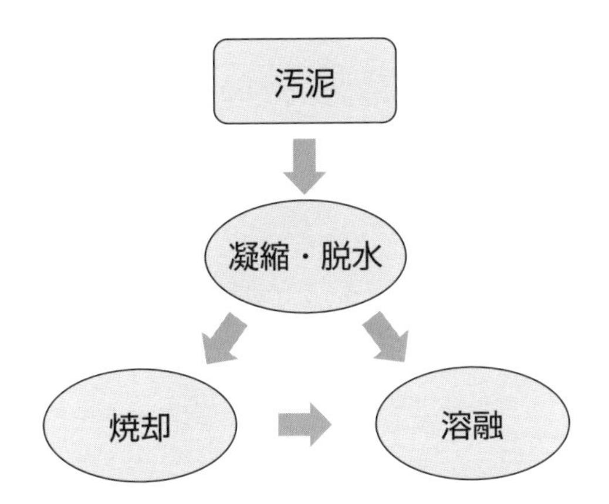

改良土	ブロック、煉瓦	路盤材
セメント原材料	透水性煉瓦	骨材
軽量骨材	タイル	土壌材料
陶管	埋め戻し資材	肥料等

▲汚泥の資源化

た横浜市の江川せせらぎ（遊歩道）は、都筑水再生センターからの高度処理水を流して市民の憩いの場を提供しています。

下水の熱も資源化の対象となります。下水の温度は冬季でも10°C以上で年変化も少ないことから、ポンプ場や下水処理場において地域冷暖房に利用される例があります。下水処理の過程で汚泥の有機物分解などによって発生する消化ガスにはメタンガスが65％程度含まれ、熱量は半分程度ですが、エネルギー源として利用されています。

汚泥は処理の過程で排出される沈砂、スクリーンかす、およびスカム（浮遊汚泥）などの泥状物質で、産業廃棄物の約2割にも上ります。かつては埋め立てに利用されましたが、セメント材料や歩道舗装用のブロック、煉瓦などの建設資材としても再利用されるようになっています。

下水処理場は広い面積を使用するためその上部空間を運動施設や公園など利用する例があります。公園への空間利用は全都市公園の約1割にも上ります。東京都三河島水再生センターの上部空間は、野球場、テニスコート、児童遊園コーナーなどや新東京百景にも選ばれた公園スペースです。管渠内の空間を光ファイバーなどの敷設スペースとして使用する例も見られます。

◀「江川せせらぎ緑道」（横浜市都筑区）高度処理水による人工流路と緑道（出所：横浜市都筑区ホームページ）

6-3

廃棄物処理

廃棄物処理は下水道と同様に、社会生活で不用となったものを再利用・再資源化をはかりつつ処理することで、都市生活を維持する役割があります。

■1　社会生活と廃棄物処理

都市における私たちの日常生活は、すなわちモノの消費活動であり、その消費にともなって廃棄物が継続的に排出されます。工場での生産活動からも、材料のくず、梱包廃材など不用となったものが廃棄物として排出されます。下水処理と同様に廃棄物の処理の施設は、人々の都市生活を維持する基本的な都市施設です。

廃棄物処理において重要なことは、廃棄物の量を減らすこと、再利用すること、そして再資源化することです。廃棄物の処理量の減量は、収集、運搬、焼却、埋め立ての処理工程全体のエネルギーの節約につながります。さらにペットボトル、アルミの空き缶、希少金属を含む電子機器類などのような廃棄物は再資源化の対象となります。資源循環型社会を構築するためには、廃棄物の再利用、再資源化のよる再生を廃棄物処理のルーチンの中に組み入れることが大切です。

廃棄物処理の一般的な工程は、分別、保管、収集運搬、再生、中間処理、そして最終処分といった順序で行われます。中間処理とは廃棄物を物理的、化学的、生物学的な方法で無害・安全・安定化させることで、最終処分とは、実際に地中に埋め立てて処分することです。

廃棄物の処理の流れのうち、分別から最終処分までの全体を「処理」、中間処理と最終処分を「処分」と呼んで区分しています。

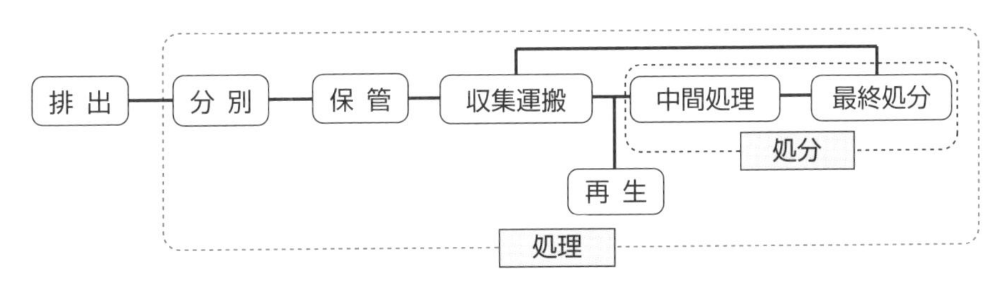

▲廃棄物処理の流れ

出所：廃棄物処理法に基づく感染性廃棄物処理マニュアル 平成30年3月、環境省

■2　廃棄物の区分と種類

廃棄物は従来、家庭から排出される「一般廃棄物」と、工場などの生産活動によって排出される「産業廃棄物」の2つに区分されていました。しかし、家庭生活における生活スタイルや生活用品の多様化、産業廃棄物にあっては生産活動の材料や製品などの変化にともない、有害性、感染性、爆発性のある廃棄物も排出されるようになり、従来とは異なった扱いが必要とされるようになりました。このため1992（平成4）年に改正された廃棄物に関する法律である「廃棄物処理法」では、有害性、感染性、爆発性のあるものを分離して区分し、廃棄物は4区分とされました。

産業廃棄物は、企業の工場などにおける生産活動によって発生した廃棄物のうち、燃え殻、汚泥、廃油など法令で20種類に分類されています。これ以外の廃棄物が一般廃棄物です。

廃棄物の処理については、産業廃棄物は、廃棄物を排出する事業者が責任をもち、一般廃棄物は市町村が責任をもつことが原則となっています。

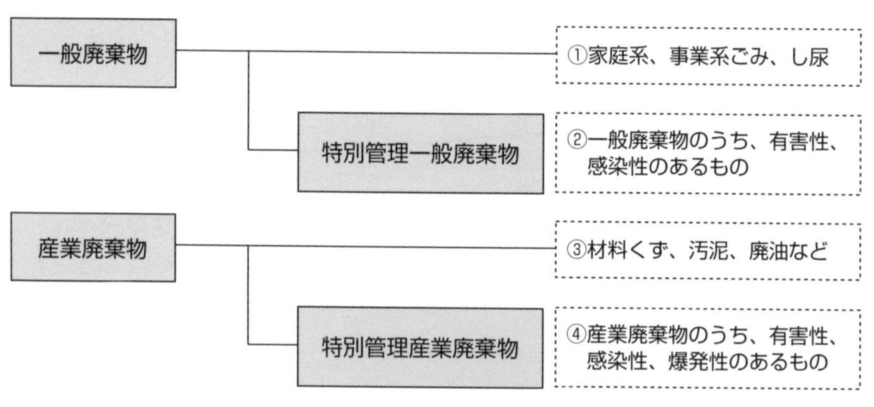

▲廃棄物の区分

▼産業廃棄物の種類と具体例

	種類	具体例
1	燃え殻	石炭がら、焼却炉の残灰、炉清掃排出物、その他焼却残さ
2	汚泥	排水処理後および各種製造業生産工程で排出された泥状のもの、活性汚泥法による余剰汚泥、ビルピット汚泥、カーバイトかす、ベントナイト汚泥、洗車場汚泥、建設汚泥等
3	廃油	鉱物性油、動植物性油、潤滑油、絶縁油、洗浄油、切削油、溶剤、タールピッチ等
4	廃酸	写真定着廃液、廃硫酸、廃塩酸、各種の有機廃酸類等すべての酸性廃液
5	廃アルカリ	写真現像廃液、廃ソーダ液、金属せっけん廃液等すべてのアルカリ性廃液
6	廃プラスチック類	合成樹脂くず、合成繊維くず、合成ゴムくず（廃タイヤを含む）等固形状・液状のすべての合成高分子系化合物
7	ゴムくず	生ゴム、天然ゴムくず
8	金属くず	鉄鋼または非鉄金属の破片、研磨くず、切削くず等
9	ガラスくず、コンクリートくずおよび陶磁器くず	ガラス類（板ガラス等）、製品の製造過程等で生ずるコンクリートくず、インターロッキングブロックくず、煉瓦くず、廃石膏ボード、セメントくず、モルタルくず、スレートくず、陶磁器くず等
10	鉱さい	鋳物廃砂、電炉等溶解炉かす、ボタ、不良石炭、粉炭かす等
11	がれき類	工作物の新築、改築または除去により生じたコンクリート破片、アスファルト破片その他これらに類する不要物
12	ばいじん	大気汚染防止法に定めるばい煙発生施設、ダイオキシン類対策特別措置法に定める特定施設または産業廃棄物焼却施設において発生するばいじんであって集じん施設によって集められたもの
13	紙くず	建設業に係るもの（工作物の新築、改築または除去により生じたもの）、パルプ製造業、製紙業、紙加工品製造業、新聞業、出版業、製本業、印刷物加工業から生ずる紙くず
14	木くず	建設業に係るもの（範囲は紙くずと同じ）、木材・木製品製造業（家具の製造業を含む）、パルプ製造業、輸入木材の卸売業および物品賃貸業から生ずる木材片、おがくず、バーク類等、貨物の流通のために使用したパレット等
15	繊維くず	建設業に係るもの（範囲は紙くずと同じ）、衣服その他繊維製品製造業以外の繊維工業から生ずる木綿くず、羊毛くず等の天然繊維くず
16	動植物性残さ	食料品、医薬品、香料製造業から生ずるあめかす、のりかす、醸造かす、発酵かす、魚および獣のあら等の固形状の不要物
17	動物系固形不要物	と畜場において処分した獣畜、食鳥処理場において処理した食鳥に係る固形状の不要物
18	動物のふん尿	畜産農業から排出される牛、馬、豚、めん羊、にわとり等のふん尿
19	動物の死体	畜産農業から排出される牛、馬、豚、めん羊、にわとり等の死体
20	その他	以上の産業廃棄物を処分するために処理したもので、上記の産業廃棄物に該当しないもの（例えばコンクリート固型化物）

注：公益財団法人日本産業廃棄物処理振興センター「産廃知識 廃棄物の分類と産業廃棄物の種類等」をもとに作表

■3 廃棄物処理の状況

□一般廃棄物

わが国の一般廃棄物の1年間の総排出量は、4,289万トン（2017年度）で、これは人口1人1日あたり920gに相当します。総排出量、1人あたり排出量ともに減少傾向にあります。排出された廃棄物の処理方法としては、全体の8割が焼却処理によっています。

一般廃棄物のリサイクル率は約20%でほぼ横ばいとなっています。

処理量の減少にともない、ごみ焼却施設は1,103施設で前年より17施設（1.5%）減少しています。発電設備を有するごみ焼却施設数は全体の34.1%であり、昨年度の32.0%から増加傾向にあります。

なお最終処分量は総排出量の10.6%にあたる482万トンで、前年比3.0%の減少となっています。最終処分場の残余容量は増えてはいますが、処分場施設数は減少しており、処理場の立地確保が課題となっています。

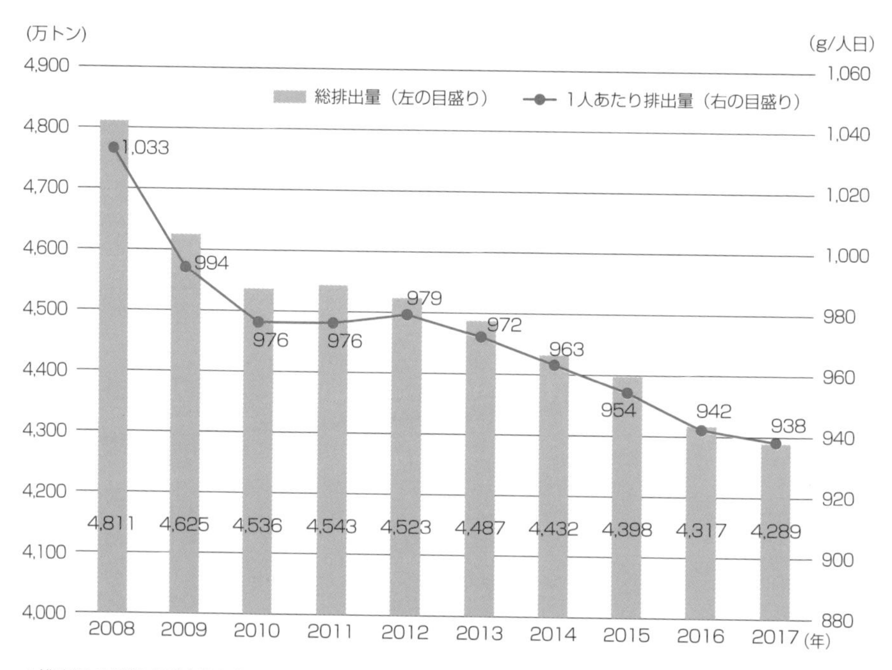

▲排出量の推移（環境省環境統計集〈平成29年版〉第4章 物質循環）

□産業廃棄物

産業廃棄物の総排出量は前年比1.1%の減少で約3億8,703万トン（2016年度）です。産業廃棄物も一般廃棄物と同様に減少傾向が続いています。

排出量の多い上位5業種で、産業廃棄物総排出量の8割以上を排出しています。具体的には、電気・ガス・熱供給・水道業で約1億44万トン（26.0%）、農業・林業で、約8,090万トン（20.9%）、建設業で約8,076万トン（20.9%）、パルプ・紙・紙加工品製造業で約3,132万トン（8.1%）、鉄鋼業で約2,724万トン（7.0%）となっています。

産業廃棄物の処理状況は、再生利用量約2億405万トン（52.7%）、減量化量が約1億7,309万トン（44.7%）で、最終処分量は、約989万トン（2.6%）です。

■4　廃棄物処理のプロセス

□収集・運搬

廃棄物処理において廃棄物の収集は、処理プロセスの最初の工程に位置します。運搬は収集後の次工程における運搬や最終工程の埋め立て処分への移動や、工程間でも発生します。廃棄物の収集は、収集頻度、収集方式、収集形態（分別、容器）、運搬については、運搬方式（運搬車、パイプライン）などが条件に応じて選択されます。

廃棄物の収集、運搬は多くの場合、民間企業に委託することで実施されており、民間企業の廃棄物収集、運搬、処分に関する技術力が大きく影響を与えます。このため、受託者の施設、人員および財政的基礎、業務経験などのほか、業務遂行のための必要な条件、および、収集、運搬の方法や運搬車、容器など実施にあたって遵守すべき事項を「廃棄物の収集、運搬、処分等の委託の基準」に定め、委託企業はこの基準をもとに実施することが求められています。

□中間処理

中間処理とは、最終処分を行うために、廃棄物の分別、粉砕、脱水によって減量化や焼却などの処理を行う工程です。この工程によって廃棄物はおよそ10分の1の重量となって最終処分で埋め立てられます。中間処理は、主に焼却処理施設、破砕処理施設で行われます。この工程においても、一定の規模以上の処理能力の産業廃棄物の中間処理施設は許可が必要とされます。

□最終処分

最終処分とは中間処理をした廃棄物を埋め立て処分により土壌還元することです。かつては海洋投棄がなされていましたが、2002年の廃棄物処理法施行令の改正により、5か年の猶予期間を経て2007（平成19）年からすべて埋め立て処分となりました。

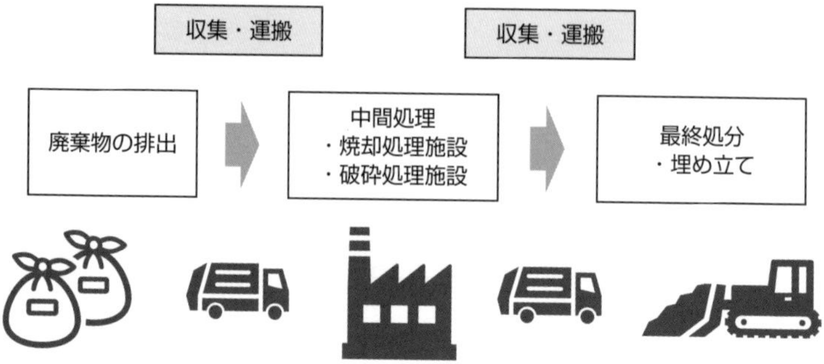

収集・運搬　　収集・運搬

廃棄物の排出 → 中間処理・焼却処理施設・破砕処理施設 → 最終処分・埋め立て

▲廃棄物処理のプロセス

■5　焼却処理施設

　国内の廃棄物処理の特徴は、処理の主力が焼却処理だということです。焼却施設は国内に約2000か所あり、焼却処理は、全処理量の75%以上を占めています。

　焼却処理施設は、収集・運搬された廃棄物を、リサイクル可能な資源に分別し、可燃ごみを焼却処理して、焼却後に残った灰を無害化処理するための施設です。運営の主体は地方自治体で、生ごみの堆肥化施設や下水処理場の汚泥処理施設といっしょの施設としている場合もあります。

□供給施設

　搬入された廃棄物は、処理に先立ってごみ計量機により重量の計測がされます。計測後に廃棄物はピット（バンカー）に投入されます。投入されたごみはできるだけ均等化するために、撹拌（かくはん）してからクレーンによってホッパーへ投入されます。ピット内にごみを滞留させるのは、焼却炉の１日あたりの処理能力の3〜4日分のストックを貯留することで継続的な運転を確保する目的があります。

□焼却炉

　焼却炉の最も重要な性能は、完全燃焼をすることと、その完全燃焼が安定的に継続することです。ごみが完全燃焼せずに未燃焼部分が残れば、腐敗によるにおいやダイオキシンなどの有毒ガスの発生という環境上の問題が発生します。また、焼却炉は連続運転によって継続的に操業され、いったん稼働が始まれば、次の改修まで炉の火を落とさずに、24時間、365日連続して850℃以上の安定的な燃焼温度を保つことが求められます。

　焼却炉は、燃焼方式の違いによっていくつかのタイプがあります。

・ストーカー式焼却炉

ストーカー炉は、焼却対象のごみがストーカー（火格子）の上を移動する間、下から燃焼用空気を通すことで燃焼させる方式です。ストーカーには、格子の面状のものから筒状で回転するものまで、形や作動方式にはいろいろな種類があります。ストーカー式焼却炉は、ごみ焼却の方式としては最も多く採用されているものです。

・流動床式焼却炉

流動床式焼却炉は、不燃物の混入した廃棄物を焼却させるために開発された焼却炉で、高温に熱した砂の中にごみを投入して燃焼する方式です。粒径の小さい砂を熱媒体として用い、砂の充満した炉の底部から流動用の高温の空気を吹き込み、高温となった砂によってごみを燃焼させます。流動床式焼却炉の特徴としては、ごみと砂の伝熱効率が高い点があります。水分を多く含んだ生ごみなども効率よく短い時間で燃焼させることができます。流動床式焼却炉は、ストーカー炉に次いで多く採用されています。

・回転式焼却炉

回転式焼却炉は、横置きした円筒形の燃焼炉（キルン）を回転させて燃焼させる方式です。燃焼炉自体が回転するため撹拌効果が高く発熱量も高くなります。また大型の廃棄物の処理も他の方式よりも容易です。

・その他の焼却施設内の設備

燃焼炉での燃焼により生まれた排ガスは、減温塔を経て集じん器、排ガス洗浄、触媒反応を通り、煙突から放出されます。この過程で、燃焼ガス冷却装置、廃ガス処理施設、余熱利用施設、通風施設、灰出し設備、排水処理施設などの関連設備を通ります。

余熱利用施設によって、排ガスの熱を利用した温水を場内に供給するほか、蒸気タービンによる発電によって、施設の場内だけでなく、場外へも電気を供給しています。

■6　最終処分場

最終処分場とは、中間処理を実施したあとで、再利用や再資源化が困難なものを埋め立て処分するための施設です。廃棄物の容積を減らし、それ以上は変化せずに安定化させることが目的です。最終処分場では安定化の達成のために、廃棄物処理法では、施設の構造や維持管理の基準を、埋め立て対象物の性質によって定めています。最終処分場は大きく分けて3種類があります。

・管理型処分場

管理型処分場では、埋め立て後に安定化に向けて分解が進む過程で浸出する水が周辺の河川や地下水に流れ込まないように、また降った雨や地下水が埋設物に侵入しないように、ゴムや合成樹脂等のシート

ための処理が行われます。これらの一連の施設は埋設された廃棄物が安定化するまで機能が継続するように定期的に点検・運営されます。

・安定型最終処分場

安定型最終処分場とは、廃プラスチック類・金属くず・ガラス陶磁器くず・ゴムくず・がれき類などの環境に影響を与えない廃棄物だけを埋め立てる処分場です。浸出水処理の施設は設けませんが、地下水への影響は定期的に調査されます。

・遮断型処分場

遮断型処分場とは、有害物質を含む産業廃棄物の処分場です。ただし、廃棄物は時間が経っても安定化、無害化することはないことから、周辺と完全に遮断して永続的に保管するための施設です。このため跡地の将来の再利用はありませんので、廃棄物に含まれる有害物質が周辺に漏れ出さないように、コンクリートの遮断壁を設けるなどの厳重な構造とすることが必要となります。屋根構造形式、人工地盤形式、カルバート形式などのタイプがあります。

▲ごみ焼却場（横浜市金沢区）（出所：横浜市環境創造局ホームページ）

処理能力1,200トン/日の全連続燃焼式ストーカ炉を装備した焼却場。

第7章

都市再開発

都市再開発には、街路、公園、処理施設などの都市施設を整備する方法と、それらを包括する地域を一体的にとらえて面的な整備を行う方法があります。本章では、都市整備の方法として、都市施設を包括的にとらえて面的に整備する市街地開発事業による方法のうち、土地区画整理事業および市街地再開発事業について述べ、さらに地区の特性に適合したまちづくりの手法である地区計画について解説します。

図解入門
How-nual

7-1

市街地開発

市街地開発は、商業、文化、居住施設の誘導や防災施設の整備などさまざまな施設の整備改善や利用増進等を目的に行う大規模な市街地の整備開発です。

■1　都市整備の方法

都市整備の方法には、街路、公園、処理施設などの個々の都市施設を整備する方法と、それらを包括する地域を一体的にとらえて面的な整備を行う方法があります。

個別に都市施設の整備をする方法では、都市計画事業としての認可を受け、その施設の立地する用地を買収して施設を整備します。当該施設が完成して機能を発揮することで施設整備の効果が表れますが、その他の施設との関係、地域間の影響といった地域全体の総合性については別途の考慮が必要となります。これが個々の都市施設を包括的にとらえて面的な整備をする市街地開発事業です。

市街地開発事業では、近隣住区などの一定の面的エリアを基本単位として着目し、そこに含まれる都市施設の機能、配置などを一体的視点で計画して整備をします。一般的には、個々の都市施設の整備による方法は緊急性を要する場合などに比較的短期間で整備の効果が期待されますが、時間的猶予がある場合はできる限り地域全体の視点による面的整備が望ましいとされています。

■2　市街地開発事業等

市街地開発事業は、市街化区域または区域区分が定められていない都市計画区域を対象として実施する計画的な都市整備事業です。主体となる自治体などが都市計画決定を行い、地域全体の計画に基づいて実施します。

市街地開発事業としては、土地区画整理事業、新住宅市街地開発事業、工業団地造成事業、市街地再開発事業、新都市基盤整備事業、住宅街区整備事業、および防災街区整備事業の7つの事業が都市計画法第12条で定めることができるとされています。

各種業務施設、商業施設、交通施設、文化施設や居住施設などの誘導や、首都圏の近郊においては工業団地、研究学園都市などの造成によって、地域全体の人口や産業の分布、街路・公園の整備、避難路・避難場所になる道路や公園の整備、地域活性化などの多岐にわたる狙いがあります。

都市計画決定された事業予定区域では、市街地開発事業を進めやすくするために開発・土地取引などが制限されます。

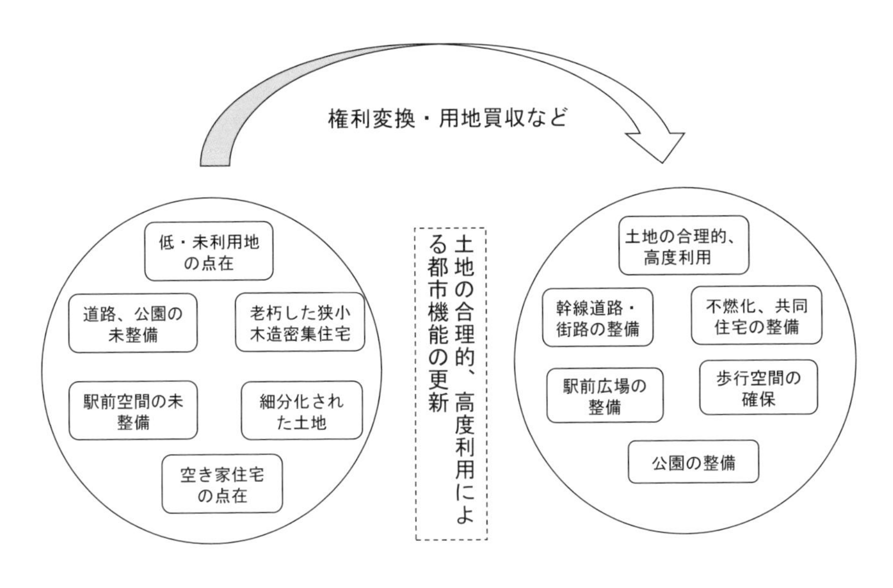

▲市街地開発の狙い

都市施設を包括的にとらえた面的な整備による都市機能の更新を狙いとしている。

▼市街地開発事業の種類

No	事業	準拠法
1	土地区画整理事業	土地区画整理法
2	新住宅市街地開発事業	新住宅市街地開発法
3	工業団地造成事業	首都圏の近郊整備地帯および都市開発区域の整備に関する法律、または近畿圏の近郊整備区域および都市開発区域の整備及び開発に関する法律
4	市街地再開発事業	都市再開発法
5	新都市基盤整備事業	新都市基盤整備法
6	住宅街区整備事業	大都市地域における住宅および住宅地の供給の促進に関する特別措置法
7	防災街区整備事業	密集市街地整備法

注：都市計画法第12条第1項による

7-2

土地区画整理事業

土地区画整理事業は、都市計画の整備手法のひとつであり一定の広がりを対象範囲として整備することができる面的整備の代表的な手法です。

■1　区画整理の経過

市街地開発事業の1つである土地区画整理事業は、道路・公園などが未整備な市街地や今後市街化が予定される地域を対象に、健全な市街地とするために、区域内の土地の換地によって道路・公園などの区画、線形、形状を整えて、公共施設や宅地の整備を行う事業です。土地区画整理事業は市街地開発事業の中心的な手法として適用されてきましたが、これまでの全国の施行実績としては、市街化地域の1/3、宅地供給の40%、都市公園の50%がこの手法によって生み出され、その総面積は約37万ha（完了約34万ha、実施中約3万ha、2017年）に上ります。

土地区画整理事業の手法は、1923（大正12）年の関東大震災後の震災復興に始まります。震災復興では個人所有の土地の1割が無償提供の対象として収用を受け、昭和通りなどの道路や公園の整備が実施されました。第二次大戦後の戦災復興では、大きな被害を受けた全国の主要な都市でこの手法が実施され、土地区画整理事業の全国展開のきっかけとなりました。

▼土地区画整理事業の実績（2017年）

区分		事業着工		事業中止		換地処分済み		施行中
		地区数	面積（ha）	地区数	面積（ha）	地区数	面積（ha）	地区数
旧都市計画法		1,287	67,854	2	10	1,285	67,844	0
土地区画整理法	個人・共同	1,421	18,796	6	104	1,358	17,878	57
	組合	6,074	122,751	22	696	5,753	113,605	299
	区画整理会社	3	10	0	0	2	8	1
	地方公共団体	2,834	125,292	18	561	2,319	104,808	497
	行政庁	84	4,150	0	0	84	4,150	0
	都市機構	311	28,810	0	0	300	27,826	11
	地方公社	113	2,624	0	0	113	2,624	0
	小計	10,840	302,433	46	1,362	9,929	270,900	865
合計		12,127	370,287	48	1,371	11,214	338,744	865

出所：公益社団法人街づくり区画整理協会

1954（昭和29）年には新たに土地区画整理法が公布され、1960年代以後の高度経済成長期における宅地開発が実施されるようになりました。その後1968（昭和33）年の新都市計画法では土地区画整理事業は市街地開発事業として位置づけられ、以後、市街地整備における重要な役割を果たしてきました。

■2 区画整理の仕組み

区画整理の仕組みは、換地方式による形状改良、袋地の解消など、不整形地の整形化による土地の整形が基本となります。区画内の土地の権利者が土地の利用価値増進の範囲内で、土地の一部を公平に提供することで（この行為を「減歩」という）、街路や公園などの公共施設の用地を生み出す仕組みです。減歩の土地には公共用地以外に、事業実施に必要とされる費用に充当する保留地という土地も含まれます。保留地は入札で売却され、売却収入は換地計画策定の費用、道路、公園などの公共施設の工事、宅地造成、建物の移転、撤去などの諸費用に充当されます。なお、減歩の形で提供する土地は無償ですが、土地の整形等によって土地の利用価値が増進することが土地面積の減少分の代償とされています。

減歩で提供された土地によって道路、公園などの公共用地を確保するためには、施

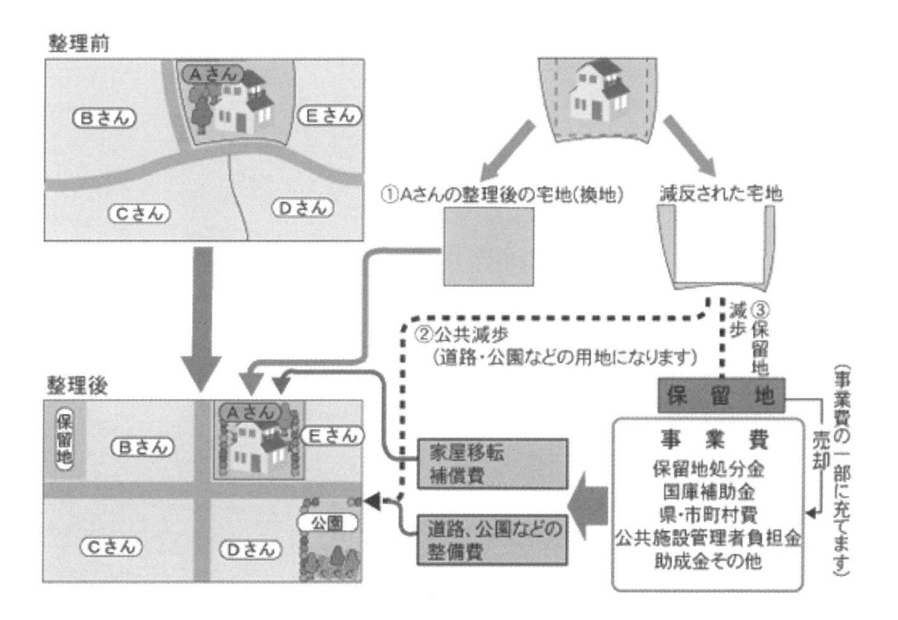

▲土地区画整理事業の仕組み（出所：国交省関東地方整備局）

工前の土地を公共施設が必要となる場所へ移す必要があります。これを換地処分と呼び、公共用地に充当する土地を所有する施行者は、その土地の代わりに地区内の別の土地を所有する権利を有することが認められます。

土地区画整理事業の施行をする主体（施行者）は、民間の土地を対象とする場合には、土地の所有権や借地権を有する権利者（個人施行者）、あるいは権利者の同意を得た同意施行者となります。7人以上の個人施行者が都道府県知事の認可を受けて土地区画整理組合を構成し施行者となることもあります。このほか、地権者と民間事業者が共同で土地区画整理会社を設立する場合もあります。

公的な施行の場合は、国や都道府県および市町村のほか、都市再生機構、地方住宅供給公社が土地区画整理事業を実施します。

土地区画整理事業の実施にあたり、施行者は施行地区内の土地の換地計画を策定して、都道府県知事の認可を受けなければなりません。換地計画には、換地と換地前の宅地の位置、地積、土質、水利、利用状況、環境等がおおむね同一条件にあることが照応できるように策定する必要があります。換地計画には、各筆の換地明細、各権利別精算金明細、保留地等の明細などが含まれます。

なお、公的な施行の場合において、災害防止や衛生上の見地から、換地となる宅地が狭小宅地とならないように、住居系地域では100m^2、商業系地域では65m^{2}を限度に、土地の面積の規模を一定以上とするように換地を定めることがあります。

■3　土地区画整理事業の手順

土地区画整理事業は、地元住民とのまちづくり案の検討から始まります。合意された案が策定されれば、法的根拠を得るために土地区画整理事業の施行区域が都市計画決定されます。これは公的な施行に限らず、個人や組合による施行の場合も都市計画決定手続きが必要となります。

施行者・権利者が準拠すべき規則である施行規程・定款が定められ、事業計画の決定がなされます。事業計画には、施行地区、設計の概要、事業施行期間、資金計画などが盛り込まれます。

次いで、施行地区内の地権者の代表として選挙により委員が選出され土地区画整理審議会、総会を設置します。この組織が換地計画、仮換地指定等について議決をする機関となります。組合施行の場合は組合員の総会が議決を行います。

議決組織が定まれば、具体的な換地計画を策定して、将来換地とされる土地の位置、範囲を仮換地指定します。この仮換地の指定をもとに、建物移転、および道路築造、公園整備、宅地整地等の工事を実施します。

換地処分の実施によって従前の宅地上の権利が換地上に移行され、区画整理後の土地・建物に対して登記が実施されます。換地において発生する端数について各地権者間の不均衡を是正するために金銭で清算が行われ、清算金の徴収・交付が行われ事業が完了します。

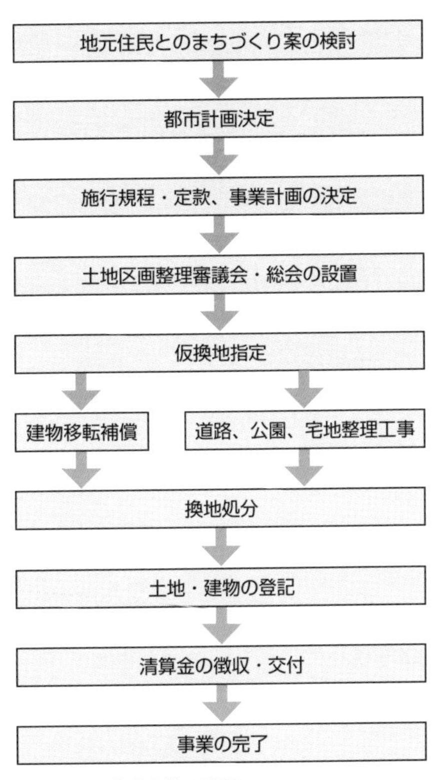

▲土地区画整理事業の手順

7-3

市街地再開発事業

市街地再開発事業は、細分化された敷地の統合などによって市街地の合理的で高度な利用と防災などの機能の更新を目的として実施する事業です。

■1　市街地再開発事業の経過

市街地再開発事業とは、都市再開発法に基づいて実施される市街地の計画的な再開発事業です。老朽木造建築物の密集地区における細分化された敷地の統合、不燃化の共同建築物の建築、公園・広場・街路等の公共施設の整備などを進めることで、土地の合理的かつ健全な高度利用と都市機能の更新を図ることを狙いとするものです。

都市の開発の中心的な手法としてはすでに述べた土地区画整理事業があります。戦前の耕地整理法（1909年）による農地の耕地整理やこれを準用した都市の区画整理が行われ、戦後になって土地区画整理法（1954年）が制定されて再開発が進められてきました。しかし土地の増価や減歩を行う土地区画整理事業では、都市部の中心市街地などの狭小な敷地に土地所有、借地、借家など権利者が多数存在する地価の高い地域を再整備することは困難でした。これを補うために1961（昭和36）年に制定されたのが、防災建築街区促進法と市街地改造法です。都市施設整備と同時に建築敷地を集約して中高層共同ビルを建設し、その床に関係権利者の権利を移して入居できるように法的支援をする制度として制定されたものです。1969（昭和44）年には、両方をまとめて都市再開発法として制定され、市街地再開発事業を都市計画事業として行うようになりました。以後、都市部の再開発事業は、法定再開発ともいわれるこの市街地再開発事業によることが多く、土地区画整理事業と組み合わせる合併施行の事例もあります。

■2　市街地再開発事業の仕組み

市街地再開発事業の基本的な仕組みは、敷地を共同化して高度利用することにより、公共施設用地を生み出すことにあります。この場合、事業実施前の従前の権利者の権利は、原則として権利床として、等価で新しい再開発ビルの床に置き換えられることになります。再開発によって生み出された保留床と呼ぶ新たな床は、売却処分することで事業費に充当することができます。

市街地再開発事業の種類には、権利変換方式と呼ばれる第一種事業と、管理処分方式または用地買収方式と呼ばれる第二種事業があります。

第一種事業は、権利変換手続きによって従前の建物・土地所有者の権利を、再開発で建設された新たなビルの床の権利に等価で変換するものです。これに対し、第二種事業は公共性、緊急性が高い場合に適用され、建物や土地を施行者がいったん買収・収容し、その後に、従前の建物・土地所有者が希望する場合、その対償に代えて再開発ビルの床が与えられるものです。なお、市街地再開発事業における施行者は、個人（第一種のみ）、組合（第一種のみ）、再開発会社、地方公共団体、都市再生機構等となります。

市街地再開発事業を適用する対象地域は、第1種事業においては、土地の利用状況が著しく不健全で、高度利用を図ることで都市機能の更新が見込まれる場合です。具体的には、高度利用地区、都市再生特別地区または地区計画、防災街区整備地区計画もしくは沿道地区計画の区域内であって、耐火建築物の全体に占める割合、および敷地面積の宅地面積に占める割合がおおむね1/3以下の地域が対象となります。

第2種事業は、第1種事業の要件に加え、対象地区の面積が0.5ha以上あることや、災害発生の可能性が高い地区、緊急の施行を要する地区に対して適用がなされます。

■3　市街地再開発事業の手順

地元の再開発事業に向けた合意がなされたのち、まず地元の組織を立ち上げ、自治体とともに基本計画案の策定が行われます。次いで、法的根拠を得るために自治体が地区の都市計画上の位置づけを行って都市計画決定を行います。この都市計画決定の範囲で実施される再開発事業として自治体が事業の認可を行うことで、施行者に一定の権限が付与されるとともに義務が課せられます。このような手続きを経て、再開発前の従前の土地・建物の権利に見合うように、再開発後の新たなビルの床の配分などの権利変換を行います。

こののち、古い建物を取り壊し、新たな再開発ビルの建設、道路・公園緑地などの整備が実施されます。工事が終了すれば新たな建築物の登記、清算金の支払いが行われて事業が完了します。

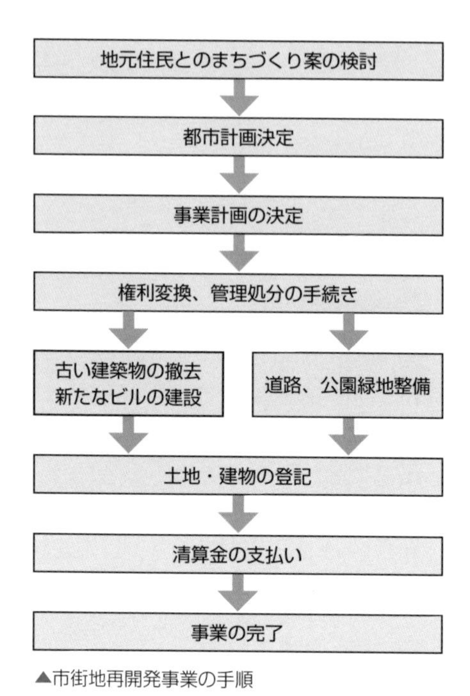

▲市街地再開発事業の手順

Aさんの建物
Bさんの建物
Cさんの建物
Aさんの土地
Bさんの土地
Cさんの土地
保留床（Xさん）
権利床（A、B、Cさん）
A、B、C、Xの共有
公共施設

▲市街地再開発事業の仕組み（出所：国交省）

7-4

その他の市街地開発事業

市街地開発事業には、土地区画整理及び市街地再開発事業以外に住宅開発、工業団地造成、住宅街区整備、防災街区整備などの事業があります。

都市計画法では、市街地開発事業として、土地区画整理事業、市街地再開発事業以外に、新住宅市街地開発事業、工業団地造成事業、新都市基盤整備事業、住宅街区整備事業、および防災街区整備事業が設定されています。

□新住宅市街地開発事業

新住宅市街地開発事業は、住宅需要が多い地域において良好な住宅市街地の開発のために実施する事業です。多摩ニュータウン、千葉ニュータウンなど、1960年代以後大都市圏近郊の大規模住宅市街地の建設で多く適用されました。

事業の対象区域の土地は、いったん全面的に買収を行い造成が実施されたのちに、住宅の需要者に売却されます。売却は公募で実施され、宅地処分の公共性を確保するために、購入者は住宅の建築義務が課されています。

□工業団地造成事業

工業団地造成事業は、首都圏、近畿圏の近郊整備地帯内または都市開発区域において、工場敷地の造成、道路・排水施設等の整備などによって秩序ある工業立地を図る狙いがあります。

この事業は、住宅市街地開発と同様に、事業対象の区域全体をいったん買収して造成を行い、完了したのちに造成された工場敷地を売却する方法で実施されます。公共性の確保のために、造成した工場敷地の売却では、購入者を公募することや、工場建設計画の承認、権利処分の制限などが求められています。

□新都市基盤整備事業

新都市基盤整備事業は、人口が大都市圏へ著しく集中することへの対応を想定した、大都市圏の周辺での新都市建設をするための事業で、公共施設用地、開発を誘導する地区用地などの都市基盤を整備し、人口5万人以上の新都市を建設することを想定したものです。

対象区域の一部を買収して、土地区画整理事業と同様に換地によって公共施設用地などを確保・整備する仕組みとなっています。従前の土地所有者は、所有地の一部を売却し、残りの土地の価値に対応する整備後の土地が換地されることになります。なお、この事業方法による施行例はありません。

□住宅街区整備事業

住宅街区整備事業は、土地の区画形質の変更、公共施設の整備、共同住宅の建設などによって市街化区域内の農地や空地を活用、集約化し、公共施設・宅地基盤等を整備する事業です。土地区画整理事業と同様に、従前の権利者に対して事業で整備された相応の土地を換地する方法に加えて、新たに建設された共同住宅に相応の持分を与える権利変換によって、宅地を立体化する方法を併用しています。区域内に集合農地地区を整備して、換地により、従前の権利者が農業の継続ができる仕組みにもなっています。ただ住宅街区整備事業は仕組みが複雑であることから、実際の施行例は多くはありません。

□防災街区整備事業

防災街区整備事業は、密集市街地の防災機能の確保を目的に実施する事業です。耐火性に劣る建築物の除却、防災機能を備えた建築物の建設、オープンスペースの整備などによって、建築基準を満たさない建物が密集した地区の防災機能を高めるものです。

事業手法としては、従前の権利を事業により新たに建設された防災性能が高い建物（防災施設建築物）へ変換する権利変換方式によります。ただし密集地区の土地・家屋に関する権利が輻輳している場合が多く、首都直下地震の切迫性や東日本大震災の教訓を踏まえた取り組みの加速には、柔軟な権利変換が必要となる場合が予測されます。

▼防災街区整備事業と再開発事業の対比

条件	防災街区整備事業	再開発事業
高度利用	必ずしも地区指定を要さない	高度利用が前提で高度利用地区指定を要す
道路	原則6m以上の道路に接道とし狭隘道路の密集地でも適用可能	幅員12m以上の道路に接道
規模	制約なし、小規模地域でも可能	概ね0.6ha以上
境界	筆界も境界に設定可能	道路、河川などを境界

7-5

地区計画

地区計画は、特定の地区について土地利用規制と道路、公園などの公共施設整備を組み合わせ区域の特性にふさわしい環境の街区形成を目的とする計画です。

■1　地区計画の狙い

都市計画は適正な土地利用のために、用途地域やいろいろな地域地区制度を設定して、利用状況、利用目的によって区分した地域における建築物の用途、容積、構造等の制限、土地の区画形質の変更、木竹の伐採等に関する制限などの規制を設けています。

しかし、都市化の進展による変化の中で都市環境の悪化が懸念される場合は、地域地区などの規制だけではなく、さらに地域特有の条件に応じたよりきめ細かな対応が必要となります。このために設けられたのが、特定の地区について土地利用規制に加えて道路・公園などの公共施設整備を組み合わせて、まちづくりを誘導する地区計画制度です。この意味から地区計画とは、都市環境形成のための方針をそれぞれの地区の特性に応じて設定する地区レベルの都市計画だといえます。

この地区計画制度は1980（昭和55）年に制定されましたが、これに先立つ検討段階では、ドイツのBプラン（Bebauungsplan）制度という、比較的狭い範囲を対象として道路などの基盤とともに建築物などの上物（うわもの）を一体的視点から詳細に規定する地区詳細計画が参考にされました。

■2　地区計画の構成

地区計画は、①名称、②位置および区域、③その他政令で定める事項（面積など）、④整備、開発及び保全に関する方針、および⑤地区整備計画から構成されています。④の方針では、まちづくりの全体構想が定められ、地区計画の目標や地区の整備、開発及び保全の方針が定められています。⑤の地区整備計画は、まちづくりの内容を具体的に定めるものです。地区計画の方針に従って、地区計画区域における道路、公園、広場などの配置や建築物等の用途制限、容積率の制限、建蔽率の制限、敷地面積の最低限度などを詳細に規定することができます。

■3　地区計画の決定

地区計画は都市計画の1つとして、都市計画の決定手続きにより市町村が決定します。対象とする区域は用途地域が定められている土地、あるいは用途地域が定められていない土地でも市街地の開発などが過去に行われたか現在実施中の区域、あるいは建築物や土地の造成が無秩序に行なわれている区域で現状のままでは今後不良な街区が形成される懸念がある区域です。

地区計画の決定の手順は、まず地元におけるまちづくりの発意に基づいて開始され、地区の調査を行います。調査結果により計画素案を策定し、住民説明会などを通じて住民の意見聴取を経て計画案の策定をします。これ以後、都市計画法で定める手順に則って都市計画決定されることになります。

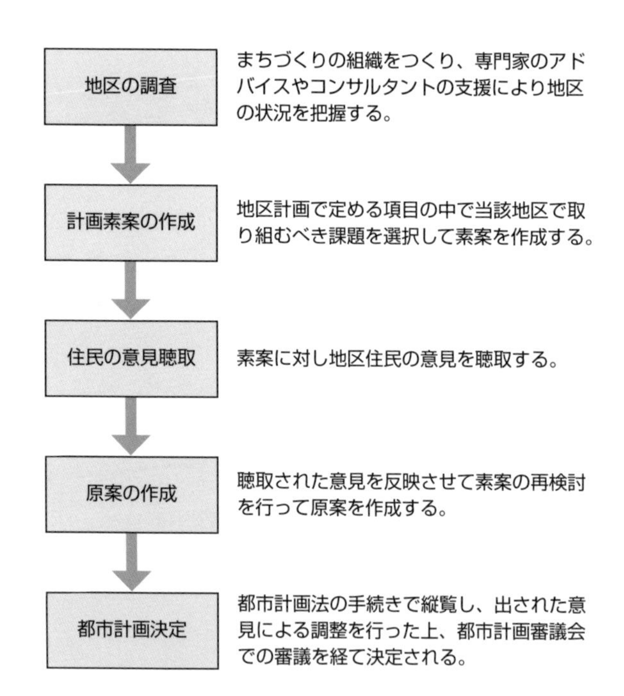

▲地区計画の決定手順

■4 再開発等促進区

地区計画の区域の内部において、市街地の再開発等を進める場合には、地区計画に関する都市計画において再開発等促進区を定めることができます。再開発等促進区とは、土地の合理的かつ健全な高度利用と都市機能の増進を図るために、地区計画において開発整備を実施すべき区域を定め、地区内の公共施設の整備と併せて、建築物の用途、容積率等の制限を緩和することにより、良好なプロジェクトを誘導することを意図するものです。

■5 その他の地区計画

防災街区整備地区計画は、阪神・淡路大震災への反省を踏まえたもので、密集市街地整備法により、防災機能が不十分な密集市街地についての防災施設の整備、火災・地震による延焼の被害の軽減、避難経路の確保のためのまちづくりを誘導するための計画です。

歴史的風致維持向上地区計画は、その地域固有の歴史や伝統を活かした人々の活動の場である歴史的建造物を中心とした周辺市街地を一体的に形成することで、良好な市街地環境を維持するための計画です。

沿道地区計画は、幹線道路による交通騒音を軽減しつつ、利便性を確保しうる幹線道路の沿道ならではの商業その他の業務の利便性を増進するための計画です。

集落地区計画は、都市計画区域内の農業振興地域の集落に対し、農業の継続と住宅地としての快適性の調和のとれた住環境と適正な土地利用を実現するための計画です。

COLUMN 再開発されたビルバオ（スペイン）

ビルバオは、スペイン北東部のバスク地方の港湾都市である。15世紀から16世紀には、北スペインの商業・金融の中心であったが、その後、何度も浮き沈みを繰り返す波乱の歴史をもつ。

今日では周辺部を含み100万の人口を擁する都市の顔となっているのが、ビルバオ·グッケンハイム美術館である。

かつて、周辺から産出する鉄鉱石の輸出港であったビルバオは、19世紀から20世紀にかけて、製鉄、造船などの産業で急速な発展を遂げた工業都市であった。しかし、20世紀前半には、スペイン内戦の戦場となり、廃墟の目立つ荒廃した都市に転落した。

1950年代になると、鉄鋼、造船を中心に産業再生が進み、再び労働者が戻ってきた。しかし、1980年代には、治安の乱れから企業の撤退も目立ち、都市の空洞化が進んだ。

1990年代に入ると、一転して都市再開発の機運が高まり、重厚長大産業の工業都市から、観光、サービスなど第三次産業へとシフトが始まった。この動きの端緒となったのが、1997年に開館したビルバオ·グッケンハイム美術館であった。

造船所跡地に建設された美術館の建物は、メタリックな壁面と曲線のある外観の斬新なデザインであるが、周囲と違和感はなく、すぐ横にある橋とも巧みな調和を生み出している。

変革的であっても、地域との一体感のある美術館の開場が、都市再生の引き金となった。このあと、国際会議場やコンサートホールなどの文化施設の建設が進んだ。デザイン性の高い橋や、地下鉄、トラムなどの交通インフラも次々と整備され、新しいビルバオへの変化の流れが決定づけられた。

▲ビルバオ（スペイン）

第Ⅱ部　まちづくりの課題と取り組み

第8章

環境とまちづくり

環境はまちづくりにとって、2つの側面をもちます。1つは、都市生活を支える機能としての環境であり、もう1つは、都市そのものが地球環境に与える影響です。

文明の歴史をみると、ナイル川やチグリス川、黄河、そしてインダス川の流域に生まれた古代のどの文明も、豊富な水と肥沃な土地、それによって育まれた緑に覆われた環境が、人々の生活を支える重要な条件でした。そのことは、水の枯渇による緑の衰退という環境変化で、まちや集落が衰退･消滅した歴史からもうかがい知ることができます。

都市生活を営むためには、資源･エネルギー等の大量消費が必要で、地球環境に大きな負荷を与えてきました。人間の歴史の中でわずかの時間経過に過ぎない産業革命以後の3世紀の間に、二酸化炭素排出量は天文学的な増加を続けてきました。まちづくりを持続可能な開発（Sustainable Development）として将来的に継続していくためには、地球環境と都市の発展を共存しうるものとしてとらえる必要があります。

8-1

まちづくりにおける自然環境

自然生態系の中で自然と共生しつつ営まれる人々の生活にとって、まちづくりにおいて自然環境とのふれあいを維持、回復、創出してゆくことが求められます。

■1 都市生活にとっての自然環境のもつ意味

都市内の公園、緑地、田畑、庭園、街路樹、池、小川などに生育・繁茂する動植物という自然的要素によって覆われた土地が都市内に存在する意味の第一は、都市生活者に対する好ましい自然環境作用の存在があげられます。

緑化によって、太陽光の輻射（ふくしゃ）の緩和や通風による気温・湿度の調節などの気候緩和、光合成作用、汚染大気の浄化、粉塵抑制といった効果が期待できます。動植物の存在は、都市内に小生態系空間（ビオトープ）を創り出し、生物生息環境や生態系の保全を確実にします。近年の気象変動で指摘される都市部のヒートアイランド現象

❶自然環境の保全

- 生物生態環境の保全
- 生態系の保全

❷防災

- 延焼防止
- 避難路・避難地の確保

❸健康

- 休養、遊び、スポーツ
- 人や自然とのふれあい
- 安らぎ、季節感

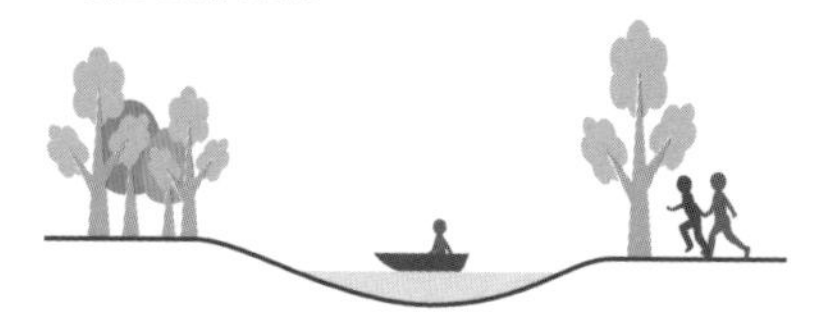

❹歴史・文化・景観

- 郷土景観の保全
- 潤いある景観の形成

▲都市における緑の効果

も、この自然環境作用によって緩和されることが期待できます。

樹木などの緑の存在は、都市の防災に対しても意味があります。火災の際の延焼防止や、避難場所・避難路としての役割もあります。斜面や傾斜地における植物の存在で地盤の安定化の効果も期待されます。国内で空地の防災効果が初めて注目されたのは、1923（大正12）年に発生した関東大震災のときでした。震災後の復興事業では、隅田、錦糸、浜町公園をはじめ52か所の防災公園が設置されました。

都市部における緑や水辺などの自然の存在は、人々の自然とのふれあいの場やスポーツの場を提供し、健康面におけるレクリエーション効果が期待されます。また、樹木などの緑が眼に及ぼす医学的な効果や、殺菌作用の身体に及ぼす環境衛生的な効果も指摘されています。

身近な場所に緑が存在する環境は、古来より育まれた自然を愛(め)でるわが国の歴史、文化と深い関係があります。文学作品や古典、詩歌のモチーフとしては圧倒的に緑と自然が取り上げられてきました。緑の存在は、生活の場の舞台装置としての地域の景観形成にも意味をもちます。

以上のような緑地や水辺などの自然環境の効果を期待して都市環境を回復・保全することが、公園・緑地・オープンスペースの意味です。まちづくりでは、緑被地(りょくひち)構造（green structure）を都市の構造系にどのように位置づけるかが重要な課題とされてきました。

■2　都市計画史における公園・緑地

国内における近代最初の公園計画は、1885（明治18）年、内務省に設置された東京市区改正審査会の議論に始まります。都市における公園整備の目的として衛生上の必要性、首都の美観保持、非常時の避難用空地確保、鮮魚・蔬菜(そさい)などの市場の場、そして交通の繁劇(はんげき)（きわめて忙しい様子）の緩和などがあげられました。このあと、都市計画における公園・緑地については、1903（明治36）年の日比谷公園の開園、関東大震災後の復興公園（1931年）、環状緑地計画（1939年）、都市公園法（1956）、そして緑のマスタープラン（1981年）などの経過をたどりました。

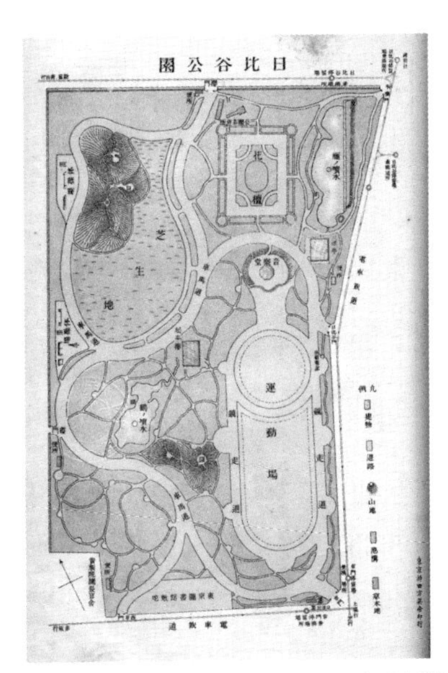

▲日比谷公園の計画図（出所：東京案内〈上巻〉、東京市市史編纂係編、1907〈明治40〉年4月裳華房、p.404）

国内初の西洋式都市公園として本多静六の設計で1903（明治36）年6月1日開園。

今日、都市の自然環境としての公園計画に対し、共通的に認識されている緑地、公園、オープンスペースの機能としては、気候緩和、大気浄化、野生動物保護、騒音軽減、防風、火災延焼防止などの物理的効果とともに、草木の緑や川、池などの水の存在が、騒音の低減という心理的効果をもつことも指摘されています。今日のまちづくりにおける公園整備では、これらの機能に加えて防災機能の比重が高まっています。

▲震災復興公園墨田公園の竣工直後と平面図（出所：土木学会デジタルアーカイブ）

関東大震災の復興公園として浜町公園（中央区）、錦糸公園（墨田区）とともに整備された。

■3　都市公園、緑地の種類

都市施設としての公園は、自然環境の保全に主眼を置く自然公園と異なり、都市公園法により国または地方自治体によって設置・管理・運営されています。都市公園は全国でおよそ10万か所あり、総面積で約12万haに上ります。

都市公園には5種類の公園があり、それぞれ「住区基幹公園」、「都市基幹公園」、「大規模公園」、「国営公園」および「緩衝緑地等」に分類され、さまざまな用途をもちます。

都市公園の中で最も身近な公園は住区基幹公園であり、個所数で公園全体の9割近くを占めています。歩いていける範囲の居住者を対象とし、想定する住民の居住範囲によって、最も距離の近いものから街区公園、近隣公園、地区公園があります。

都市基幹公園は、都市全域の住民が利用することを想定した比較的規模が大きい公園で、運動の用に供する運動公園と、休息、鑑賞、遊戯、散歩などの用に供する総合公園の2つに分類され、広域避難地としても利用されます。

大規模公園は、単一の市町村の区域を超えてより広域のレクリエーションの用に供するための広域公園と、大都市等の都市圏居住者の広域レクリエーションのニーズに対応するために地方生活圏などの広域的な範囲に設置される公園があります。

国営公園は、1つの都府県の区域を超えて広域に設置される場合や、国家的な記念事業、あるいは文化的資産の保存・活用のために設置される公園で、全国に17か所があります。国営ひたち海浜公園（茨城）、国営東京臨海広域防災公園（東京都）、国営飛鳥歴史公園（奈良県）、国営吉野ヶ里（よしのがり）歴史公園（佐賀県）などが国営公園です。

緩衝緑地等は、「大気汚染、騒音、振動、悪臭等を防止・緩和するため、公害や災害の発生が危惧される地域と居住地域・商業地域等とを空間距離を確保して分離遮断するための緩衝緑地」および「樹木の環境保全効果に期待する都市緑地や緑道」があります。

都市緑地は自然環境保全や景観向上のために設けられる緑地で、通常は0.1ha以上を標準としています。また緑道は植樹帯、あるいは歩行者や自転車の通行路を主体とする緑地です。都市生活の安全性や快適性の確保、災害時における避難路の確保のために設けられるもので、近隣住区、公園、学校、ショッピングセンター、駅前広場等を結んで配置されます。

▼都市公園の種類

種類	種別	内容
住区基幹公園	街区公園	もっぱら街区に居住する者の利用に供することを目的とする公園で誘致距離250mの範囲内で1箇所当たり面積0.25haを標準として配置する。
	近隣公園	主として近隣に居住する者の利用に供することを目的とする公園で近隣住区当たり1箇所を誘致距離500mの範囲内で1箇所当たり面積2haを標準として配置する。
	地区公園	主として徒歩圏内に居住する者の利用に供することを目的とする公園で誘致距離1kmの範囲内で1箇所当たり面線4haを標準として配置する。都市計画区域外の一定の町村における特定地区公園（カントリーパーク）は、面積4ha以上を標準とする。
都市基幹公園	総合公園	都市住民全般の休息、観賞、散歩、遊戯、運動等総合的な利用に供することを目的とする公園で都市規模に応じ1箇所当たり面積10～50haを標準として配置する。
	運動公園	都市住民全般の主として運動の用に供することを目的とする公園で都市規模に応じ1箇所当たり面積15～75haを標準として配置する。
大規模公園	広域公園	主として一の市町村の区域を超える広域のレクリエーション需要を充足することを目的とする公園で、地方生活圏等広域的なブロック単位ごとに1箇所当たり面積50ha以上を標準として配置する。
	レクリエーション都市	大都市その他の都市圏域から発生する多様かつ選択性に富んだ広域レクリエーション需要を充足することを目的とし、総合的な都市計画に基づき、自然環境の良好な地域を主体に、大規模な公園を核として各種のレクリエーション施設が配置される一団の地域であり、大都市圏その他の都市圏域から容易に到達可能な場所に、全体規模1000haを標準として配置する。
国営公園		主として一の都府県の区域を超えるような広域的な利用に供することを目的として国が設置する大規模な公園にあっては、1箇所当たり面積おおむね300ha以上を標準として配置する。国家的な記念事業等として設置するものにあっては、その設置目的にふさわしい内容を有するように配置する。
緩衝緑地等	特殊公園	風致公園、動植物公園、歴史公園、墓園等特殊な公園で、その目的に則し配置する。
	緩衝緑地	大気汚染、騒音、振動、悪臭等の公害防止、緩和若しくはコンビナート地帯等の災害の防止を図ることを目的とする緑地で、公害、災害発生源地域と住居地域、商業地域等とを分離遮断することが必要な位置について公害、災害の状況に応じ配置する。
	都市緑地	主として都市の自然的環境の保全並びに改善、都市の景観の向上を図るために設けられている緑地であり、1箇所あたり面積0.1ha以上を標準として配置する。但し、既成市街地等において良好な樹林地等がある場合あるいは植樹により都市に緑を増加又は回復させ都市環境の改善を図るために緑地を設ける場合にあってはその規模を0.05ha以上とする。(都市計画決定を行わずに借地により整備し都市公園として配置するものを含む)
	緑道	災害時における避難路の確保、都市生活の安全性及び快適性の確保等を図ることを目的として、近隣住区又は近隣住区相互を連絡するように設けられる植樹帯及び歩行者路又は自転車路を主体とする緑地で幅員10～20mを標準として、公園、学校、ショッピングセンター、駅前広場等を相互に結ぶよう配置する。

注：近隣住区＝幹線街路等に囲まれたおおむね1km四方(面積100ha)の居住単位
出所：国交省都市局公園緑地・景観課

■4 社会情勢の変化と公園·緑地管理

都市公園の中で、「住区基幹公園」、「都市基幹公園」、および「緩衝緑地等」が、公園面積全体の3割前後を占めています。

都市公園の整備の方針については、従来は都市環境の回復、保全のために国が一律に定めていた基準によっていましたが、地域の実態に即したよりきめ細かな、地方自治体を主体とする公園整備に移行しつつあります。2012年の都市公園法の改正では、地方公共団体が自ら都市公園の配置、規模などの技術的基準を条例で定め、基準に沿って整備を実施するようになりました。

この背景には、1956(昭和31)年の都市公園法制定以来、一定の公園ストックの蓄積がなされてきた一方、人口減少社会の到来や高齢化といった社会情勢の変化、公園管理のポイントが量の拡大から改修·長寿命化に移行していることなどがあります。緑とオープンスペースの量の整備から、その多機能性を引き出し、状況に応じて柔軟性をもって有効に活用する運営管理へと、重点の置きどころが変わってきました。施設から得られる収益を公園整備に還元することを条件に、飲食店などの事業者を公募する制度、建蔽率や占用物件の特例等の柔軟性のある運用などはその一例です。

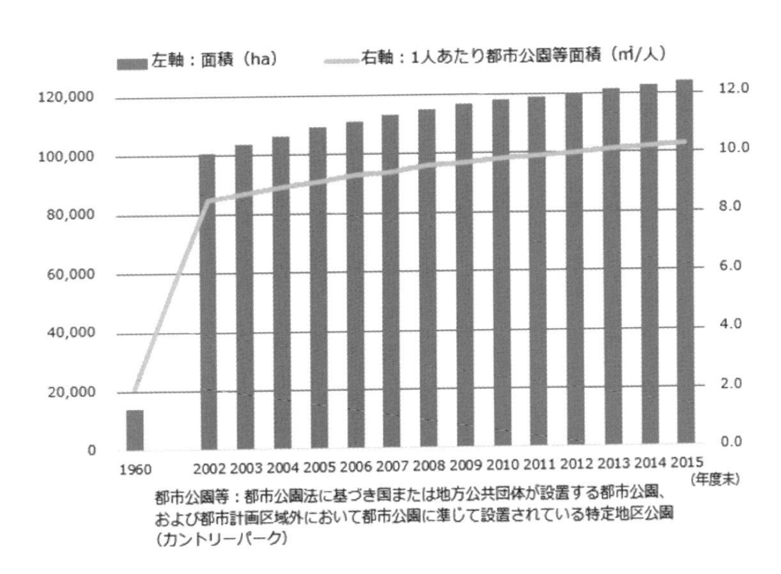

▲都市公園等の面積推移（都市公園データベース〈国交省〉）

2012(平成24)年頃から1人あたり10m²を超えた。

8-2

地球環境

今日私たちは、地球規模の多くの環境問題に直面しています。まちづくりにおいては、都市を包摂的、安全、強靭かつ持続可能とすることが求められています。

■1 なぜ都市で地球環境が問題か

都市は人々が集い働き、大量の人や物が移動し、情報が行き交う高度な経済活動の場であるとともに、居住し憩う社会生活の場です。この都市の機能を維持するために、資源・エネルギー等の大量消費が必要であり、その帰結として環境に大きな負荷を与えています。人が社会経済活動をすること自体が、都市住民の生活にも多大な影響を与えています。

都市環境の問題とは、都市における人々の生活を支える快適で豊かな生活環境や効率的な社会経済活動を維持することと、それらの集積による都市が地球環境に与える影響をいかにバランスさせるかという持続可能性の問題に帰着します。

都市生活が環境負荷に与える影響の程度を定量的に把握して見える化するために、エコロジカル・フットプリント（Ecological Footprint）という指標があります。

これは、ある地域の経済活動規模を、それを支えることのできる土地や海洋の表面積（ha）に換算した値です。経済活動を支える表面積とは、食糧を得るための農牧地・海や、木材・紙の供給、あるいは、

◀エコロジカル・フットプリントの概念

エコロジカル・フットプリントは、すべての消費を6つの土地利用区分で示す。（出所：地球1個分の暮らしの指標、 WWFジャパン）

CO_2吸収のための森林など、地域の経済活動を支えるための合計面積です。地域外から食料や物資を輸入している場合は、輸入元の面積も含まれます。ある地域の経済活動を支えるこの面積を、地域内の人口で割ることで1人あたりのエコロジカル・フットプリント（ha/人）が得られます。つまり、当該地域に住む1人が生活するために必要とする換算地球表面積ということになります。なお、面積換算にあたっては、地域、気候風土の違いや生産性の違いを補正するために、平均的な生物生産力をもつ土地1ヘクタールとしてグローバルヘクタール（gha）という単位が用いられています。

2006年の世界全体の1人あたりエコロジカル・フットプリントは2.6ghaで、この時点ですでに地球の1人あたり環境収容力（バイオキャパシティ）1.8ghaを超過しています。世界全体の需要が地球の環境収容力を超過したのは1980年頃と推定されています。2006年の日本の1人あたりエコロジカル・フットプリントは4.1ghaで世界の平均の約1.5倍、同年のアメリカの1人あたりエコロジカル・フットプリントは9.0、中国は1.8でした。

地球環境への影響を考える上で、わかりやすいエコロジカル・フットプリントの指標は、人々の環境認識にとって極めて重要です。わかりやすい見える化された指標は、まちづくりにおける環境問題を考える上で必要です。グローバルな環境負荷の問題の認識を出発点とし、環境負荷と受容面積とのバランスを国、都市、地域、地区といったコントロールしうる階層にまで掘り下げ、まちづくりの個々の場面で設定したゼロエミッション、カーボンオフセット、省エネなどローカルのゴールに向かうた

▼主要国別エコロジカル・フットプリント

国名	国全体（百万gha）	1人あたり（gha/人）
アメリカ	2,810	9.7
中国	2,049	1.6
インド	784	0.7
ロシア	630	4.4
日本	545	4.3
ドイツ	366	4.4
フランス	336	5.6
イギリス	335	5.7
カナダ	234	7.5
イタリア	227	3.9

国名	国全体（百万gha）	1人あたり（gha/人）
オーストラリア	136	7.0
パキスタン	92	0.6
バングラデシュ	68	0.5
エチオピア	55	0.8
ザンビア	6	0.6
タジキスタン	4	0.7
ブータン	2	0.7
フィージー	1	1.3

出所：Ecological Footprint by Country, worldmapper, viewed 20th December, 2016

めの取り組みのインセンティブになります。地球環境への影響を示す具体的な数値は、特定の都市・地域が消費する資源・エネルギー、廃棄物処理、太陽光発電などのエネルギーの生産、緑地、農地など環境バランスをまちづくりの課題として扱い、持続可能な社会をつくりあげるための手がかりとなります。

□都市環境のこれまでの扱い

高度経済成長の始まった1960年代以降、農村部から都市部への急激な人口の移動により、都市部では宅地が開発され、商業地が拡大して、緑地、小河川などの自然的環境が急速に減少する、という都市環境の大きな変化がありました。

これに対して、公園、緑地の設置などによって、良好な都市環境を形成・保持することで都市生活の質の向上を図るために、都市計画制度によっていろいろな取り組みが進められてきました。社会資本整備のために、各分野の5か年計画に基づき、下水道、下水処理施設や公園等の整備も進められてきました。同時に時代の要請に応じた都市環境の改善を目的とした制度も徐々に充実してきました。

しかし20世紀後半においては、急速な都市人口の拡大に対して、都市施設の量的な整備が追いかける構図のまま推移してきました。都市の規模の拡大によって、都市環境の改善へ向けた新たな課題も出てきました。その1つが都市、あるいは都市生活を負荷とする環境問題です。

■2　公害から環境問題へ（環境問題のグローバル化）

国内では高度成長時代の陰の部分として1960年代以降、空気や水、土壌などの汚染、産業活動や交通による騒音などの公害問題として始まった環境問題は、より広範囲の取り組みが必要であることが認識され、20世紀末までには、地球環境問題を踏まえた都市環境への取り組みが必要であるとの認識に移行しました。

公害病とは、人間の産業活動によって排出された有害物質を直接的な原因として発生する病気です。大気、水質汚染を原因とする公害病には、四日市市、川崎市で発生したぜんそくや、水質汚濁が原因の有機水銀中毒、カドミウム中毒、空気中の浮遊物、ガスなどの人体に有害な物質による食物の汚染が原因で人体に蓄積されて発症するカドミウムの慢性中毒などがあります。

その最初の大規模なものが水俣病で、化学産業が引き起こした大規模な水質汚染による公害であり、経済重視の産業の急激な発展の負の部分としての健康被害の象徴的な事例です。生産活動にともなって海に流した工場廃液による水質汚染が原因で、1956年に熊本県水俣市で発生しました。このあと、新潟県でも同様の第二水俣病が発生しました。

四大公害病とのちに呼ばれるように

なったのは、水俣病、第二水俣病（新潟水俣病）に加えて、四日市ぜんそく、神通川のカドミウム中毒のイタイイタイ病です。これらの極めて大きな犠牲のもとに、1967（昭和42）年に、公害対策基本法が制定されました。

経済のグローバル化ともない1980年代以降、公害という個別的、地域的な環境汚染から、廃棄物、生活雑排水など企業活動以外へと水質汚染の原因が多様化していきました。環境問題も、オゾン層の破壊、酸性雨、温暖化、海面上昇、異常気象など、その発生メカニズムが複雑化してより広域の環境問題としてとらえる必要性が出てきました。これが、局所的な環境を対象とした公害対策基本法から、より広範囲の環境を対象とする1993（平成5）年制定の環境基本法への移行の背景です。

都市人口増加や消費拡大など人間活動が拡大するに従って、資源の枯渇、自然浄化作用への影響が無視できないものとなり、被害は地域から広域へと拡大し、グローバルな取り組みが始まりました。

■3 環境影響評価

1960年代以降の公害という大きな代償を払って成立したのが、環境基本法および環境アセスメント法に基づく環境影響評価の仕組みです。環境への影響の可能性のある規模の大きな都市施設などについて、あらかじめ影響評価を行うことによって、事業実施にあたり環境の保全への配慮を行うものです。

環境基本法では、「国は、土地の形状の変更、工作物の新設その他これらに類する事業を行う事業者が、その事業の実施にあたりあらかじめその事業に係る環境への影響について自ら適正に調査、予測又は評価

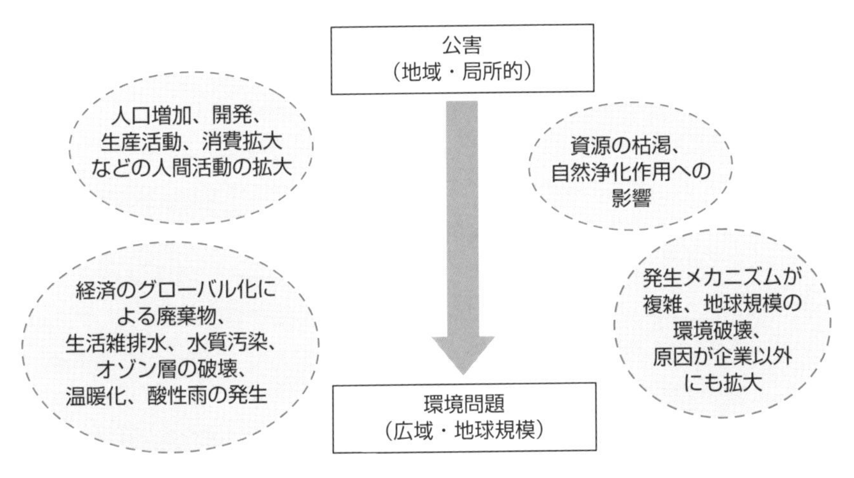

▲公害から環境問題へ

を行い、その結果に基づき、その事業に係る環境の保全について適正に配慮することを推進するため、必要な措置を講ずるものとする」と規定されています。 これを受けて環境アセスメント法では、事業を実施するにあたって環境への影響を事業者が自ら調査、予測、評価し、その結果を公表して国民、地方公共団体から意見を聴取し、環境保全の観点から総合的、かつ計画的により望ましい事業計画作成を実施することとされています。

環境アセスメント法が成立した1999年以前の、事業執行を前提とした環境汚染の未然防止から、事業の計画において環境への影響を評価して反映させるようになった点で画期的なものです。総合的な環境の積極的な保全によって持続可能性を確保するもので、そのための意思決定を社会的に支援する方法、社会的な手続きです。

環境への影響が予測される場合の事業計画への反映方法としては、緩和の措置であるミティゲーション（mitigation）などがあります。代替案の適用などにより計画を変更する「回避」、あるいは、内容の変更で影響を低下させる「低減」などの措置がとられますが、回避や低減で許容レベルに達しない場合、代償措置として、そこで損なわれる環境質を他の場所で償う措置である狭義のミティゲーションあるいは、ビオトープ（生息空間）の保全があります。

環境アセスメント法を根拠とする環境影響評価の特徴は、その手続きの科学性と民主性にあります。科学性とは、評価の判断に一般性（再現性）があることです。環境影響評価の判断において根拠とするデータが客観性をもつことです。また民主性とは、影響を受ける関連主体の価値判断の反映が不可避的に組み入れられるように社会に開かれ、環境評価の一連の手順が社会的な意思決定のプロセスとなっていることにあります。

■4　持続可能な開発

1987年に国連の「環境と開発に関する世界委員会」（ブルントラント委員会）から提出された報告書において、初めて「持続可能な開発（Sustainable Development）」の概念が示されました。すでに重大な段階に到達している地球環境の一層の悪化を防止することと、国民生活の質を改善するための経済開発を進めることの両者を成り立たせるものとして「持続可能な開発（サステイナビリティー）」が定義されました。

以後、この持続可能な開発、すなわち「将来の世代の欲求を満たす可能性を損なうことなく、現在の世代の欲求を充足する開発」あるいは、「将来につけを回すような開発ではなく、将来、現在とも生活のレベル（快適性、利便性）を落とすことなしに発展すること」が、世界中の共通認識となりました。1993年に制定された環境基本法の第4条「健全で恵み豊かな環境を維持しつつ環境負荷の少ない健全な経済の発展を図りながら持続的に発展できる社会」に、この概念が取り込まれています。

この認識は、地球サミット等の国際的な地球環境問題への取り組み、環境基本法の制定などを受けて、行政の施策でも具体化されていきました。1994（平成6）年1月に制定された「環境政策大綱」では、都市計画を含めた建設行政全般における環境政策の基本的な考え方と中長期的に展開すべき政策課題とその方向性が明らかにされました。これに沿って、各分野の環境計画および環境政策の長期計画の作成、法令、諸基準等の充実、環境に関する施策の重点的・総合的推進、環境影響評価等の充実、環境リーディング事業の推進などが進められました。都市局長通達では、各都市が自ら抱える諸々の環境問題を認識し、継続的に対策を進めていくためのマスタープランとなる都市環境計画の策定が奨励され、この中で環境共生都市（エコシティ）の整備が盛り込まれました。また、1994（平成6）年7月に制定された「緑の政策大綱」では、緑の保全、創出、活用については、多様な主体による総合的な取り組みが必要であるとの認識により、緑のストックを3倍に増やすことが基本目標として掲げられました。

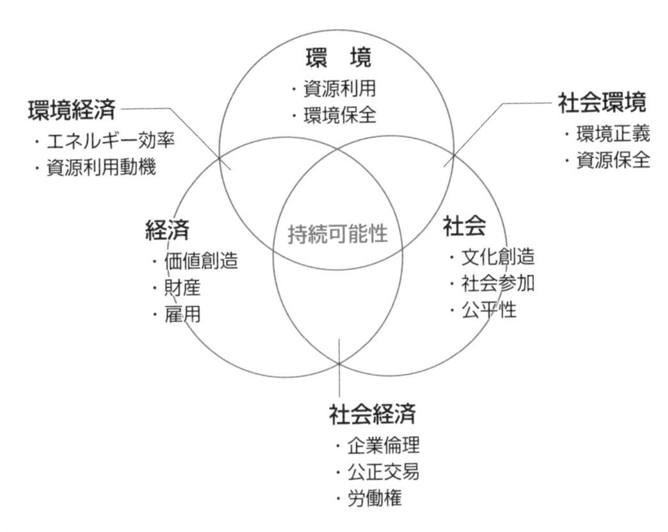

▲持続可能性

相互接続された環境、経済、社会の3つの球体で関連する一連の概念として持続可能性を説明している。

■5　持続可能な開発目標(SDGs：Sustainable Development Goals)におけるまちづくり

持続可能な開発目標(SDGs)とは、2015年9月の国連総会で採択された持続可能な開発のための17のグローバル目標とそのための169の達成基準からなる国連の開発目標です。「我々の世界を変革する：持続可能な開発のための2030アジェンダ」(Transforming our world: the 2030 Agenda for Sustainable Development)として、持続可能な開発達成の方向を示すもので、2030年を目標年とする具体的な行動指針です。

グローバル目標は、健康、福祉、教育、ジェンダー、安全・衛生、水、エネルギー、産業・技術革新、気候変動、平和と公平、海陸の豊かさ保全などの広範な領域にわたり17項目で設定され、それらの目標の下には、169のターゲットが設定されました。

まちづくりの課題は、17項目のグローバル目標の1つとして、住み続けられるまちづくりの実現のために、「都市と人間の居住地を包摂的、安全、強靭かつ持続可能にする」目標が掲げられ、この目標の下に

▲持続可能な開発のための17のグローバル目標

(出所：国連広報センター)

11番目に「住み続けられるまちづくり」が掲げられている。

2030年を目標年として具体的なターゲットが設定されています。

このターゲットには、以下のような項目があります。

・「住宅および基本的サービスへのアクセス確保、スラム改善」
・「脆弱(ぜいじゃく)な立場の人々、女性、子ども、障害者、高齢者のニーズに特に配慮し、公共交通機関の拡大など、持続可能な輸送システムの提供」
・「包摂的、持続可能な都市化を促進し、持続可能な人間居住計画・管理能力の強化」
・「文化遺産、自然遺産の保全、開発制限の強化」
・「貧困層、脆弱な立場の人々の保護に重点を置いた、災害による死者や被災者数、および直接的経済損失の大幅削減」
・「大気質、廃棄物管理への特別な配慮により都市部の1人あたり環境影響の軽減」
・「安全で包摂的かつ利用が容易な緑地や公共スペースの提供」
・「都市部、都市周辺部、および農村部間の良好なつながりの支援」
・「資源効率、気候変動の緩和と適応、災害に対するレジリエンスを目指す総合的政策による都市および人間居住地の大幅増加、および総合的な災害リスク管理の策定と実施」
・「後発開発途上国における現地の資材を用いた、持続可能かつレジリエントな建造物の整備支援」

■6　持続可能な開発目標（SDGs）の背景

持続可能な開発目標が設定された背景には、都市についての現況と将来推計に関する国連統計に基づいた以下の認識があります。

2018年に世界人口の55%の都市人口は、2050年には68%になると予測されています。今後数十年間の都市の拡大の95%は、発展途上国で行われます。2018年に10億人近くの人がスラムに住んでおり、そのほとんどが東アジアおよび東南アジアです。さらに、世界の都市は地球の土地のわずか3%ですが、エネルギー消費の60～80%と二酸化炭素の排出の75%は都市で行われています。急速な都市化の進展は、淡水、下水、生活環境、公衆衛生に深刻な影響を与えています。

大気については2016年時点で、都市居住者の90%が汚染された空気を吸い込んでおり、その結果、420万人が大気汚染により死亡しています。世界の都市人口の半分以上が、安全基準の少なくとも2.5倍の大気汚染レベルにさらされています。

これらの犠牲のもとに、都市は、商業、文化、科学、生産性、社会開発などの中心として社会的および経済的な発展を遂げてきました。しかし、2030年までに50億人に達すると予測されている都市居住者に対し、都市化によってもたらされる課題を処理するための効率的な都市計画と管理の実践が重要です。

土地と資源に負担をかけずに雇用と繁栄を生み出し続ける方法で都市を維持するためには、多くの課題が存在します。一般的な都市の課題には、混雑、基本的なサービスを提供する資金の不足、適切な住宅の不足、インフラの衰退、都市内の大気汚染の増加が含まれます。都市内の廃棄物の安全な除去と管理など、急速な都市化の課題は、資源の使用方法を改善し、汚染と貧困を削減しながら、繁栄と成長を続ける方法で克服できます。その1つが都市ごみ収集能力の拡大です。基本的な都市のサービスや、エネルギー供給、住宅、交通などへのアクセスの提供によって、都市がすべての人々に機会を提供することが必要です。

■7 SDGsへの国内の取り組み

2015年にSDGsが採択されたあと、国内ではその実施に向けての取り組みにより、体制の整備が行われました。2016年5月に総理大臣を本部長、官房長官・外務大臣を副本部長とし、全閣僚を構成員とする「SDGs推進本部」が設置され、国内実施と国際協力の両面に対応する体制を整えました。この本部のもとには、行政、民間セクター、NGO・NPO、有識者、国際機関、各種団体等を含む関係者によって構成される「SDGs推進円卓会議」が設置され、同年12月、今後の日本の取り組みの指針となる「SDGs実施指針」が決定されています。2019年6月には、2018年12月決定の「SDGsアクションプラン2019」をさらに具体化した「拡大版SDGsアクションプラン2019」が策定されています。

このプランに沿って中長期の持続可能なまちづくりのために地方自治体が行う持続可能な開発目標(SDGs)の達成へ向けた取り組みを国が支援するモデル事業が開始されました。

2019(令和元)年に「SDGs未来都市」として31都市、「自治体SDGsモデル事業」として10事業が選定されました。国がこれら各自治体の取り組みを支援し、成功事例の普及展開等を行うこととされています。SDGs未来都市の中には、LRTを軸とした交通ネットワークを核とする栃木県宇都宮市の「SDGsに貢献する持続可能な"うごく"都市・うつのみやの構築」や、新潟県見附市の「住んでいるだけで健康で幸せになれる健幸都市の実現~『歩いて暮らせるまちづくり』ウォーカブルシティの深化と定着~」ほかが含まれます。

▼SDGs未来都市および自治体SDGsモデル事業（2019年度）

<SDGs 未来都市>

No	事業者名	提案全体のタイトル
1	岩手県陸前高田市	ノーマライゼーションという言葉のいらないまちづくり
2	福島県郡山市	SDGsで「広め合う、高め合う、助け合う」こおりやま広域圏　～次世代につなぐ豊かな圏域の創生～
3	栃木県宇都宮市	SDGsに貢献する持続可能な“うごく”都市・うつのみやの構築
4	群馬みなかみ町	水と森林と人を育むみなかみプロジェクト2030～持続可能な発展のモデル地域“BR”として～
5	埼玉県さいたま市	SDGs国際未来都市・さいたま2030モデルプロジェクト～誰もが住んでいることを誇りに思える都市へ～
6	東京都日野市	市民・企業・行政の対話を通した生活・環境課題産業化で実現する生活価値（QOL）共創都市日野
7	神奈川県川崎市	成長と成熟の調和による持続可能なSDGs未来都市かわさき
8	神奈川県小田原市	人と人とのつながりによる「いのちを守り育てる地域自給圏」の創造
9	新潟県見附市	住んでいるだけで健康で幸せになれる健幸都市の実現～「歩いて暮らせるまちづくり」　ウォーカブルシティの深化と定着～
10	富山県	環日本海地域をリードする「環境・エネルギー先端県とやま」
11	富山県南砺市	「南砺版エコビレッジ事業」の更なる深化～域内外へのブランディング強化と南砺版地域循環共生圏の実装～
12	石川県小松市	国際化時代にふるさとを未来へつなぐ「民の力」と「学びの力」～PASS THE BATON～
13	福井県鯖江市	持続可能なめがねのまちさばえ～女性が輝くまち～
14	愛知県	SDGs未来都市あいち
15	愛知県名古屋市	SDGs未来都市～世界に冠たる「NAGOYA」～の実現
16	愛知県豊橋市	豊橋からSDGsで世界と未来につなぐ水と緑の地域づくり
17	滋賀県	世界から選ばれる「三方よし・未来よし」の滋賀の実現
18	京都府舞鶴市	便利な田舎ぐらし『ヒト、モノ、情報、あらゆる資源がつながる“未来の舞鶴”』
19	奈良県生駒市	いこまSDGs未来都市～住宅都市における持続可能モデルの創出～
20	奈良県三郷町	世界に誇る!! 人にもまちにもレジリエンスな「スマートシティSANGO」の実現
21	奈良県広陵町	「広陵町産業総合振興機構（仮称）」の産官学民連携による安全・安心で住み続けたくなるまちづくり
22	和歌山県和歌山市	持続可能な海社会を実現するリノベーション先進都市
23	鳥取県智頭町	中山間地域における住民主体のSDGsまちづくり事業
24	鳥取県日南町	第一次産業を元気にする　～SDGsにちなんチャレンジ2030～
25	岡山県西粟倉村	森林ファンドの活用で創出するSDGs未来村

次ページに続く

No	事業者名	提案全体のタイトル
26	福岡県大牟田市	日本の20年先を行く10万人都市による官民協働プラットフォームを活用した「問い」「学び」「共創」の未来都市創造事業
27	福岡県福津市	市民共働で推進する幸せのまちづくり　～津屋崎スタイル～を世界へ発信
28	熊本県熊本市	熊本地震の経験と教訓をいかした災害に強い持続可能なまちづくり
29	鹿児島県大崎町	大崎リサイクルシステムを起点にした世界標準の循環型地域経営モデル
30	鹿児島県徳之島町	あこがれの連鎖と幸せな暮らし創造事業
31	沖縄県恩納村	SDGsによる「サンゴの村宣言」推進プロジェクト

＜自治体SDGsモデル事業＞

No	提案者名	モデル事業名
1	福島県郡山市	SDGs 体感未来都市 こおりやま
2	神奈川県小田原市	人と人のつながりによる「いのちを守り育てる地域自給圏」の創造
3	新潟県見附市	「歩いて暮らせるまちづくり」ウォーカブルシティの深化と定着
4	富山県南砺市	「南砺版エコビレッジ事業」の更なる深化～域内外へのブランディング強化と南砺版地域循環共生圏の実装～
5	福井県鯖江市	女性が輝く「めがねのまちさばえ」～女性のエンパワーメントが地域をエンパワーメントする～
6	京都府舞鶴市	『ヒト、モノ、情報、あらゆる資源がつながる“未来の舞鶴”』創生事業
7	岡山県西粟倉村	森林ファンドと森林RE Designによる百年の森林事業Ver.2.0
8	熊本県熊本市	熊本地震の経験と教訓をいかした地域（防災）力の向上事業
9	鹿児島県大崎町	大崎システムを起点にした世界標準の循環型地域経営モデル
10	沖縄県恩納村	「サンゴの村宣言」SDGsプロジェクト

出所：内閣府地方創生推進事務局ホームページ

■8　気候アパルトヘイト（climate apartheid）

気候アパルトヘイトも気候変動にともなう今後の世界的なまちづくりの大きな課題の1つです。気候アパルトヘイトとは、ニューヨーク大学のフィリップ・アルストン教授が第41回国連人権理事会（ジュネーブ2019.6）、COP25（マドリッド2019.12）などで報告した、気候変動の影響による自然災害が貧困層の弱者により深刻な影響を及ぼす、という人権の格差です。地球温暖化に歯止めがかからなければ、気候変動の影響に脆弱な地域への極端なしわ寄せが発生し、より弱い立場にある人々の権利が危機に瀕（ひん）する可能性を指摘したものです。

途上国の貧困層の多くは、気候変動の影響を受けやすい地域の都市にあって、インフラ整備が遅れた地域のより耐久性が低い建物で生活している傾向が強く、自然災害でより多くの財産や生命を失う可能性があります。また貧困層は、自然災害の影響軽減の手段をもたず、被害防止や復旧の社会的セーフティネットや財政支援も少ない傾向にあります。

結果として二酸化炭素排出の責任が最も小さい国と地域の貧困層が、最も深刻な影響を受けており、この格差は気候変動が進むほど広がる傾向があります。

◀気候アパルトヘイトはフィリップ・アルストン教授により報告された。（出所：Japan Times 2016.8）

MEMO

第9章

防災とまちづくり

気象、地形、地質など厳しい自然環境下にあるわが国は、21世紀に入って以降自然災害が頻発する傾向にあり、今後、南海トラフ巨大地震、首都直下地震などの巨大地震の発生も懸念されます。加えて気候変動の影響による水害、土砂災害の発生件数の増加および激甚化による都市の被災リスクは年々高まっています。まちづくりにとって安全·安心は基本的な条件です。近年の災害多発の傾向から、地震・火災対策に主眼が置かれてきた従来の防災まちづくりから、さらに津波·水害や豪雨による広域かつ同時多発の河川氾濫なども想定した防災の必要性が指摘されています。本章では、災害リスクの軽減や、速やかな復興を目指す防災まちづくりについて、近年の新しい傾向を概観します。

9-1

近年の防災意識の変化

近年頻発する東日本大震災をはじめとする地震や津波、台風、豪雨、豪雪、猛暑などの自然災害は人々の防災意識に明確な変化をもたらしています。

2011（平成23）年の東日本大震災以後、国民や企業の防災意識には、大きな変化が見られます。東日本大震災の発生した翌年の2012年に国土交通省が実施した国民意識調査によれば、防災に対する国民の防災意識が大きく変化したことがわかります。この調査結果のデータをもとに変化の傾向をみてみます。

東日本大震災後の人々の意識変化の中で、最も多かったのは、「防災意識の高まり」（52.0%）で、次いで「節電意識の高まり」（43.8%）や「家族の絆（きずな）の大切さ」（39.9%）が高く、いずれも防災意識の変化を示すものです。

社会資本に求める機能としては、「安全・安心を確保する機能」（74.4%）が突出しており、これに次いで「高齢者、障害者対応の機能」（25.8%）、「環境対策の機能」（24.1%）、「地域経済活性化の機能」（23.5%）、「省エネ機能」（19.3%）がほぼ横並びとなっています。

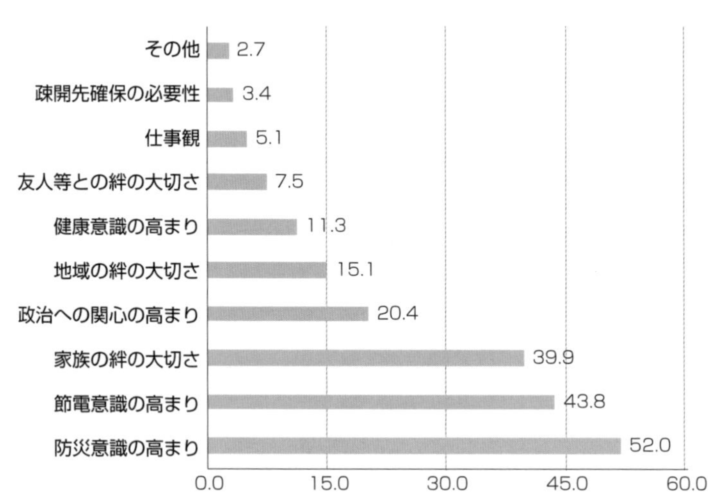

▲東日本大震災以後の国民の意識変化（1）考え方の変化（%）
出所：平成24年国土交通白書

企業活動における災害対応意識についての変化では、災害時の事業継続体制を強化する動きが見られます。企業組織の機能継続のために工場などの連絡体制や、従業員の安全確認が最多で、指揮系統の明確化・権限の委譲や、企業活動のためのライフラインの確保、サーバーなど情報資産の安全・稼働確保が続いています。

企業の社会的責任の考え方から、寄付、物資供給、人の派遣など災害時において企業の支援活動の実施の取り組みが多数見られました。このような動きを受け、2012年に国際規格ISO 22301事業継続マネジメントシステムが規定され、翌2013年にJIS化されました。

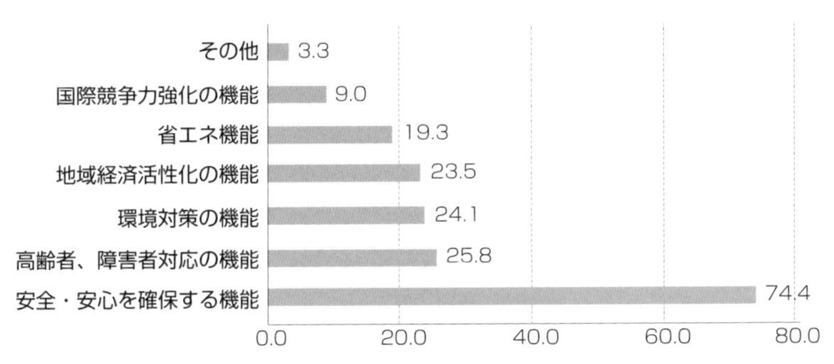

▲東日本大震災以後の国民の意識変化（2）社会資本に求める機能（%）
出所：平成24年国土交通白書

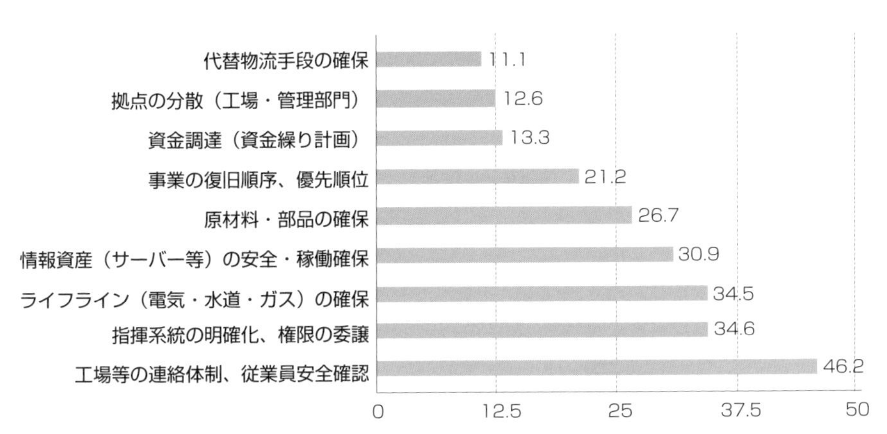

▲災害時の事業継続体制（BCP）で必要な対策（%）
出所：平成24年国土交通白書

東日本大震災以後も、毎年のように、地震、台風、集中豪雨等による土砂災害などの自然災害が頻発しています。都市部においては、一部地域では、人口や社会経済の中枢機能がさらに集積する地域も見られ、地下鉄、地下街等の地下空間の高度利用により、水害に対して都市は以前よりも脆弱化しているといえます。また、高齢化の進展や人口減少による限界集落の増加に加え、地域コミュニティの衰退によって、自助・共助による、地域が一体となった防災活動がますます困難となる傾向があります。

このように、防災意識の変化の一方では、都市の脆弱化が強まる傾向もあり、新たな防災まちづくりの必要性が高まっています。

国土交通省は2015（平成27）年に、近年の大規模災害の増加傾向に対し、「新たなステージに対応した防災・減災のあり方」を打ち出し、命を守るための情報提供、災害リスクを踏まえた土地利用の促進、壊滅的な経済被害を回避するための防災対策と企業のBCP（事業継続計画）作成を促進するような方向性を示しています。

近年の国民や企業の防災意識の変化とともに、ハード、ソフト主体の従来の防災の観点だけでなく、人口減少・高齢化社会の到来などの社会的変化を踏まえたまちづくりの一環としての重層的・総合的な実施・取り組みを進めて、強靭化社会の実現を図ることが求められています。

▲陸前高田市の奇跡の１本松（2012年3月撮影）

背後のユースホステル建物とともに東日本大震災の震災遺構として残されている。

9-2

戦後の災害と防災への取り組み

戦後、多発する災害を経て防災体制の整備が進められ、近年ではハードの防災対策とともに、総合力としてまちづくりにおける社会的資本の役割が着目されています。

戦後の防災対策制度の整備が始まったのは、1959（昭和34）年9月末の伊勢湾台風による壊滅的な被害がきっかけでした。明治以降で最悪の台風被害をもたらした伊勢湾台風は、死者行方不明者5,000人、負傷者は4万人を超える被害を出しました。戦災により荒廃したわが国の国土は、終戦直後から追い打ちをかけるように毎年のように自然災害に襲われてきました。

1945（昭和20）年9月に死者行方不明者3,700人余の被害を出した枕崎台風に続き、1946年12月には死者1,400人余の南海地震が起こり、1947（昭和22）年9月にはカスリーン台風によって利根川が決壊し、群馬、栃木、埼玉、東京東部は大洪水となり、ダム群建設構想のきっかけとなりました。

1948（昭和23）年6月には福井地震が発生し、このあとも続く台風による水害や河川氾濫、土砂災害などの自然災害は、終戦後の不十分な防災体制もあって大きな被害をもたらしました。

このようなうち続く災害を経て1961（昭和36）年に災害対策基本法が制定されて、初めて総合的な防災対策の基本的考え方が示されました。国、地方公共団体およびその他の公共機関を通じて、防災のための体制を確立し、防災計画の作成、災害予防、災害応急対策、災害復旧および防災への財政金融措置、その他必要な災害対策の基本的事項が定められました。

このあと高度経済成長期に入ると、それ以前の20年間と比べ、目立った大災害は減少しましたが、1995（平成7）年に起こった阪神・淡路大震災は、住宅、鉄道、道路、高架橋などに甚大な被害がもたらしました。大震災による死者の多くが耐震基準を満たさない既存不適格の住宅の倒壊や火災によっており、高架橋などのインフラ施設も甚大な被害を受けました。これ以後、橋をはじめ土木、建築構造物の耐震基準の見直しが開始されました。

阪神・淡路大震災では、震災後の復興における被災者の生活再建が大きな課題として認識され、1997（平成9）年に「被災者再建支援法」が制定されました。このあと、新潟県中越地震（2004年）や新潟県中越沖地震（2007年）でも被災者の生活再建が大きな問題となり、2007（平成19）年には私有財産である個人住宅の再建にも公的支援の適用が拡大されました。

阪神・淡路大震災の復興では、一般の市民が災害ボランティアとして復興支援活動に参加する新しい動きが始まった最初の例となりました。これ以後の災害復興ではボランティア参加が一般化し、ボランティア団体を「NPO」として法人格を付与する「特定非営利活動促進法（NPO法）」が1998（平成10）年に制定されました。

2011（平成23）年3月11日に発生した東日本大震災は、東日本全域に被害をもたらし死者・行方不明者1万8,429人、建築物全半壊40万5,000戸、さらには、東京電力福島原子力発電所の第1～3号の3基の炉心溶融を含む放射性物質漏洩（ろうえい）事故を起こし、未曾有の大災害となりました。前述の近年の防災意識の変化は、東日本大震災の経験によるものですが、地震予測などに関する調査研究により、今後高い確率で発生が予測され、わが国の経済社会への甚大な影響を与えるとされる「南海トラフ巨大地震」への備えの重用性が指摘されています。

東日本大震災以後、防災で特に指摘されるようになったことは、防波堤や橋、電気通信等のライフラインなどの耐力の強化といったハードのインフラだけでなく、地域社会が通信、情報伝達、組織力、地域連携、結束力などをもち、被災後速やかに復旧に立ち向かえる総合力としての強靭性（レジリエンス）の必要性です。

これまで幾度となく経験してきたように、地震、台風、豪雨などによる物理的外力は、その地域の脆弱なインフラ部分を直撃して破壊します。しかし、地域や社会によって被災の規模や、被災後の復興速度に差が生じることがあります。この差をもたらすものが、ハード的な要因とは別の、地域や社会に蓄積された組織力、結束力、情報力、問題解決能力などです。これは、かつて日本の社会が濃厚に保有していた地縁・血縁をベースとした地域や社会の信頼関係によるつながりであり、ソーシャル・キャピタル（社会的資本）と呼ばれるものです。

国際的にも、地域を構成する市民や専門家が共通の課題に取り組む過程をコミュニティ・ディベロップメントと称し、その活動が地域の課題を解決し強靭性の高い地域コミュニティを構築するとして国連やOECDの支援によって調査研究や実践開発が進められています（国際コミュニティ開発協会：www.iacdglobal.org）。

防災まちづくりでは、総合力としての強靭性（レジリエンス）を生み出す地域の信頼性に基づくソーシャル・キャピタルをいかに醸成していくかが大きな課題となります。

▼戦後の災害と防災関連法

年月		災害名、規模など	災害関連法など
1945(昭和20)年	9月17日	枕崎台風、死者行方不明者3,756人	
	10月10日	阿久根台風、鹿児島県出水 死者行方不明者451人	
1946(昭和21)年	12月21日	南海地震M8.1　死者行方不明者1,432人、全壊1.1万戸、浸水3.3万戸	敗戦後の不十分な防災体制で被害拡大
1947(昭和22)年	6月28日	福井地震M7.3　死者3,769人	地震被害と地盤構造が究明され1950年制定の建築基準法に反映
	9月8日	カスリン台風　死者行方不明者1,930人	利根川決壊、群馬、栃木、埼玉、東京東部大水害を受けダム群建設構想へ
1948(昭和23)年	9月16日	アイオン台風　関東、東北被害 死者行方不明者838人	この台風後、福島一関で遊水地、北海道で砂防事業実施
1949(昭和24)年	8月	キティ台風　小田原、佐渡　死者行方不明者160人	東京江東、江戸川区0メートル地帯浸水 横浜港26隻が沈没
1950(昭和25)年	9月	ジェーン台風　四国、淡路島、若狭、死者508人	大阪市の地盤沈下が高潮被害を拡大　このあと地下水使用の規制進む、建築物用地下水の採取の規制に関する法律（1962年）
1951(昭和26)年	10月	ルース台風　鹿児島、米子、東北　死者949人	
1953(昭和28)年	6月末	西日本水害　豪雨被害　死者行方不明者1,001名、浸水家屋45万棟、被災者数約100万人	
	7月	南紀豪雨　豪雨被害　紀伊半島 死者行方不明者1124人、浸水損壊家屋約10万戸　土石流災害	
	9月25日	台風13号　近畿、東海地方　死者行方不明者478人	治山治水対策要綱（1953年）、特定多目的ダム法（1957年）制定
1954(昭和29)年	9月26日	洞爺丸台風　函館港外で洞爺丸沈没 死者行方不明者1,761人	
1958(昭和33)年	9月	狩野川台風　伊豆半島、都市人口増による水田宅地化で東京、横浜に都市水害	地すべり等防止法（1958年）
1959(昭和34)年	9月末	伊勢湾台風　明治以降最悪の台風被害　死者行方不明者5,041人、負傷者は4万人	防災対策制度の整備開始　災害対策基本法（1961年）、激甚災害法（1962年）、急傾斜地の崩壊による災害の防止に関する法律（1969年）、大規模地震対策特別措置法（1978年）

次ページに続く

年月		災害名、規模など	災害関連法など
1995(平成7)年	1月17日	阪神・淡路大震災　兵庫県南部　死者6,434人、負傷者43,800人、住宅被害64万戸	建築物の耐震改修の促進に関する法律（1995年）、密集市街地における防災街区の整備の促進に関する法律（1995年）、内閣危機管理監他国の応急体制の整備（1998年）、被災者生活再建支援法（1998年）、原子力災害対策特別措置法（1999年）、東南海・南海地震に係る地震防災対策の推進に関する特別措置法（2002年）、特定都市河川浸水被害対策法（2003年）
2011(平成23)年	3月11日	東日本大震災　東日本全域　死者行方不明者1万8,429人、建築物全半壊40万5,000戸、福島第一原発1～3号炉心溶融。放射性物質漏洩事故	東日本大震災復興法（2011年）他制定
	9月4日	台風12号　四国、紀伊半島　死者行方不明者98人	
2012(平成24)年		九州北部豪雨　死者行方不明者23人	
2013(平成25)年	10月16日	台風26号伊豆大島土砂災害　死者行方不明者39人	大規模災害からの復興に関する法律（2013年）、大規模な災害の被災地における借地借家に関する特別措置法（2013年）制定
2014(平成26)年	8月20日	平成26年8月豪雨　広島市死者74人	
	9月27日	御岳山噴火災害　死者行方不明者63人	
2015(平成27)年	9月9日	台風18号平成27年9月関東・東北豪雨　死者20人	
2016(平成28)年	4月14日	熊本地震M7.3　土砂災害による死者15名	
2017(平成29)年	7月5日	平成29年九州北部豪雨災害　死者行方不明者39人	
2018(平成30)年	7月	平成30年7月日本豪雨　広島県、岡山県、愛媛県などに死者200人以上	
2019(令和元)年	9月5日	令和元年台風15号　関東南部に被害、千葉に大規模停電　死者3人	
	10月12日	令和元年台風19号　関東南部に被害、千葉に大規模停電 死者行方不明者89人	

9-3

都市防災対策の考え方

関東大震災以来、国内の都市防災は火災に主眼がおかれてきましたが、近年では津波や豪雨、火山など多様な災害を視野に入れた防災対策の重要性も指摘されています。

■1 防災都市づくり計画

「防災都市づくり計画」は、1997(平成9)年に阪神・淡路大震災の経験を踏まえ、都市不燃化の促進を意図して、都市計画マスタープランと地域防災計画をつなぐ役割をもつものとして創設されました。東日本大震災後には、津波や水害などさまざまな災害のリスク評価に基づく総合的な計画とすることが有用であるとして、自治体に対して「防災都市づくり計画」の見直しとその活用を促しています。

各地方自治体が防災まちづくり計画の策定・見直しをするにあたり、そのガイドとなる「防災都市づくり計画策定指針」および「防災都市づくり計画のモデル計画及び同解説」が策定されています。ここではこの指針に沿って、新たな防災まちづくりに対する国の考え方をみてみます。

■2 防災計画の策定

東日本大震災までの都市防災では、関東大震災から阪神・淡路大震災を経て経験した被害に基づき、都市火災への対策に力点が置かれていました。しかし、近年では気候変動による降雨強度や発生頻度の増加、あるいは東日本大震災における津波の甚大な被害等を踏まえると、防災まちづくりでは多様な災害を視野に入れた備えが求められます。災害対策では、被害の程度を減らす「減災」を図るとともに、被災後の速やかな復興を可能とするハード・ソフトを組み合わせた対策が必要となります。

災害対策基本法に基づいて各地方自治体で策定する地域防災計画の内容は、まちづくりの将来像を示す都市計画マスタープランと整合性をとり、有機的な連携のもと都市計画の一環として実施する必要があります。

災害対策において行政の責任と役割は大きいですが、防災の担い手としての市民の関与が不可欠であり、地域防災計画策定の段階から、自ら守る立場としての積極的な関与が求められます。

■3 防災まちづくりの狙い

同指針では、防災の対象範囲を従来の地震、火災から津波・水害等へ拡大するとともに、防災をまちづくり計画の中に明確に位置づけることが必要だとしています。これによって都市計画の実施、市街地整備といったまちづくりの実践の中で、災害に強い都市をまちづくりの将来像の1つとすることを意図しています。

防災まちづくりでは、自然災害による被害を抑止し、軽減することを都市計画における市街地整備の目的の1つに含め、想定されるさまざまな災害を対象とした災害リスクの想定に沿って市街地整備計画を策定することになります。

計画の策定において行政、市民、企業、専門家など多様な主体が協働することで自ら守る地域防災力の向上を図る必要があります。さまざまな災害を対象とした対策の検討において、災害リスク情報の収集、共有化、対応策の役割分担などの議論を行うことによって、関係者、機関との連携体制が構築されることを意図しています。

災害リスク情報を整理し、市民に周知することで自助・共助の取り組みや被災後のまちづくりに関する議論を喚起することにつながり、地域の災害対応能力の向上や被災後の復興まちづくりのイメージの共有化が図られることが期待されます。

■4　防災都市づくり計画の策定

防災都市づくり計画は、主に短期的な施策という位置づけの「地域防災計画」と、主に長期的な都市の将来像を示す「都市計画マスタープラン」の間を双方向につなぐものとして位置づけられます。異なる計画との整合を図りつつ相互の連携をとるように都市づくり計画を策定するためには、それぞれの計画にかかわる各自治体組織内の防災、土木、医療・福祉、教育等の関連部局や、県、国等の関係機関との連携が必要となります。

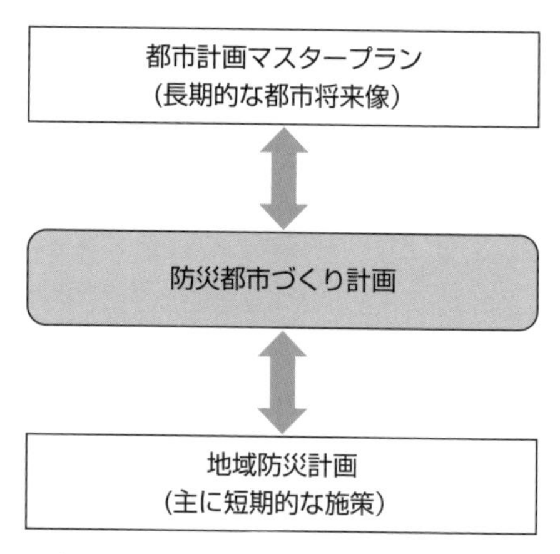

▲防災都市づくり計画の位置づけ

■5　防災計画の内容

防災計画に盛り込む内容としてはまず、防災都市づくりの基本方針があります。防災計画では、防災が都市づくりの目的の１つで、都市計画・市街地整備事業において防災を明確に意識した都市づくりを推進することや、多様な主体との協働により地域防災力向上を図るなどの防災都市づくりの基本的な方針を明確に示します。

防災計画で考慮するべき項目として、地震、水害、火災、土石流等へのハード対策および、警戒避難対策、防災教育・訓練等、災害リスクへの備えとして都市づくりで考慮するべき項目を示します。

災害リスクを考慮した都市の課題では、考慮する個々の災害リスクに対し、それぞれの対応策を講じた場合、その有効性や都市の安全性を評価し、地区ごとの課題を整理します。その際、現状において災害リスクの高い地域を抽出することに加え、今後災害リスクが高まることが見込まれる地域等を把握することも重要です。

防災都市づくりの具体的施策では、防災都市づくりを推進する具体的な都市計画・市街地整備事業、災害リスク情報の提供等地域防災力の向上を図る施策を示します。

■6　防災都市づくり計画の活用

地震、水害、火災などのそれぞれの災害リスク情報の活用については、まずは、それらの情報を広く周知することで、自助・共助の防災に向けた取り組みを促進します。

災害リスクを考慮した都市の課題、課題を踏まえた防災都市づくりの基本方針および具体的施策を都市計画マスタープランの中に反映することにより、災害リスク評価を考慮した都市計画につなげることになります。また、防災都市づくり計画を地域防災計画の中に位置づけることで整合を図り、防災と都市計画の有機的な連携をとります。

防災を意識した都市づくり施策や、防災機能を積極的に評価した施策、地震・津波・水害等のさまざまな災害に効果を発揮する施策等を都市計画において優先的に実施ことで、防災都市づくり計画に位置づけられた施策を推進します。

防災都市づくり計画の策定を通じて、多様な主体との連携や、自治体における関係部局・機関との連携強化の契機とすることも活用の一部となります。

9-4

災害リスクごとの対策

都市防災では、火災をはじめ洪水・高潮の水害、建築物などの地震動による損壊、火砕流など火山災害など、それぞれ災害リスクに対して防災計画が策定されます。

■1　火災を防ぐ

都市における火災対策の基本は、都市を構成する建築物を不燃化することと延焼を防止することです。建築物の不燃化については、商業施設などの集積する都市の中心部で人通りや交通量が多い地域、あるいは災害時に緊急車両が通る幹線道路沿いの地域など、都市火災への影響の大きな地域を防火地域、準防火地域として地域指定をして、その地域内の建築物の耐火性能について、建築基準法、施行令において規制内容が定められています。

もう一方の火災の延焼防止については、市街地再開発、土地区画整理事業といった都市計画事業によって実施する方法があります。市街地再開発法の前身である防災建築街区造成法は、1961（昭和36）年の制定以後、多くの都市の防災街区造成事業を実施して、1969（昭和44）年に市街地改造法と統合して都市再開発法となった経緯があります。このため都市再開発法は都市防災の考え方を色濃く引き継いでいます。

土地区画整理の手法は、関東大震災後に延焼防止のために復興公園や広幅員道路を建設したことに始まります。1928（昭和3）年完成の東京港区～台東区間の昭和通りや、新宿区～中央区間の靖国通りはこの

◀関東大震災復興事業で新たに建設された昭和通り（1928年完成）
出所：土木学会デジタルアーカイブ

例です。空間を保持して防火帯を設ける土地区画整理は、戦時中の空襲による火災延焼防止のための建物疎開の名目での防火帯の整備を経て、戦後の戦災復興における都市計画に継承されました。防火帯として整備された用地を活用して広島市の平和大通り、京都市の御池通、五条通および堀川通などの広幅員道路が整備されました。

阪神・淡路大震災では大規模火災へと延焼拡大した火災の多くは、老朽木造家屋の密集地域で発生したことを受け、1997（平成9）年に「密集市街地における防災街区の整備の促進に関する法律（密集法）」が制定されました。東日本大震災後の2012（平成24）年には、密集市街地の解消に向けて「新重点密集市街地」が指定されました。密集市街地の中でも特に地震時に大規模火災が発生したり、家屋や電柱倒壊などで道路がふさがれたりして、安全確保が困難となる地域が対象で、地区内の3分の2以上が木造、1haに80戸以上が密集するなどの国の基準によって、各自治体が指定するものです。

2012年に全国で5,745haが新重点密集市街地に指定され、その後の対策によって2018（平成30）年までにはほぼ半減しましたが、解消目標の2020年では約3割が残る状況にあります。多くは用地買収で地権者の合意が得られにくいことや住民の高齢化による建て替え意欲の低さなど

▼主な新重点密集市街地の解消状況

自治体	2012年3月	2018年3月（解消率）	2021年3月見通し（解消率）
東京都（13区）	1,683 ha	399 ha（76.3%）	248 ha（85.3%）
神奈川県（2市）	690 ha	57 ha（91.7%）	27 ha（96.1%）
埼玉県（1市）	54 ha	54 ha（0%）	54 ha（0%）
愛知県（2市）	104 ha	104 ha（0%）	ー
大阪府（7市）	2,248 ha	1,885 ha（16.1%）	1,311〜1,411 ha（37〜42%）
兵庫県（1市）	225 ha	199 ha（11.6%）	ー
長崎県（1市）	262 ha	109 ha（58.4%）	109 ha
その他	479 ha	67 ha（86.0%）	ー
全国計	5,745 ha	2,874 ha（50.0%）	1,821 ha

注：2019年12月23日の朝日新聞記事を一部加工

が課題としてあります。

東京では、2012（平成24）年に「木密（もくみつ）地域不燃化10年プロジェクト」として震災時に甚大な被害が想定される整備区域を指定し、特定整備路線の整備による延焼遮断帯の形成や、不燃化地区の指定による市街地の不燃化促進を進めています。新重点密集市街地については、2018年時点で76%減と大幅な解消が進んでいます（出所：「木密地域不燃化10年プロジェクト」実施方針、2012年1月、東京都）。

東京都豊島区の造幣局跡地で進められている防災公園計画は、防災まちづくりとして都市公園のあり方を示す事例の1つです。西側に池袋副都心、東側に木造住宅密集地域が隣接することから、災害時には防災の拠点とする一方、平時には賑わいの空間とする計画になっています（参考：大谷知真貴、防災公園における賑わい創出と持続可能な公園運営への取り組み、アーバンインフラ・テクノロジー推進会議、第31回技術研究発表会、2019.12）。

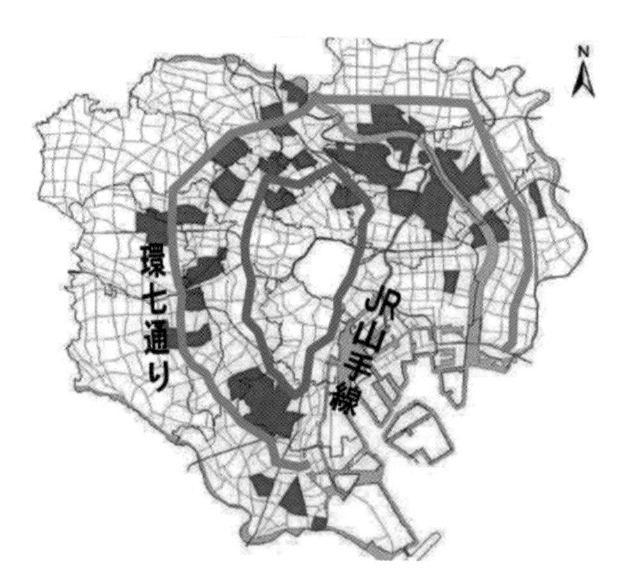

▲震災時に特に甚大な被害が想定される木密地域（整備地域　約6,900ha）
出所：「木密地域不燃化10年プロジェクト」、特定整備路線の概要、東京都より

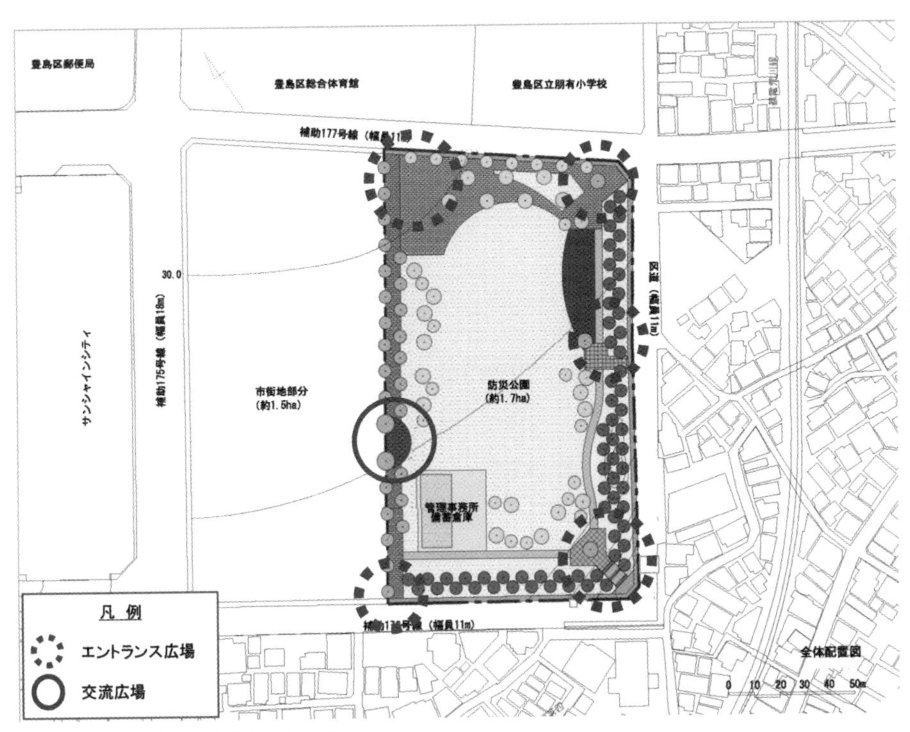

▲東京都豊島区防災公園計画イメージ図

災害時における地域住民の迅速な避難行動に対応し、隣接する木造住宅密集地域からの延焼遮断機能を発揮するため、木造密集市街地に面した地区の東側に公園が配置された（豊島区造幣局地区防災公園基本計画、豊島区ホームページより）。

■2　水害から都市を守る

河川の洪水、高潮対策など防水対策の基本的な方策の1つが、堤防を連続的に建設することによって人々の居住する都市内に水の流入を防ぐことです。河川では、ダムを含めた水系全体でのバランスを考慮して堤防が築かれています。河川堤防は、確率的に最大200年の再現期間で想定洪水時の最高水位（計画高水位）に一定の余裕高を加えた高さの堤防を、原則として土堤（どてい）により整備しています。しかし、近年の都市水害に見られるように、地球温暖化による異常気象にともなう豪雨の発生により状況が変わってきています。

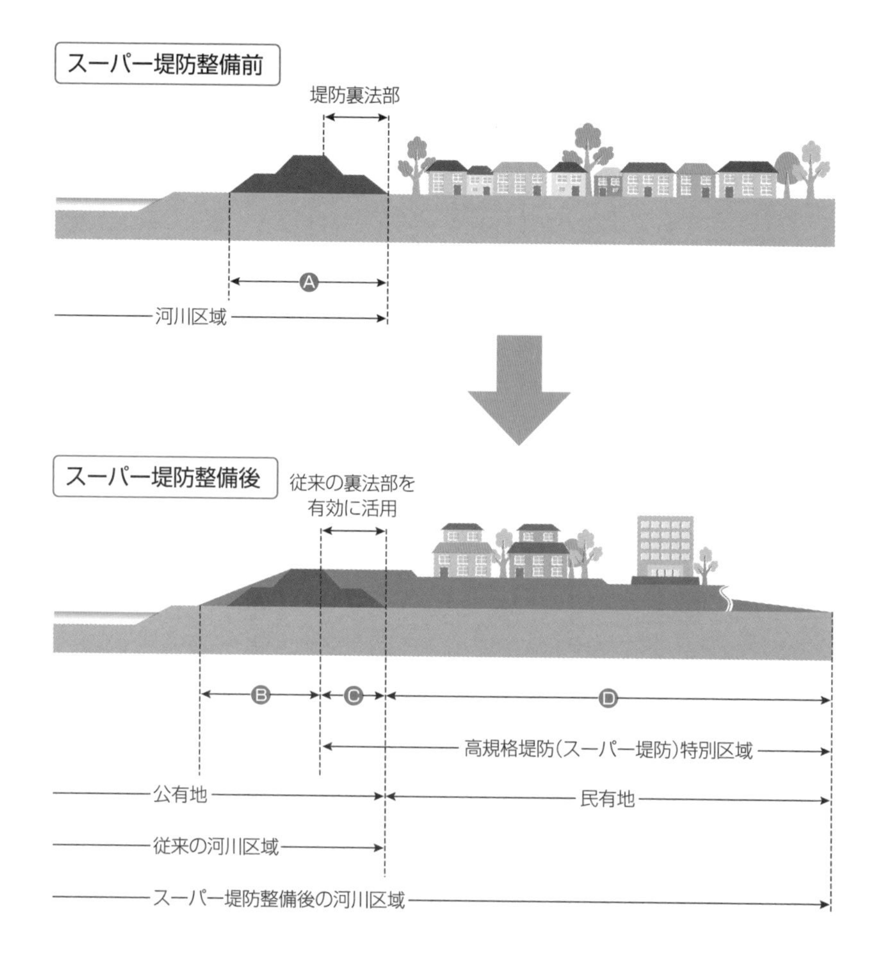

▲高規格堤防（スーパー堤防）の概要

堤防は洪水が氾濫区域に溢水することを防止するための施設ですが、越流した場合も想定し、堤防決壊に備えた強化も重要になります。また、河川の水害対策は、河川区域および、河川堤防に影響を与える河川区域から5～20mの範囲で実施されてきましたが、1987（昭和62）年から始まった高規格堤防事業（スーパー堤防）では、堤防背面を200～300mにわたり嵩上げして堤防を強化することが行われています。

高度経済成長期以降の農地の宅地化や、森林緑地の減少による降雨流出量の増大は、下水への流出を招き、近年の豪雨の増加にともなって都市内の低地部での内水氾濫を引き起こしています。また、地下鉄、地下街、地下道などの地下空間の増加による都市構造の複雑化に対応することも水害対策として重要な課題です。ハードの備えとともに、被害を最小限とするための水害リスクの認識、洪水浸水想定区域図に基づくより精度の高い洪水ハザードマップの作成および公表・周知が重要です。ハード・ソフト一体となった取り組みは、2017（平成29）年改正の「水防法」に盛り込まれています。

一方、津波被害については、2011（平成23）年の東日本大震災において、想定をはるかに超えた規模の津波により甚大な被害を受けました。この経験を踏まえ、以後想定津波をレベル1、レベル2の2つに分けた対応をとることとしました。津波の高さは低いものの発生頻度は高く被害をもたらす可能性があるレベル1では、従来どおり、想定した津波の高さに対応する防波堤などの海岸保全施設の整備を進めます。これに対し、東日本大震災クラスに相当する、発生頻度は極めて低いが巨大な地震・津波で甚大な被害が想定されるレベル2では、減災の考え方に基づき、海岸保全施設等のハード対策によって津波による被害をできるだけ軽減するとともに、これを超える場合にはハザードマップ、情報周知方法、避難経路等の避難手段の整備などのソフト対策をとることで被害を最小とする方策が示されました。

この、ハード・ソフトの施策を柔軟に組み合わせて総動員させる「多重防御」の考え方は、2011年制定の「津波防災地域づくりに関する法律」によって規定されました。

■3　地震動に備える

地震による揺れである地震動に対する都市の備えの基本は、橋、建物など個々の構造物あるいは斜面、軟弱地盤などの耐震性を向上させることです。この場合に想定する地震動の程度については、津波の場合と同様に2つのレベルを設定しています。

レベル1の地震動は、規模は中程度ですが対象構造物の耐用年数の間に一度以上は受ける可能性のある比較的発生頻度の高い地震動です。レベル1の地震動に対して構造物は、地震が収まればもとの形状に復するおおむね弾性的な揺れとして扱います。レベル2の地震動は、阪神・淡路大震災のように発生頻度は低いが対象の構造物が将来にわたって受けることが想定しうる範囲内で最大規模の地震に相当します。レベル2に対して構造物は、損傷が限定的なものにとどまり、機能回復が速やかに行い得るように設計することを目標にしています。

橋の場合では、備えるべき耐震性能を3段階に分け、耐震性能1は「橋としての健全性を損なわない性能」、耐震性能2は「損傷が限定的なものに留まり、機能回復が速やかに行える性能」、耐震性能3は「損傷が致命的とならない性能」と設定して、レベル1の地震動に対して耐震性能1を目標とし、レベル2の地震動に対しては、重要度が標準的な橋では耐震性能3、重要度が高い橋では耐震性能2を目標としています。

▼橋の地震動と目標とする耐震性能

地震動	A種の橋（重要度が標準的な橋）	B種の橋（特に重要度の高い橋）
レベル1	(耐震性能1) 地震によって橋としての健全性を損なわない性能	
レベル2	(耐震性能3) 地震による損傷が橋として致命傷とならない性能	(耐震性能2) 地震による損傷が限定的なものに留まり、橋としての機能の回復が速やかに行い得る性能

引用：道路橋示方書・同解説　V耐震設計編、日本道路協会、2017年

■4　火山災害への備え

日本の国土は火山列島といわれ111の活火山があります。火山活動による現象には、噴火現象として、溶岩の噴出や火砕流などの噴出や火山ガスの噴出があります。

噴火にともなう現象としては、火山泥流、山体崩壊、火山性地震、津波、空振（くうしん）、その他地熱活動の変化などがあります。

火山は、温泉地や景勝地となっており、観光地に近い場所に位置することも多く、大きなエネルギーを放出する噴火の影響は広範囲に及び、災害を起こす可能性があります。火山噴火予知連絡会は、活火山のうち約半数弱の火山を常時観測対象に指定しており、気象庁などの機関により常時観測する態勢が整備されています。

気象庁は観測の結果に基づき、火山の活動状況に対してとるべき防災対応や警戒範囲を示すものとして「活火山であることに留意」のレベル1から「避難」のレベル5までの5段階を設けています。2019年現在では全国で48火山に対して運用されています。

火山の外力は強力であり、火山災害への備えとしては、安全に避難をするための警戒避難体制の整備等のソフト対策とともに、堆積した土砂や火山灰が噴火後の降雨により土石流となる場合への対策が中心となります。ハード対策には、噴火物の流れを抑える「減勢工」や、泥流等を安全な地域に導く「導流堤」、大きな岩石の流下を防ぐ「スリット堰堤（えんてい）」、泥流を堆積させる「遊砂地」、流出物を安全に流下させる「流路工」などがあります。

火山災害に対するハード対策とともに行われるソフト対策としては、火山活動にともなう土砂災害を軽減・防止するための警戒避難体制の整備があります。火山災害シミュレーションをもとに火山災害予測区域図を作成し、監視カメラや各種センサーから得られる火山活動情況に関する情報とともに提供・周知を図る体制の整備があります。

▼噴火警戒レベル（気象庁、2015年5月最終改訂）

種別	レベル	呼称	対応する警報等	火山活動の度合い	避難行動などの目安
特別警報	5	避難	噴火警報（居住地域）	居住地域に重大な被害をもたらす火山活動（噴火）が発生した、あるいはそのおそれが高く切迫した状態にある。	危険な地域ではすべての住民が避難する。
	4	避難準備		居住地域に重大な被害をもたらす火山活動（噴火）が発生すると予想され、そのおそれが高まっている。	災害時要援護者は避難する。危険な地域ではほかの住民も避難の準備を行う。
警報	3	入山規制	噴火警報（火口周辺）	生命に危険を及ぼす火山活動（噴火）が発生し、居住地域の近くにも及んだ、あるいはそのおそれがある。	状況に応じて、登山禁止や入山規制などが行われる。災害時要援護者の避難準備が行われる場合もある。
	2	火口周辺規制		火口内や火口の周辺部で、生命に危険を及ぼす火山活動（噴火）が発生した、あるいはそのおそれがある。	火口周辺は立ち入りが規制される。
予報	1	活火山であることに留意	噴火予報	火山活動はほぼ静穏だが、火山灰を噴出するなど活動状態に変動があり、火口内では生命に危険が及ぶ可能性がある。	火口内では立ち入りの規制をする場合がある。

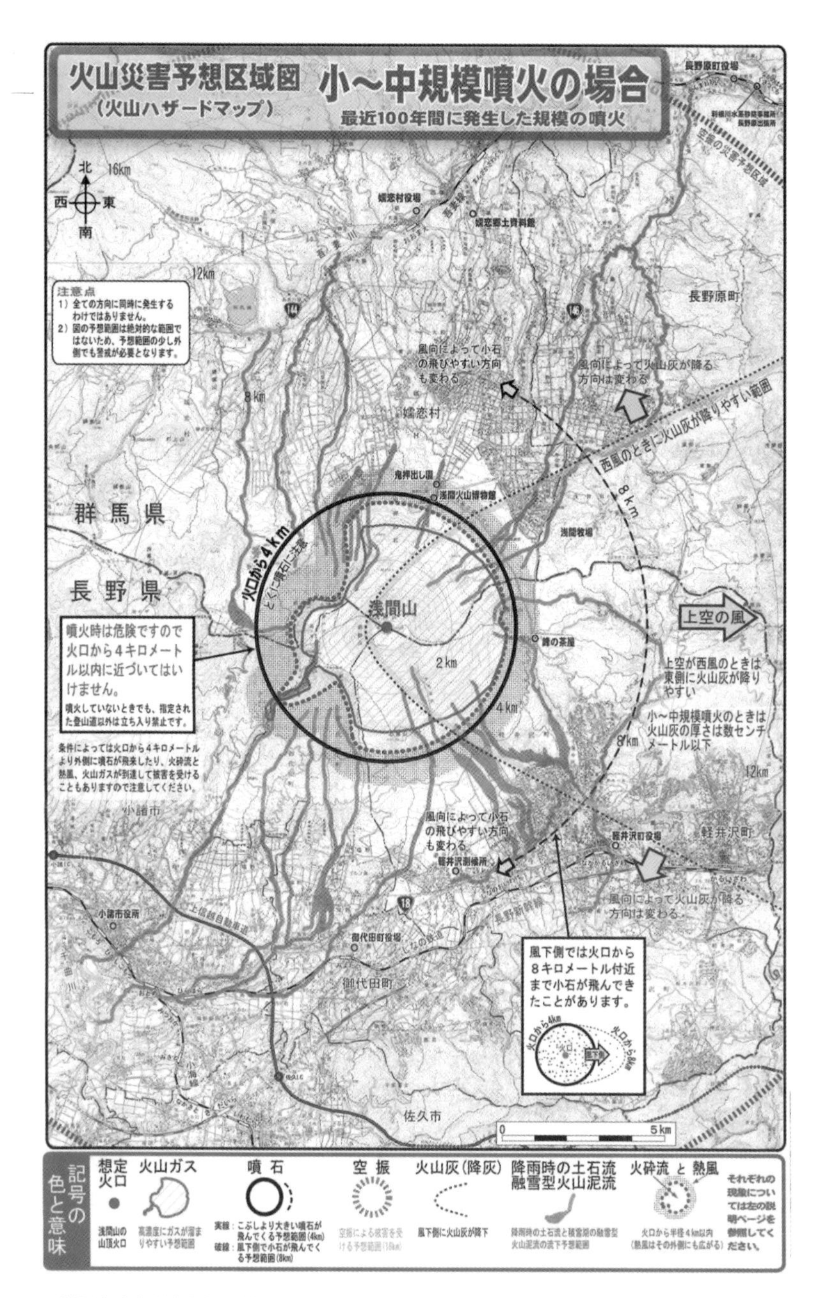

▲浅間山火山災害予想区域図の例
出所：長野県佐久市火山防災マップ2003より

9-5

防災まちづくりの課題と新たな傾向

防災まちづくりにおける災害への備えは、ハードとソフトの対策を一体とした総合的レジリエンスを目指した持続的な取り組みが求められています。

平成年間には、わが国は1995年の阪神・淡路大震災をはじめ、東日本大震災など巨大災害による大きな被害を受け、防災まちづくりへの課題を認識し、その備えに対する新たな取り組みが求められました。防災まちづくりにおける災害への備えは、ハード・ソフト一体となった、かつ持続的、総合的な視点による取り組みとすることが、現在多くの合意を得られている防災まちづくりの方向です。

防災の主役であるダム、防波堤、堤防、砂防ダム、擁壁、落石防護工などの土木構造物は、確率的に想定される波力、水圧、土圧、風力、地震力といった外力に抗することで防災機能を発揮することが期待されます。ハードのインフラの基本的な自然への対峙(たいじ)の方法です。しかし、地球温暖化の影響による巨大台風、高潮、従来の想定をはるかに超えた降水量、風速、波高あるいは地震力といったレベルに対して、阪神・淡路大震災や東日本大震災は、ハード一辺倒の対処方法では、経済的にも技術的にも限界があることを示しました。

ハードのインフラである防災施設は、災害時には強固に外力に対抗しますが、災害の時以外はその役割を果たすことはありません。また想定外の外力で破壊される可能性もあります。しかも、建設には莫大な費用がかかるだけでなく、役割を発揮する災害時以外でも、人々の日常の場を構成する都市施設として、都市の景観や快適性、維持保全の費用などの経済性、歴史文化などの社会的条件にも影響を与えます。東日本大震災後の復旧における防波堤再建、住宅の高台移転、津波避難施設等の建設では、多くの議論を重ねてきましたが、防災まちづくりで最も知恵を絞る点はこの部分にあります。

地球温暖化にともなう災害リスクの高まる今後、ハードのインフラによる対策における技術的、経済的、さらには自然環境、文化的環境への影響などから、ソフト対策を含めた総合的なレジリエンスのある対抗力で備える必要があります。

ドイツのエルベ川河口に位置するハンブルクの都心部は、高潮に備えてめぐらされた高さ4.5mの堤防によって守られています。この堤防の外側に位置するハーフェンシティ地区では、2025年の完成を目指してヨーロッパ最大規模の都市再生プロジェクトが進められています。ここでは、従来のように周囲を堤防で囲み地域全体を水と遮断することで高潮を防御するのではなく、初期投資を抑えて工期を短くし、同時に生活者の親水性を保つために、個々の建築物で居住階を高さ7.5m以上に確保する方法が選択されました。嵩上げした居住階下の1階に相当する空間は、防水対策が施され駐車場、レストラン、オフィスなど住居以外の施設として利用されています。主要道路、橋も高さ7.5m以上とされ浸水時でも都市の主要な機能が継続されます。

◀ハンブルク ハーフェンシティのアパートの建物

住居は2階以上として1階はレストラン、オフィス、駐車場として使われる。

出所：ハーフェンシティのホームページ https://www.hafencity.com/

◀ハンブルク ハーフェンシティの建物

防潮堤を越える高潮時発生時には建物1階の窓、出入口は鉄製扉で閉鎖される。

出所：ハーフェンシティのホームページ

アメリカのニューヨーク、マンハッタンのハリケーン復興事業では、2013年からデザインによる再建（Rebuild by Design）として、単なる被災前の状態へ復旧するのではなく、日常生活の快適性を高めつつ同時に防災性の高いまちづくりを目指した取り組みが進められています。マンハッタン島南部では、延長16kmにわたり、高潮対策として防潮堤で水辺へのアクセスを遮断することなしに、公園、ショッピングセンターやストリートファーニチャーが配置されています。公園内には緩やかな丘が築かれ、建物やストリートファーニチャーの側面は水圧に耐える強度のある防潮機能を備えています。

▲マンハッタン南部のハリケーン復興計画（Big U）

マンハッタン南部のダウンタウン海岸線に防潮機能をもつ公園などを建設する。

出所：Big "U" Rebuilding by Design Bjarke Ingels Group

想定される津波の高さや洪水位を上回る巨大な防波堤や堤防を築くことには、技術的にも経済的にも限度があります。さらに、古来より親しんだ自然環境である水辺と人々の生活空間を遮断することは、そこで育まれた文化的歴史的価値の継承という観点からも注意が必要です。災害に強く、被災後に復旧しやすいレジリエンスの高いまちづくりのためには、安全・安心を目指した非常時外力に耐えるハードなインフラによる対応とともに、避難場所の確保、避難情報の整備などで人の命を守るソフトなインフラも求められます。また、防災施設を多機能化することで非日常の防災施設を日常化して、快適で利便性の高い、かつ文化的な日々の生活を送るためのまちづくりの施設とすることなども必要です。

異常気象による豪雨の流れ込む河川は、外力に耐える流路としての物理的容量を備える範囲を超えて、川を中心とした人間生活とのかかわりの中で、その流域全体の地理や自然・歴史・都市・生活など地域の文化や風土を育む1つの文化圏の場であるというとらえ方が、防災まちづくりの中に含まれています。

これらの防災まちづくりには、治水だけに対応できればよいという考え方から、流域などその地域全体の中で人々の生活全般を視野に入れて改修計画や防災計画がなされるべきとの方向に変わりつつある傾向が見られます。

▲防潮機能を兼ねたイーストリバー公園の断面図
出所：Big "U" Rebuilding by Design Bjarke Ingels Group

ロンドンのテムズ川防潮堤

イギリスのテムズ川はロンドンの中心部を貫いて東西に流れ北海に注ぐ。なだらかな河川勾配のため、河口から70㎞もあるロンドンでも高潮の影響を受ける。これは荒川河口から埼玉県熊谷市あたりまでの距離に相当する。

低気圧に覆われ、同時に北海からの強風にさらされると、テムズ川の水位はたちまち上昇することとなり、ロンドンの街は何度もこの高潮による洪水の被害を受けてきた。

高潮からロンドンを守るための防潮堤建設の計画は、古くからあった。戦後の1953年に発生した高潮では、ロンドンの広い範囲が水浸しとなり大きな被害が出た。この大水害をきっかけに防潮堤の計画が動き出したが、実際にこのテムズ・バリアーが完成したのはその30年後の1984年のことであった。

防潮堤といえば、水門を上下に開閉するギロチン型の構造が一般的である。しかし、このテムズ・バリアーでは、全く異なる革新的なデザインが採用された。防潮堤を閉じるときには、通常は川底に横たわっている円弧状の断面の鋼製ゲートを、回転させて垂直に立て起こして川をせき止める。このゲートで、最大9mの潮位差を食い止めることができるように設計されている。

一見すると中世の騎士のヘルメットのように見える建物は、ゲートを動かす機械室である。船が通る川の中央部ではゲート幅は61mほどで、これが4スパンある。防潮堤の全体の幅は、520mある。

▲テムズ川防潮堤（イギリス）

MEMO

第10章

歴史とまちづくり

本章では、まちづくりにおいて歴史がどのようなかかわりをもつか、あるいは、歴史遺産をどのようにまちづくりに活かしていくかについて触れます。まちづくりと歴史のかかわりを示すまちなみ、都市景観など歴史的環境、およびそれらを構成する重要な要素である文化財について、関係法令などを含めて概観します。次いで、近代化遺産を含む新たな文化財を通じた歴史的事物やまちなみの保存が、景観法、歴史まちづくり法の制定など歴史とまちづくりのかかわりの中で、歴史的環境保全としてどのように扱われてきたかについて見ていきます。

10-1

なぜまちづくりに歴史か？

都市が快適な生活の場であるためには、利便性などフィジカルな面に加えて過去の歴史が積層された現在から将来の方向を見通す歴史的環境の認識が重要です。

20世紀後半以後、全国の都市はそれ以前からの市町村域の周辺部に拡張することで発展してきました。都市部では農村部から大量に流入する人口が、郊外に広がったニュータウンに居住し、高度経済成長を支えてきました。急増する都市人口に対し、住居や水道、電気、道路、公園、通勤、通学の足となる公共交通などの生活インフラに対する需要は増加を続け、これらの量的拡大に応えることが都市整備の主要な役割でした。

増加する人口で都市は賑わい、経済や都市活動は活発化しましたが、全国規模の情報の共有化、開発行為に対してとられた全国一律の開発許可や規制、開発事業の手法によって、一定の秩序は維持しつつも都市の周辺には全国的に似通った風景の広がる地域が出現しました。また、都市の郊外化の進展と同時に起こった都心の空洞化は、近隣住民で構成する古くからのコミュニティを衰退させ、人口の高齢化と相まって人々の交流に支えられてきた歴史的遺産、祭礼行事や風習などの都市文化の維持・継承を困難にしています。

一方、1998年に採択された新アテネ憲章は、次世代の人々の文化的、社会的なニーズに応える都市活動の新しいパターンを創り出すことを都市計画の目標としてあげています。この中にも、20世紀のまちづくりではあまり顧みられることのなかったまちづくりと歴史の関わりについて触れられています。20世紀には、都市における歴史的遺産が都市の再開発、道路建設や不動産開発によって破壊されたとの反省に立ち、都市の遺産資源の保護を図ることが、都市の将来にとって重要であるとしています。

都市が人々にとって快適な場所であるためには、そこに住む人々はフィジカルな面とともに、日々の生活の場に対する歴史的環境を認識することが必要です。過去のさまざまな出来事が積み重なった歴史的環境の中にあって、そこに住む人々は現在の都市のありようと将来の方向を考えることができるわけです。

まちづくりにおける歴史の扱い方で重要なことは、人々に快適性をもたらす歴史的環境を保全するために、残された現状のまちなみ、景観に何をどのように足して将来へ継承するかということです。歴史的環境に視点を置いたまちづくりともいえます。過去の歴史からみてその都市の望ましいまちなみはどのようなものであるか、それに対し現在のまちなみがどのようであるか、その結果、残された歴史遺産などをどのように活かしつつ手を加えていくべきか、ということが歴史まちづくりで重要となります。これは同時にコミュニティの再生と地域の生活文化の再構築にもつながることになります。

▲千葉県香取市佐原地区のまちなみ

国の重要伝統的建造物群保存地区として指定されている街道沿いの歴史的まちなみ。

10-2

まちづくりにかかわる文化財

神社仏閣から、鉄道駅や古い橋、構造物など歴史を重ねた文化財は、歴史とまちづくりの接点として歴史的まちなみを構成する重要な舞台装置です。

■1　文化財保護法に規定される文化財

まちづくりにかかわる歴史を示す具体的な事物として文化財があります。この文化財という用語はそれほど古いものではなく、一般に使われるようになったのは、1950（昭和25）年の文化財保護法の制定以後のことです。この前年、昭和24年1月26日の法隆寺金堂壁画の焼失が、文化財保護法の制定の直接のきっかけとなりました。戦前の古社寺保存法（1897〈明治30〉年）などを前身として制定された文化財保護法で初めて使われた「文化財」という用語は、現在も名残が感じられますが、法隆寺や東大寺といった第1級の神社仏閣を想起させ、市民の日常生活とはかけ離れた別格のものというニュアンスがありました。

文化財保護法の制定から70年を経て、別格であった文化財は、歴史的な事物を日常生活の範囲まで拡張させる大きな変化を遂げました。文化財保護法の改定による1975（昭和50）年の伝統的建造物群保存地区、1996（平成8）年の登録有形文化財制度、そして2005（平成17）年の文化的景観の創設は、文化財の範囲拡張の大きな節目でした。これらは、歴史とまちづくりのかかわりを示す歴史的環境の保全に対する社会の取り組みの変化を反映しています。

何回もの文化財保護法の改正を経てカバー範囲を広げてきた文化財は、現在、6つのカテゴリーに分類されています。

①有形文化財

有形文化財は、神社仏閣、近代建築、橋などの建造物のほか、絵画、彫刻、工芸品、書跡、典籍、古文書など有形の文化的所産が対象です。国宝、重要文化財および登録有形文化財は、有形文化財の中から指定・登録されます。有形文化財のうち重要なものを指定したのが重要文化財で、重要文化財から価値が高いものを指定したのが国宝です。登録有形文化財は有形文化財のうち、保存と活用が特に必要なものが登録されます。

登録有形文化財は、1996（平成8）年の文化財保護法改正により新たに拡張された文化財で、これ以前の文化財の指定制度と比べて緩やかな選定基準による保護措置を講ずるものです。この制度の創設の背景には1960年代以後の高度経済成長下の急速な都市化があります。都市化による開発や生活様式・居住形態の変化によって、江戸から明治、大正、昭和戦前に建設された近代建造物が撤去される事例が相次いだことがあります。この動きに対して、重要なものを厳選して指定する重要文化財だけでは保護措置が十分ではないことから、より緩やかな選定基準のもとで、幅広く保護の網をかけることを意図して創設されたものです。

登録有形文化財の件数は2020年1月現在で12,443件に達しており、分野としては、学校、図書館、駅舎などの公共建築、伝統産業施設、店舗、銀行、旅館、ホテルなどの商業建築から工場などの産業関連施設、トンネル、橋梁、灯台、ダム、水門などの土木施設まで多岐にわたっています。

登録有形文化財の特徴としては、営業や居住を続けている商業施設、ホテル、民家や稼働中の倉庫、工場などの産業施設、供用されている橋やトンネル、ダム、水門、あるいは博物館や資料館など目的を変えて公共施設として活用されている建物な

▲ライトアップ照明が一新された重要文化財永代橋（2020年1月撮影）

1日3万6000台にも上る交通量をさばく幹線道路を通す重要文化財。平成から令和にかけて実施した耐震補強などの修復工事を経て、照明も全面改修された。

▼有形登録文化財の登録件数（2020年1月現在）

産　業			交通	官公庁舎	学校	生活関連
1次	2次	3次				
116	1,269	1,558	504	223	376	336

文化福祉	住宅	宗教	治山治水	他	合計
384	5,593	1,796	208	80	12,443

ども多く見られ、歴史とまちづくりの接点となっています。

②無形文化財

無形文化財は、演劇、音楽、工芸技術その他の無形の文化的所産が対象です。無形文化財のうち重要なものを重要無形文化財に指定し、その保持者等を認定します。重要無形文化財以外の無形文化財のうち特に記録作成等が必要なものは、選択無形文化財に選定されます。

③民俗文化財

民族文化財は、衣食住、信仰、行事などの風俗慣習である民俗芸能や民俗技術、これらに関連する衣服、道具類、家屋などが対象です。有形の民俗文化財と無形の民俗文化財それぞれの中で特に重要なものとして重要有形民俗文化財、あるいは重要無形民俗文化財が指定されます。これ以外に、有形文化財と同様の登録有形民俗文化財、無形文化財と同様の選択無形民俗文化財の制度があります。

④記念物

記念物は、貝塚、古墳、都城跡、城跡、旧宅などの遺跡、庭園、橋梁、峡谷、海浜、山岳その他の名勝地、および動物、植物、地質鉱物が対象で、史跡、名勝および天然記念物として指定されます。これらのうち特に重要なものが、特別史跡、特別名勝、特別天然記念物に指定されます。

⑤文化的景観

文化的景観は、地域における人々の生活や風土によって形成された景観地が対象です。文化的景観で景観法に規定する景観計画区域または景観地区内にあるものの中から、特に重要なものを重要文化的景観として指定します。2020（令和2）年1月現在で65件が登録されています。

文化的景観も近年における文化財の拡張領域に属するもので、2005（平成17）年の文化財保護法の改正で文化財として規定されました。改正された文化財保護法では、文化的景観は「地域における人々の生活又は生業及び当該地域の風土により形成された景観地で我が国民の生活又は生業の理解のため欠くことのできないもの」と定義されています。

文化的景観が文化財に組み入れられた背景には、登録文化財の創設と同様に、急速な都市化の開発によって、その地域特有の棚田や里山などが失われていく事例の増加がありました。都市化の進展とともに地域の個性の喪失に直面し、人々の生活や風土に根差した地域特有の景観の重要性が見直され、これらを保護することで歴史的環境保全を行う必要性が認識されるようになりました。

⑥伝統的建造物群保存地区

伝統的建造物群保存地区は、城下町、門前町、宿場町、寺内町、農村、漁村、港町などにおいて、周囲の環境と一体となって歴史的風致を形成している伝統的な建造物群が対象です。重要伝統的建造物群保存地区はこれらの中で特に価値が高いものを選定したもので、2019（令和元）年12月現在43道府県100市町村120地区が登録されています。

伝統的建造物群保存地区は、1975（昭和50）年の文化財保護法改正により新たに文化財に加えられたものです。これ以前には、歴史的建造物を単体、あるいはそのつながりで扱うというのが歴史的まちなみ保全の考え方でしたが、面的広がりをもつ空間であるまちなみそのものを文化財として扱うことで保全を図るようになったという点が大きな変化でした。日々の生活空間をそのまま指定することから、文化財保存と同時に、まちづくりの課題も多く含んでいます。保護制度では、外観の変更について制約を課す一方、生活維持のための内部の改装などについて自由度を与えるなどの特徴があります。

▼重要伝統的建造物群保存地区一覧（2019年12月現在）

No	選定年月日	所在地	地区名称等	面積（ha）	種別
1	昭51.9.4	岐阜	白川村荻町	45.6	山村集落
2	昭51.9.4	京都	京都市祇園新橋	1.4	茶屋町
3	昭51.9.4	京都	京都市産寧坂	8.2	門前町
4	昭51.9.4	山口	萩市堀内地区	55	武家町
5	昭51.9.4	山口	萩市平安古地区	4	武家町
6	昭51.9.4	秋田	仙北市角館	6.9	武家町
7	昭51.9.4	長野	南木曽町妻籠宿	1245.4	宿場町
8	昭52.5.18	岡山	高梁市吹屋	6.4	鉱山町
9	昭52.5.18	宮崎	日南市飫肥	19.8	武家町
10	昭53.5.31	青森	弘前市仲町	10.6	武家町
11	昭53.5.31	長野	塩尻市奈良井	17.6	宿場町
12	昭54.2.3	岐阜	高山市三町	4.4	商家町
13	昭54.5.21	岡山	倉敷市倉敷川畔	15	商家町
14	昭54.5.21	京都	京都市嵯峨鳥居本	2.6	門前町
15	昭55.4.10	兵庫	神戸市北野町山本通	9.3	港町
16	昭56.4.18	福島	下郷町大内宿	11.3	宿場町
17	昭56.11.30	鹿児島	南九州市知覧	18.6	武家町
18	昭57.4.17	愛媛	内子町八日市護国	3.5	製蝋町
19	昭57.12.16	広島	竹原市竹原地区	5	製塩町
20	昭59.12.10	三重	亀山市関宿	25	宿場町
21	昭59.12.10	山口	柳井市古市金屋	1.7	商家町

次ページに続く

No	選定年月日	所在地	地区名称等	面積（ha）	種別
22	昭60.4.13	香川	丸亀市塩飽本島町笠島	13.1	港町
23	昭61.12.8	宮崎	日向市美々津	7.2	港町
24	昭62.4.28	沖縄	竹富町竹富島	38.3	島の農村集落
25	昭62.4.28	長野	東御市海野宿	13.2	宿場・養蚕町
26	昭62.12.5	島根	大田市大森銀山	162.7	鉱山町
27	昭63.12.16	京都	京都市上賀茂	2.7	社家町
28	昭63.12.16	徳島	美馬市脇町南町	5.3	商家町
29	平1.4.21	北海道	函館市元町末広町	14.5	港町
30	平3.4.30	佐賀	有田町有田内山	15.9	製磁町
31	平3.4.30	滋賀	近江八幡市八幡	13.1	商家町
32	平3.4.30	新潟	佐渡市宿根木	28.5	港町
33	平3.4.30	長崎	長崎市東山手	7.5	港町
34	平3.4.30	長崎	長崎市南山手	17	港町
35	平5.7.14	山梨	早川町赤沢	25.6	山村・講中宿
36	平5.12.8	京都	南丹市美山町北	127.5	山村集落
37	平5.12.8	奈良	橿原市今井町	17.4	寺内町・在郷町
38	平6.7.4	広島	呉市豊町御手洗	6.9	港町
39	平6.12.21	富山	南砺市相倉	18	山村集落
40	平6.12.21	富山	南砺市菅沼	4.4	山村集落
41	平7.12.26	鹿児島	出水市出水麓	43.8	武家町
42	平8.7.9	福井	若狭町熊川宿	10.8	宿場町
43	平8.12.10	千葉	香取市佐原	7.1	商家町
44	平8.12.10	福岡	うきは市筑後吉井	20.7	在郷町
45	平9.10.31	高知	室戸市吉良川町	18.3	在郷町
46	平9.10.31	滋賀	大津市坂本	28.7	里坊群・門前町
47	平9.10.31	大阪	富田林市富田林	12.9	寺内町・在郷町
48	平10.4.17	岐阜	恵那市岩村町本通り	14.6	商家町
49	平10.4.17	福岡	朝倉市秋月	58.6	城下町
50	平10.12.25	宮崎	椎葉村十根川	39.9	山村集落
51	平10.12.25	滋賀	東近江市五個荘金堂	32.2	農村集落
52	平10.12.25	鳥取	倉吉市打吹玉川	9.2	商家町
53	平11.5.13	岐阜	美濃市美濃町	9.3	商家町
54	平11.12.1	埼玉	川越市川越	7.8	商家町
55	平12.5.25	沖縄	渡名喜村渡名喜島	21.4	島の農村集落
56	平12.12.4	長野	白馬村青鬼	59.7	山村集落
57	平12.12.4	富山	高岡市山町筋	5.5	商家町
58	平13.6.15	岩手	金ケ崎町城内諏訪小路	34.8	武家町
59	平13.11.14	山口	萩市浜崎	10.3	港町
60	平13.11.14	石川	金沢市東山ひがし	1.8	茶屋町
61	平14.5.23	福岡	八女市八女福島	19.8	商家町
62	平15.12.25	鹿児島	薩摩川内市入来麓	19.2	武家町
63	平16.7.6	岐阜	高山市下二之町大新町	6.6	商家町
64	平16.7.6	島根	大田市温泉津	36.6	港町・温泉町
65	平16.12.10	大分	日田市豆田町	10.7	商家町
66	平16.12.10	兵庫	篠山市篠山	40.2	城下町
67	平17.7.22	京都	伊根町伊根浦	310.2	漁村

次ページに続く

No	選定年月日	所在地	地区名称等	面積（ha）	種別
68	平17.7.22	青森	黒石市中町	3.1	商家町
69	平17.7.22	長崎	雲仙市神代小路	9.8	武家町
70	平17.12.27	京都	与謝野町加悦	12	製織町
71	平17.12.27	佐賀	嬉野市塩田津	12.8	商家町
72	平17.12.27	石川	加賀市加賀橋立	11	船主集落
73	平17.12.27	徳島	三好市東祖谷山村落合	32.3	山村集落
74	平18.7.5	群馬	中之条町六合赤岩	63	山村・養蚕集落
75	平18.7.5	佐賀	鹿島市浜庄津町浜金屋町	2	港町・在郷町
76	平18.7.5	佐賀	鹿島市浜中町八本木宿	6.7	醸造町
77	平18.7.5	長野	塩尻市木曽平沢	12.5	漆工町
78	平18.7.5	奈良	宇陀市松山	17	商家町
79	平18.12.19	和歌山	湯浅町湯浅	6.3	醸造町
80	平19.12.4	兵庫	豊岡市出石	23.1	城下町
81	平20.6.9	石川	金沢市主計町	0.6	茶屋町
82	平20.6.9	長崎	平戸市大島村神浦	21.2	港町
83	平20.6.9	福井	小浜市小浜西組	19.1	商家町・茶屋町
84	平21.6.30	石川	輪島市黒島地区	20.5	船主集落
85	平21.6.30	福岡	八女市黒木	18.4	在郷町
86	平21.12.8	愛媛	西予市宇和町卯之町	4.9	在郷町
87	平22.6.29	茨城	桜川市真壁	17.6	在郷町
88	平22.12.24	奈良	五條市五條新町	7	商家町
89	平23.6.20	愛知	豊田市足助	21.5	商家町
90	平23.6.20	山口	萩市佐々並市	20.8	宿場町
91	平23.6.20	福島	南会津町前沢	13.3	山村集落
92	平23.11.29	石川	加賀市加賀東谷	151.8	山村集落
93	平23.11.29	石川	金沢市卯辰山麓	22.1	寺町
94	平24.7.9	群馬	桐生市桐生新町	13.4	製織町
95	平24.7.9	高知	安芸市土居廓中	9.2	武家町
96	平24.7.9	石川	白山市白峰	10.7	山村・養蚕集落
97	平24.7.9	栃木	栃木市嘉右衛門町	9.6	在郷町
98	平24.7.9	福岡	うきは市新川田篭	71.2	山村集落
99	平24.12.28	岐阜	郡上市郡上八幡北町	14.1	城下町
100	平24.12.28	石川	金沢市寺町台	22	寺町
101	平24.12.28	富山	高岡市金屋町	6.4	鋳物師町
102	平24.12.28	兵庫	篠山市福住	25.2	宿場町・農村集落
103	平25.8.7	岡山	津山市城東	8.1	商家町
104	平25.8.7	島根	津和野町津和野	11.1	武家町・商家町
105	平25.12.27	秋田	横手市増田	10.6	在郷町
106	平25.12.27	鳥取	大山町所子	25.8	農村集落
107	平26.9.18	宮城	村田町村田	7.4	商家町
108	平26.9.18	静岡	焼津市花沢	19.5	山村集落
109	平26.12.10	長野	千曲市稲荷山	13	商家町
110	平27.7.8	山梨	甲州市塩山下小田原上条	15.1	山村・養蚕集落
111	平28.7.25	愛知	名古屋市有松	7.3	染織町
112	平28.7.25	滋賀	彦根市河原町芹町地区	5	商家町
113	平29.2.23	長野	長野市戸隠	73.3	宿坊群・門前町

次ページに続く

No	選定年月日	所在地	地区名称等	面積（ha）	種別
114	平29.2.23	徳島	牟岐町出羽島	3.7	漁村集落
115	平29.7.31	兵庫	養父市大屋町大杉	5.8	山村・養蚕集落
116	平29.11.28	広島	福山市鞆町	8.6	港町
117	平29.11.28	大分	杵築市北台南台	16.1	武家町
118	平30.8.17	福島	喜多方市小田付	15.5	在郷町・醸造町
119	令1.12.23	鹿児島	南さつま市加世田麓	20	武家町
120	令1.12.23	兵庫	たつの市龍野	15.9	商家町・醸造町

注：文化庁ホームページ 重要伝統的建造物群保存地区一覧表を一部加工

■2 自治体条例制定とまちなみ保存の動き

全国各地域のまちづくりにおける歴史認識の変化は、地方自治体におけるまちなみ保存のための条例制定などの動きにみることができます。

歴史環境保全のための条例のうち最も初期ものとしては、1968（昭和43）年の金沢市伝統環境保全条例があります。この条例は、都市再開発と伝統環境を調和させ新たな伝統環境を形成して保存・継承することを目的とするもので、全国に先駆けた条例によるまちなみの歴史的環境保全の動きです。このあと、1970年代にかけて、条例やガイドラインを制定して、地区指定、建築指導、届け出・許可制度、補助金交付などの方法で歴史的環境の保全を図ろうとする事例が増加しました。

これらの条例制定の背景には、開発により伝統的環境や都市景観が失われることへの危機感がありました。1972（昭和47）年に策定された横浜市山手地区景観風致保全要綱は条例ではありませんが、幕末の横浜開港以来形づくられてきた歴史景観や眺望が、1960年代後半以降の宅地開発やマンション建設によって影響を受け始めたことから、その保全のために要綱が策定されました。

1970年代には行政による条例などの制定による動きとともに、まちなみ保存のための全国の関連団体等の連携組織の設立があります。1973（昭和48）年には「歴史的景観都市事務連絡協議会」（現「歴史的景観都市協議会」）が、文化財を活用した歴史的まちなみ保全に関する課題の協議を目的に京都市の働きかけによって設立されました。現在まで全国各地で毎年1回総会を継続して開催し活動を行っています。

市民主体の連絡組織としては、1974（昭和49）年に南木曽町妻籠（つまご）、名古屋市有松、橿原（かしはら）市今井町の住民によって、まちなみ保存や歴史を活かしたまちづくりの情報交換などを目的として「町並み保存連盟」（現NPO「全国町並み保存連盟」）が組織されました。

1980年代には建設省によって、歴史、文化などを活かしたモデル的な国の補助制度として、「歴史的地区環境整備街路事業（歴みち事業、1982年）」や「シンボルロード整備事業（1984年）」など、賑わいの道づくりの実施地区を選定し、拡幅などの道路構造だけではなく、地区の環境の面からまちづくりの支援をする制度が創設されました。住宅づくりや住環境整備の支援を目的とした事業では、「地域住宅（HOPE）計画」、「地区住環境総合整備事業」（1986年）、「街なみ環境整備促進事業」（1988年）などが実施されました。1980年代は街路や住環境の整備目標に、歴史的環境や景観の保全などが取り入れられるようになる移行期、節目の時期でした。

▼初期に制定された歴史的環境保全条例等

年月	自治体	名称
1968年4月	金沢市	金沢市伝統環境保存条例
1968年9月	倉敷市	柳川市伝統美観保存条例
1971年10月	柳川市	倉敷市伝統美観保存条例
1972年4月	京都市	高山市市街地景観条例
1972年10月	高山市	京都市市街地景観条例
1972年10月	萩市	萩市歴史的景観保存条例
1972年11月	横浜市	横浜市山手地区景観風致保全要綱
1972年12月	平戸市	平戸市風致保存条例
1973年3月	津和野町	津和野町環境保全条例
1973年4月	松江市	松江市伝統美観保存条例
1973年7月	南木曽町	南木曽町妻籠宿保存条例

▲横浜市山手地区の歴史的景観

横浜市山手地区は1972年11月施行の景観風致保全要綱で保全区域に指定された。

1990年代に入ると、産業、交通、土木などの近代化遺産を文化財の範疇(はんちゅう)とする初めての近代化遺産総合調査が実施されました。1993年には秋田市の藤倉水源地水道施設と群馬県松井田町の碓氷(うすい)峠鉄道施設が重要文化財の指定を受けました。

国土交通省は2003（平成15）年に「美しい国づくり大綱」をまとめ、美しいまちづくりに向けた政策の方針を公表しました。そしてこれを受けて良好な景観の形成促進を目的とした景観法が、翌2004（平成16）年に制定されました。さらに、2005（平成17）年の文化財保護法の改正により文化的景観が文化財として追加されました。

文化庁は文化審議会の諮問を経て2008（平成20）年に文化財を核としたまちづくりを目指す計画である「歴史文化基本構想」を提唱しました。従来単体で扱ってきた文化財を当該地域において特定のテーマに沿ったまとまりのある関連文化財として扱うことを特徴としています。文化財は指定、未指定にかかわらず幅広くとらえて群として選定し、これらの関連文化財群と一体となって歴史環境を創り出す地域を歴史文化保存活用区域として指定するものです。歴史文化基本構想を策定することによって、地域に潜在している文化財の価値を再発見し、それらを活用することで文化財を核とした環境の保護・整備を促進し、文化財への理解を促し地域との連携強化を図っています。

歴史文化基本構想が公表された同じ2008（平成20）年には、自治体が進める歴史を活かしたまちづくりを後押しするための仕組みである「歴史まちづくり法」が制定されました。

◀旧信越本線の煉瓦アーチ碓氷第三橋梁（1993年重文指定）

碓氷鉄道施設の一部として重要文化財に指定された。廃線跡は散策路として整備された。

COLUMN

山口県萩城下町

毛利家の居城である萩城は、1604年に、東側に日本海を臨む場所に建設された。城下町は、この南東の2つの川に挟まれたデルタの平地に広がり、周囲の三方は山で囲まれた地形である。この場所が、江戸時代を通じて250年にわたる長州藩の政治・行政の中心地であった。

2015年に世界文化遺産に登録された明治日本の産業革命遺産は、建造物、産業遺産、造船ドックなど、全国で8つの地域にある合計23の遺産で構成される。これらの個々の遺産をつなぎ合わせることで、全体として非西欧社会における初の産業革命の成功という歴史上の意義を示している。萩には、この遺産群のうち5つの遺産があり、萩城下町はその1つである。

長州藩は、幕末から明治維新期にかけて、薩摩、佐賀などの諸藩とともに、近代技術の導入に向けていち早くスタートを切った。試験操業の反射炉、防波堤や造船所、たたら製鉄などの遺構とともに、武家屋敷や商家、そのまちなみが極めて良好な状態で残っている。

萩城下町の多くの部分を占める旧町人地では、商工業の活動が営まれ、まちなみは全体が伝統的経済活動を示す遺跡となっている。武家地も、町割り、石垣、屋敷、外構などが当時の姿をとどめる。上級武士の屋敷のあった地区は、高杉晋作、木戸孝允、青木周弼らの旧宅が今なお150年前と同じたたずまいを維持する。この一郭は、田中義一の生誕地、伊藤博文が幼年期に学んだ寺などもあり、国の重要伝統的建造物群保存地区に指定されている。

19世紀中頃の世界最先端の技術であった製鉄、造船の技術を導入する重要性を認識し、反射炉や造船所の建設など近代産業への舵取りを担った武士たちの生活圏が、そのまま萩城下町に残っている。

▲山口県萩城下町

10-3

歴史まちづくり法の制定

歴史まちづくり法は、全国各地に残る歴史的建造物や市街地が一体となって形成する市街地環境（歴史的風致）を維持する取り組みを国が支援することが狙いです。

■1　目的と制定の経緯

歴史まちづくり法（正式名：地域における歴史的風致の維持及び向上に関する法律）は、歴史や伝統を反映した諸活動、それらにかかわる建造物あるいは市街地が一体となって形成された市街地環境（歴史的風致）の維持向上を目的として2008（平成20）年11月に施行されました。全国各地の歴史的風致を維持しようとする取り組みを国が支援するための仕組みを制定したものです。

国内には文化財として指定、登録を受けた文化財のほかにも、数多くの歴史的な価値を有する建造物などが周辺地域と一体となって歴史的なまちなみを形成している地域が全国にあります。祭礼等の伝統的な行事や歴史的建造物と相まって形成されたまちなみが、地域の風情やたたずまいを醸し出した魅力ある市街地が見られます。文化財に指定・登録された歴史的建造物などは法による保護が行われているのに対し、指定・登録文化財以外の歴史的建造物等の場合、維持費用の課題や所有者の高齢化等によって撤去や建て替えが進み、歴史的風致が失われつつあります。金沢市では1999年に1万棟以上あった歴史的建造物は、2006年までの8年間に約20%の2,200棟が失われています。東京都台東区では1986年に500棟以上あった戦前の住宅兼店舗は、1999年までの13年間に30%以上が失われています。

■2　歴史まちづくり法の概要

歴史まちづくり法では、歴史まちづくりを進める市町村が作成した「歴史的風致維持向上計画」を国が認定し、その計画に沿って実施する各事業に対して法的な特例、国の補助対象の拡大、あるいは国費率嵩上げなどの支援をする制度を定めています。

核となる文化財を保護しつつ、その周辺一帯を歴史まちづくりの事業を進める対象区域とし、文化財および周辺地域における伝統文化を含む歴史的環境の保全を支援するものです。歴史的建造物などのハードとともにそれが存在する地域の営み、慣習、伝統行事などのソフトを対象とする点を特徴としています。

従来の取り組みでは、行政の縦割りもあり歴史的建造物や歴史的まちなみといった対象を単品として保全する傾向がありましたが、歴史まちづくり法はこの枠を越えた柔軟な支援を展開するために農林水産省、文部科学省（文化庁）、国土交通省の共管の法律となっています。

市町村が策定する計画では重点区域を設定し、この区域に文化財保護法によって指定された史跡や重要文化財、重要伝統的建造物群保存地区などを核として含めることになります。歴史まちづくりの事業は、重点区域として設定されたこれらの核となる文化財とその周辺一帯を対象に実施することとなります。

具体的な支援としては、まちなみ環境整備における歴史的風致形成建造物の買い取りや移設、修理・復元の補助対象への組み入れ、都市公園等の整備における古墳、城跡等の遺跡や復元で歴史上価値が高いものを補助対象に追加、あるいは都市再生整備計画における交付率の上限の嵩上げや、土塁・堀跡の整備等の基幹事業への追加などがあります。

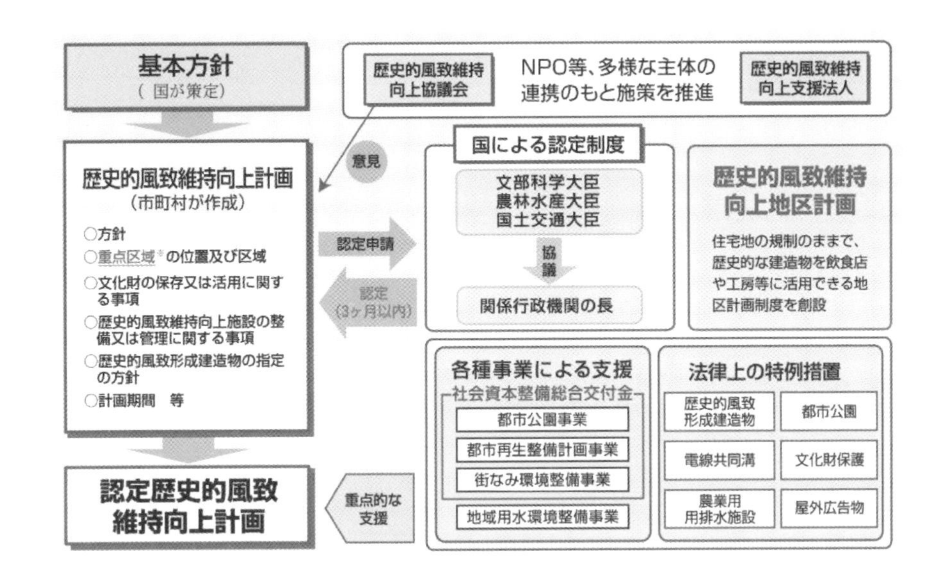

▲歴史まちづくり法の概要
出所：『歴まち』情報サイト（国交省国総研、2020）

10-4

歴史を活かしたまちなみの事例

歴史を活かしたまちなみの事例には、伝統的建造物群保存地区を中心とした国内の歴史的まちなみをはじめとして、世界遺産指定でも数多くあります。

■1　運河再生によるまちづくり（北海道小樽市）

北海道の小樽運河は港湾都市小樽の歴史を物語る重要な文化財です。小樽運河は港町小樽の港湾施設として、長らく港湾荷役の重要な役割を担ってきました。戦後になり港の物流が道路交通に取って代わられると、小樽運河は衰退の一途をたどりました。しかし、現在では、土木遺産として再生され、運河とその周辺の織りなす歴史的まちなみ景観は、観光客を惹きつける観光資源となっています。

▲運河幅を半分に縮小して再生された小樽運河（1986年改築）

当初は臨港道路用地として全面埋め立ての予定であった。

▲道路と共存する小樽運河

運河の半分が車道、緑地帯、散策路に転用された。

北海道の開発は、明治政府の重点政策の1つで、1869（明治2）年に札幌に開拓使が設置されました。これにともなってニシン漁の漁港に過ぎなかった小樽は、北海道開拓において海路・陸路交通の中継地の役割を担う港湾都市として、発展が始まりました。

官営幌内炭鉱が生産を始めると、その搬出のために手宮（小樽）・札幌間を結ぶ北海道で最初の鉄道が1882（明治15）年に開業されました。小樽港は、道内への輸送拠点としての役割とともに、石炭の積み出し港の役割を担う輸出港としても重要な役割を担うことになりました。

戦後、石炭から石油へとエネルギーの転換が始まると、石炭産業は斜陽への道のりをたどり、石炭輸出を担ってきた小樽港の役割も低下しました。樺太（からふと）（サハリン）との交易港の役割を担ってきた小樽の荷役も戦後は激減し、港湾都市小樽は急速に衰退への道をたどりました。自動車交通の増加もあり、1960年代には無用の長物となった小樽運河はドブと化し、港湾都市小樽の衰退の象徴となりました。

一方、小樽市内の臨港地区では、利用されずに放置された運河に並行する臨港道路では増加する自動車交通により渋滞が激しくなり、これを解消するために運河を埋め立て、隣接する倉庫群を撤去して用地を確保した拡幅道路が都市計画決定されました。

道路計画が発表されると、地元を中心に運河を遺産として残し周辺の歴史的建造物を含めた保存を望む市民活動が始まりました。1973（昭和48）年には「小樽運河を守る会」が設立され、開発か保存かという構図で以後10年以上にわたり、関係者や組織を巻き込んで多大なエネルギーを費やして議論が重ねられることになります。

最終的に決着したのが、道路拡幅のために、延長650mの運河の幅の半分を埋め立てて道路２車線と、緑地帯、散策路、ポケットパークを整備する今日の形でした。

工事が開始されたのは1883（昭和58）年で、同年には「小樽運河百人委員会」が結成されて、運河保存のあり方について議論が継続されました。このような経過を経て1983年に小樽市は景観条例である「小樽市歴史的建造物及び景観地区保全条例」を制定し、市内の眺望・景観の重要性に対する市民の関心が高まりを見せ、31棟の歴史的建造物が指定されました。さらに1992年には「小樽の歴史と自然を生かしたまちづくり景観条例」が制定され、この条例は景観法の制定後の2008年に全面改定に至ります。

道路の拡幅工事が終了すると、運河周辺も民間資本による投資が活発となり、運河をテコに、運河およびその周辺は小樽を代表する観光地になりました。1985年からの5か年で小樽市内への観光入込数は124万人からほぼ倍増する234万人に増加しました。

小樽市がたどった十数年の対立、摩擦、議論を経て得た歴史まちづくりの結果が、運河幅を半減して道路を拡幅する現在の小樽運河でした。運河の幅を狭めずにそのまま残すという選択肢もありましたが、その場合、市内の道路交通の確保に大きな支障があったはずで、公益の面で失うものも多かったと思われます。小樽における運河は、港湾都市小樽の隆盛と衰退の記憶を伝える歴史的環境の要（かなめ）であり、小樽のアイデンティティーを創り出す重要な歴史的景観です。幅が狭められたとはいえ、保全された歴史的景観は、都市内交通路の確保とモニュメントの役割を果たしています。現在の小樽運河は、1960年代から80年代にかけて、その保存をめぐり地元の民間、各種団体、行政の間でたどり着いた結論であり、保全か開発かをめぐる議論を経た歴史的環境の保全の事例として先駆的な存在です。

▲景観条例で指定された小樽歴史景観区域（現地の景観区域の説明板より）

■2　川越市重要伝統的建造物群保存地区（埼玉県川越市）

1999（平成11）年に指定された川越市の重要伝統的建造物群保存地区の特徴は、蔵造りの商家を中心とする伝統的なまちなみです。建造物は約8割が蔵造りと土蔵の町家です。この地区の地割りは、江戸時代初期にその骨格が形づくられ、奥行き15～20間（1間は約1.82m）の細長い敷地が間口数間で通りに連なっています。

川越といえば小江戸として知られていますが、江戸時代のまちなみは、1893（明治26）年の大火災によって廃墟となり、火災後の商家の復興では、耐火性能のよい蔵造りが好んで採用されました。このため、地区内には1907（明治40）年頃までに重厚な蔵造り町家の立ち並ぶまちなみが形づくられました。大正、昭和に入ると、近代洋風建築や外観を洋風にした町家が建設され、蔵と近代建築の織りなす独特のまちなみとなりました。

川越の蔵造り町家で最古のものは、保存地区の核となっている重要文化財で1792（寛政4）年建築の大沢家住宅です。18世紀末の川越の蔵造り町家の姿をよくとどめています。まちなみの中心の場所には、時の鐘が地区のシンボルとして設置されています。

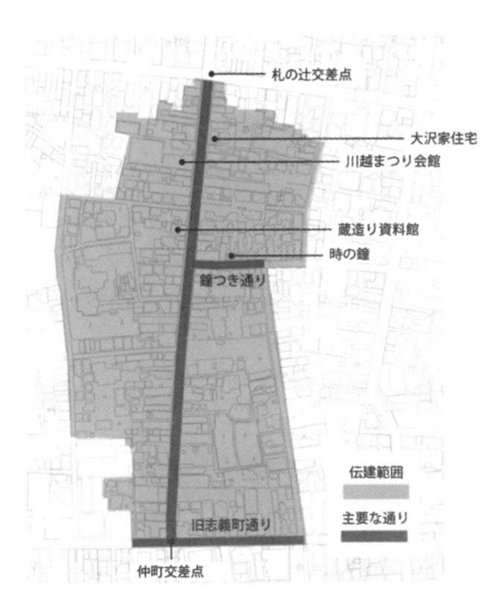

▲川越市重伝建の指定区域（川越市ホームページ「伝建地区の概要」より）

▲旧武州銀行川越支店（川越商工会議所、1928年、登録有形文化財）

ドーリス式の石柱を配した重厚な構えをもつ銀行建築。

▲重要文化財の大澤家住宅（1971年指定）

重伝建の区域の核となっている川越で最古の蔵造り町家。地区の地割りは、江戸時代初期にその骨格が形づくられた。

▲まちなみの中心にある火の見やぐらの「時の鐘」

■3　美々津重要伝統的建造物群保存地区（宮崎日向市）

瀬戸内海の船運圏の西の端に位置する宮崎県日向市の美々津は、古くから港として発達してきました。明の銭貨が出土したことから、室町時代に明との貿易港であったことが知られています。美々津のまちなみの骨格は、ほぼ江戸時代にでき上がったもので、耳川の河口から南へ走る3本の通りの上町筋、中町筋、下町筋に分かれています。何度か経験した大火から、ツキヌケと呼ばれる火除通路がこれに直交し、交差点付近の防火地に用水が配置されています。江戸時代に形成された敷地割や石畳の通りなどとともに、町割りは美々津の歴史的景観を構成する重要な要素となっています。

美々津の歴史的環境保全に向けた動きは1980（昭和55）年に、1855（安政2）年建築の廻船問屋の「旧河内屋」の建物が市に寄贈されたことから始まります。寄贈を受けた市は「旧河内屋」の改修・復元工事を3年にわたって実施し、1983（昭和58）年に「日向市歴史民俗資料館」として開館しました。同時に資料館内に事務局を置く「歴史的町並みを守る会」が設立され、まちなみ保存運動が展開されました。

美々津が重要伝統的建造物群保存地区に指定されたのは1986（昭和61）年で、地区内には95棟の伝統的建造物、土塀、石垣、樹林帯などを含む40件の環境物件があり周辺の自然環境とともに歴史的な港町として価値が高いと評価されました。

1988（昭和63）年には郷土学習の場として「美々津軒」、1993（平成5）年にはお休み処「美々津まちなみセンター」が開設されるなど、まちなみの整備が継続され、2008（平成19）年には「美しい日本の歴史的風土100選」の選定を受けています。

江戸時代に京、大坂との交易の拠点であった港町の美々津は、まちなみも上方の影響を受け、京風の虫籠窓や出格子などの伝統的な建物が見られます。幕末から明治、大正にかけてピークを迎えた美々津の賑わいは、今も残る往時の敷地割や商家、操船、水運などの港関連や漁業関係者の家屋から想像することができます。

大正以後の港町美々津の衰退は、水運で栄えた多くの地域と同様に、交易の主役の座が舟運から鉄道にとって代わられたことによります。日豊本線美々津駅が開業したのは、1921（大正10）年で、国道3号線（現・国道10号）が耳川を渡る位置に美々津橋が開通したのは昭和初期です。

美々津は、水運の要衝であったことから、歴史上の出来事も数多くあります。古くは神武天皇が東征の水軍をここから出航したことから日本海軍の発祥地とされています。戦国時代末には、豊後の大友宗麟と薩摩の島津義久による耳川の戦いがあり、明治初年の西南戦争でも耳川中流域が官軍と西郷軍の激戦地となった歴史があります。

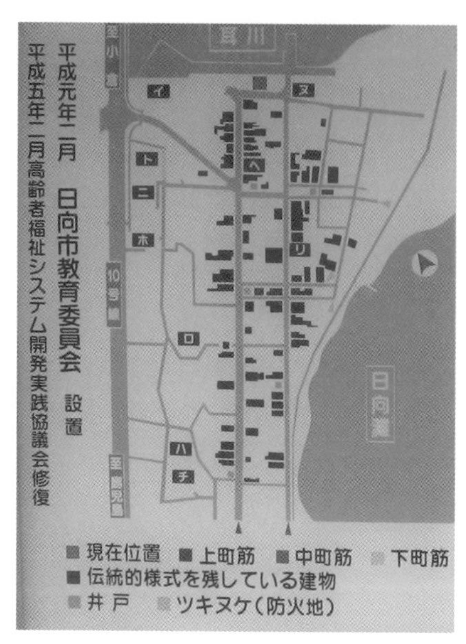

▲美々津のまちなみ（現地の説明図より）

耳川の河口から南へ走る3本の上町筋、中町筋、下町筋と、これに直交する通り（ツキヌケ）で形づくられている。

▲日向市歴史民俗資料館（旧廻船問屋「河内屋」を復元）

資料館内には「歴史的町並みを守る会」の事務局がある。

▲1884（明治17）年築の廻船問屋「美々津軒」

方言や郷土料理を学ぶ学習の場として一般に開放されている。

▲石畳の中町筋の白壁、出格子、虫籠窓の町屋

▲消火用水が配置されたツキヌケ交差点付近の防火地

■4　エディンバラ（イギリス）

人口48万のスコットランドの首都エディンバラは、まちなみそのものが世界文化遺産に指定されています。エディンバラの歴史は古く6世紀のケルト人のとりでから始まります。長年の抗争を経て18世紀に入りスコットランドとイングランドが併合すると、エディンバラの人口は急増しました。

併合によって平和が訪れた一方では、膨れ上がった人口によって街は不衛生となり居住環境は悪化しました。このため18世紀後半になると市街の北側に新たな市域を拡張する造成工事が着手されました。

旧市街の北端は渓谷となっており、現在のエディンバラ中央駅はその底に位置します。中央駅のホームを上った北側が新市街側への出口となっています。旧市街と新市街をつなぐのが、中央駅の上を越えるノース・ブリッジと呼ばれる跨線橋（こせんきょう）で、新市街の建設開始とともに架けられました。

この橋の上に立つと、旧市街と新市街の両方のまちなみが視野に入ります。旧市街には、エディンバラ城をはじめスコットランド議会や宮殿、スコットランド教会などとともに、16世紀創設のエディンバラ大学の歴史的建造物があります。新市街のメインストリートは、当時の国王ジョージ3世にちなんでジョージ・ストリートと命名されています。

2014年にスコットランド独立の是非を問う国民投票が実施されました。投票の結果にかかわらず、実施されたことはそれ自体がスコットランド人の自主自立の意識の高さを示しています。1995年にエディンバラの新・旧市街が世界遺産として指定されたことは、スコットランド人のこの自主自立の意識と通じるものがあります。古いまちなみを保存し引き継ぐことは、伝統を重んじ、自らの文化を大切にする意識に

▲新・旧市街を分けるノース・ブリッジから見た旧市街

橋の下は中央駅のウェイバリー駅。

▲新市街を走るLRT

エディンバラには1956年までLRT（路面電車）が走っていたが休止され、その後58年ぶりに2014年から再び運行されるようになった。

よって支えられています。エディンバラは都市計画の先駆者のパトリック・ゲデスが歴史的市街地において、保存的な改造を試みた都市でもあります。

2017年10月にエディンバラ市が発行したまちづくりの計画書「エディンバラデザインガイダンス-未来を築く」では、ゲデスの思想に触れながら計画書発行の目的を「世界遺産の都市であるエディンバラのまちづくりでは、遺産を尊重してまちづくりを進めることが重要で、市民全員が未来の世代のために都市の遺産を創造することに参加する機会があり、このガイダンスは良好な都市の構築のために全員が協力するためのツールとなる」とあります。

（Edinburgh Design Guidance October 2017, Amended November 2018, Councillor Neil Gardiner, Convener of Planning）

◀エディンバラ中心部を南北に走る幹線道路

◀旧市街のハイストリートのまちなみ

歩道幅を広くとった石畳の道がエディンバラ城に続く

COLUMN 世界遺産リドー運河（カナダ）

リドー運河は、カナダの首都オタワとオンタリオ湖畔のキングストンを、川や湖を経由して結ぶ全長202kmの運河である。1832年の開通であるが、現在でも観光用として使われ、北米で生きた水路として建設当初からの機能を待ち続けている唯一の運河である。

北米大陸の水運は、セント・ローレンス川から五大湖地方へとつながるルートが有名である。カナダのリドー運河は、かつてこの水運ルートの中でも重要な位置を占めていた。

ヨーロッパでは、18世紀から19世紀の前半にかけて、物資輸送のために運河建設が行われた。現在では幅の狭い専用の舟が行きかっている。これに対し、リドー運河は、蒸気船の通行もできるように建設された世界で最初の運河の1つで、幅7.9mの船まで航行できる。

米英戦争（1812～14年）ののち、イギリスとアメリカが依然として敵対する中で、イギリスの植民地であったカナダは、モントリオールより南で、セント・ローレンス川を隔てて接するアメリカからの軍事的な脅威にさらされた。このためセント・ローレンス川をバイパスするルートとして建設されたのがこのリドー運河であった。

運河両端のオンタリオ湖とオタワ川の水位差は23mで、丘陵地帯を通るルートは、南からいったん50m上昇し、その後83m下降する標高差がある。途中には急流や浅瀬も多く、船の航行を可能とする水路を確保するために、ダムを築いて水位を上げる人造湖が建設された。

標高差を克服するために、27か所にロックステーションが設置されて、全部で47基の閘門が設けられている。全長約202kmの運河のルートは、自然の湖沼や人造湖をたどることで、硬い岩盤を切り拓く水路の開削は19km程度で済んでいる。

建設は1826年から開始され、8年の歳月をかけて完成した。現在では国指定の史跡かつ歴史と自然の保護区であり、2007年には世界遺産の指定を受けた。

◀リドー運河

復元されたドレスデン聖母教会（ドイツ）

バロック様式のドレスデン聖母教会は、裾野が広がったベル形のドームのフォルムに特徴がある。このドームは根元で直径が26mほどあり、四隅にある時計のついた小塔で囲まれ、頂部には望楼が乗っている。望楼の上には高さ4.7mの金箔（きんぱく）の貼られた十字架があり、全体の高さは96mになる。

地上からドームの根元の部分まではエレベータがあり、ここから丸屋根の内側に沿った延長160mの螺旋（らせん）状の廊下で頂部まで達する。急勾配のステップを上り望楼に立つと眼下にエルベ川の流れと旧議会や宮殿建物の世界遺産、ザクセン州都ドレスデンのまちなみが広がる。

もとの聖母教会は1743年に建設されて200年を経たのちに第二次大戦で破壊された。1945年2月の英米軍の2日間の爆撃で、わずかな壁を残して砂岩を材料とする建物はほぼ完全に崩壊した。戦後半世紀近く、負のモニュメントとしてがれきの山のままで放置されてきたが、残骸は風化が進む一方であった。

これに対して、再建に向けた活動が1990年のドイツ再統一後に始まった。地元の音楽家を中心とする教会再建の呼びかけは、英米を中心とする国際的な支援へと広がった。

再建プロジェクトは1993年になって残骸の調査と整理から着手された。がれきの山から8,500個の石材の塊が引き上げられて寸法・形状などがコンピュータ上で登録され、そのうち約3,800個がもとの位置にはめ込まれた。オリジナルの石材片は表面が黒ずんでおり、現物を近くで見ると、明るい褐色の新たな砂岩の石材片とはっきり区別できる。

▲ドレスデン聖母教会

第11章

新たなまちのかたち

まちづくりの課題は、「住む」、「働く」、「憩う」、「動く」といった人間の基本的な生活行動に対して都市がハード、ソフトの両面においていかに応えるかという中に集約されます。その応え方、手段･方法の変化が都市の歴史を刻み、将来への新たなまちのかたちへの変化となっていきます。

役割を果たすために、住宅や道路、公園、交通施設、水、エネルギー、情報などの施設や、自然環境、さまざまな文化社会活動の制度などがあり、またその達成には地球環境へのインパクトを考慮した持続可能な開発目標（SDGs）があります。本章では、今後の新たなまちづくりの方向性を議論するために、まちづくり、公共空間のあり方についてのいくつかの新たなコンセプトについて解説します。

11-1

住みやすいまち

都市の住みやすさは、集住の場として住む、働く、憩う、働くという役割が達成される程度に依存します。このため様々なまちづくりの方法が提案されてきました。

雑誌「エコノミスト」では世界の住みやすい都市を、毎年5つの基準をもとに、世界の主要140都市を、対象として評価しています。犯罪の発生率やテロの脅威などの「安全性レベル」、医療施設の数や質などの「健康管理のレベル」、気候のほか汚職、検閲、スポーツを楽しむ機会など「文化・環境レベル」、受けることのできる「教育の機会や質のレベル」、そして道路網、公共交通機関、住宅、通信、水、エネルギー供給などの「インフラのレベル」です。

都市は人々の集住する場として、「住む」、「働く」、「憩う」、「動く」という役割（目標）をもつとすれば、これらの役割（目標）が果たされる程度は、上記の各レベルの度合いによることになります。そして、これら各レベルの度合いはその過程、手段から大きな影響を受けることになります。

一方、モノに対する使いやすさとして、ユーザビリティ（使用性）という概念があります。ISOの規定（ISO 9241-11、1998年制定、1999年JIS化）では、人とモノおよびそれらで構成されるシステムの相互関係において、このユーザビリティを厳密に定義しています。すなわち「ユーザビリティとは、ある製品が、特定の利用者によって、特定の利用の状況下で、特定の目標を達成するために用いられる際の有効さ、効率及び満足度の度合い」と説明しています。

これをまちづくりに当てはめれば、まちのユーザビリティ、すなわち、まちの住みやすさとは、「住む」、「働く」、「憩う」、「動く」という役割（目標）を、前述の各レベルによって満たそうとする際に用いる手段・方策の有効さ、効率および満足度ということになります。有効さとは、居住者が目標を達成できる確度の高さであり、効率はより少ない資源の消費で目標を満たすことです。より有効であり効率的であることによってより高い満足度がもたらされます。近年では、地球環境に関する課題、およびAIやIoTなど情報関連技術がこの有効さの中で占める割合が大きくなっています。

この有効さ、効率および満足度を高めるために、まちづくりにおいてさまざまな考えが提案され、施策が実施されてきました。ここでは、すでに実施されているものとして「バリアフリー、ユニバーサルデザイン」などから、比較的新しい「コンパクトシティ」、「スマートシティ」、「ウォーカブルタウン」、「サイバーシティ」などを中心にみていきます。

11-2

バリアフリーとユニバーサルデザイン

バリアフリー、およびユニバーサルデザインはともに公共施設等において、ハード、ソフトの面から利用しやすさを追求する考え方です。

バリアフリーという用語が最初に使われたのは、1974年に国連障害者生活環境専門家会議（バリアフリーデザインに関する専門家会議）がまとめた報告書の中であり、建築におけるハード面の障壁のない設計として出てきます。一方のユニバーサルデザインは、バリアフリーが障害者や高齢者を対象とするのに対し、健常者も含めできるだけ多くの人が公平に使えることをコンセプトとして1980年代から使われるようになりました。

今日、一般的に普及している公共施設におけるバリアフリーやユニバーサルデザインとしては、車椅子利用者向けの段差の解消や、階段に併設したスロープ、車椅子対応エレベーター、超低床の路面電車、ノンステップの低床バス、階段昇降機（斜行機）など主に高低差に起因するバリアに対するものから、手すり、スペースの広いトイレ、幅広の車椅子利用者用駐車スペース、あるいは視覚障害者向けの点字ブロック、音響式信号機、弱視者向けのコントラストの強い公共表示、トイレ内のベビーチェア、ベビーベッド、ベビーシート、授乳室などまで多岐にわたります。

国内では、1994（平成6）年に、不特定多数の人が利用する病院、劇場、集会場などの公共施設の出入口、通路、階段などについて、高齢者や身体障害者が支障なく利用できるような対策を促す「高齢者、身体障害者等が円滑に利用できる特定建築物の建築の促進に関する法律」（ハートビル法）が制定されました。次いで、2000（平成12）年には、「高齢者、身体障害者等の公共交通機関を利用した移動の円滑化の促進に関する法律」（交通バリアフリー法）が制定され、鉄道駅、空港、バスターミナル等の公共交通機関の旅客施設の新設や大規模改築におけるバリアフリーが義務化されました。これら2つの法律は2006（平成18）年に統合され、「高齢者、障害者等の移動等の円滑化の促進に関する法律」（バリアフリー新法）として対象者や対象施設、地区が拡大されて施行されました。

当初からの課題であるバリアフリー化の対象箇所を増やすことに加え、利用を支援するための仕組みや体制、人材育成などのソフト面の拡充、地域の取り組みの促進などへの対応の拡張を含め、2018（平成30）年にはバリアフリー新法の一部が改訂されました。

法改正により東京オリンピック・パラリンピック開催を目標として旅客施設の段差完全解消や、利用者支援の研修実施率、市町村マスタープランの設定数など具体的な評価指標を掲げています。この成果を踏まえ東京オリンピック・パラリンピックはバリアフリーまちづくりの1つの節目となります。

▲鉄道駅コンコースのスロープ

▲横断歩道橋のエレベーター（津田沼駅北口）

1972（昭和47）年建設の横断歩道橋にエレベーターが追加された。

▲動く歩道（2006年完成）

横浜駅東口から商業施設ベイクォーターへの歩行者のアクセスとなっている。

11-3

ウォーカブルタウン

自転車や歩行による移動を都市内交通のひとつとして見直し、歩行などを基本に日々の生活ができるウォーカブルなまちづくりは、世界的な傾向となっています

■ 1　自動車交通の強大な影響

20世紀後半以後の都市内の移動における自動車交通の増加は、まちづくりに圧倒的な影響を与えてきました。人々の移動範囲の拡大によって、都市施設の配置は歩行のスケールから自動車のスケールに移りました。中心市街地から商業施設が消滅し大型商業施設などが郊外に移ったドーナツ化の原因の一端は、自動車による人の移動範囲の拡大によるものでした。

都市内交通における自動車の増加は、自動車と歩行者の輻輳を生み、自動車にとって歩行者の道路横断や路側帯の存在は交通の阻害となり、歩行者にとって自動車の存在は安全な歩行空間を侵すものとなりました。これに対する方策の1つとして採用されたのが、それぞれの動線の立体化により相互の干渉を減らすことでした。

1963年にイギリスで公表されたブキャナンレポート「都市の交通（Traffic in Towns）」では、歩行者を自動車から多層ペデストリアンデッキで立体的に分離することが提案されました。

垂直方向の歩車分離は、1970年代に入ってロンドンのシティの一部で、建物の2階レベルでビルの間を縫って通るハイウォークという歩行者専用路として実現しました。

しかしその後、区間によっては、歩行者の多くは自動車の進入のない安全な歩行

▲多層ペデストリアンデッキのイメージ図（1963年）
出典：Buchanan, Traffic in towns, p.178

▲ロンドン、シティの歩行者専用路

地上レベルの道路とは分離して設置されている。

者専用路よりも、信号のある平面交差の歩道を選ぶようになり、利用率は低迷しました。立体化による高低差は、歩行者専用空間から得られる安全性の代償だとしても忌避すべきバリアと認識されました。歩行者にとって、高低差が大きな阻害要因であることは、バリアフリーの対象施設の中で高さを克服するものが多数を占めることからもわかります。

国内では、自動車交通の急増による交通事故の多発から交通戦争とも評された1960年代以後、歩車分離の手段として学童横断歩道橋が急速に普及しました。1990年代には全国で12,000か所に達した学童横断歩道橋は、その後、交通信号の改善などで多くは撤去されるという経過をたどりました。

1970年代後半から鉄道駅前を中心に狭隘な駅前広場を補完する役割を担って建設されたペデストリアンデッキも、自動車交通から歩行者を分離する歩行者専用の施設です。その後事例が増え、2010年代初めには全国で240か所に達しました。やはり横断歩道橋と同様、垂直方向に分離することにより利用者にとっては高さがバリアとなるため、多くのペデストリアンデッキでは、エレベーターやエスカレーターが設置されるようになりました。

▲JR柏駅前ペデストリアンデッキ

国内で初のペデストリアンデッキとして1973(昭和48)年に竣工した。

2　国内のウォーカブルタウンへの動き

国内では交通需要マネジメント（TDM）政策の一環として、1990年代後半から交通手段や路線の分散、オフピーク通勤などの施策を採用する都市が増え始めました。1997（平成9）年の道路審議会答申において社会実験が提案されて以来、ウォーカブルタウンへつながる各種の試みが各地で進められました。

札幌市、金沢市、鎌倉市、由布市などでは、平日における都市中心部の道路交通渋滞や、休日の観光地での渋滞の解消を目的に、自家用車から公共交通機関利用へのシフトを促すパーク・アンド・ライドが実施されています。そのほかにも、都市中心部の魅力向上や、それにともなう訪問者の誘導を目指して、都市中心への自動車の流入抑制や、トランジットモールの採用、道路に面した壁を取り払った開放的なオープンカフェ等の採用、歩行者や自転車優先の道路空間の活用など事例が出始めました。

カーシェアリングは、スイスで1970年代から始まりましたが、国内では2000年代になってから採用が始まりました。カーシェアリングは、自動車の所有総数を減少させることで、交通渋滞を緩和させるとともに駐車スペースを削減し、自家用自動車による移動から徒歩や自転車および公共交通への移行などウォーカブルタウンへの動きを促すことが期待されています。

▲鎌倉由比ガ浜のパーク·アンド·ライド案内看板

自家用車からバス、鉄道への乗り換えを促す。

　1999（平成11）年には、国の取り組みとして、経済対策閣僚会議において経済新生対策「歩いて暮らせる街づくり」が決定され、モデルプロジェクトが選定されました。ウォーカブルタウンへの取り組みを促進するために各地域の先進的な事例をモデル地区として選定し、全国展開に向け課題の抽出や調査実施データ収集を行うものです。

　国はこのモデルプロジェクトの実施のための推進要綱の中で、「歩いて暮らせる街づくり」構想は、以下に示す4点のまちづくりの考え方を総合的に実現しようとするものだとしています。

　1点目は、生活の諸機能がコンパクトに集合した暮らしやすいまちづくりです。これは暮らしに必要な諸施設が自宅から歩いて往復できる範囲に存在していることです。2点目は、歩行・自転車中心で移動できる連続したバリアフリー空間が確保されていること、3点目は特定の世代に偏らずに幅広い世代で構成されたコミュニティの再生です。そして4点目は、計画からまちの維持管理、各種地域活動の運営まで住民、企業、行政が連携して実施する、永続性のあるまちづくりです。

　モデル地区として、2000（平成12）年度に20地区、2001（平成13）年度には10地区が選定されています。これらのうち、中心市街地をテーマとした静岡県浜松市では「面的な歩行者空間整備と公共公益施設の集積化による魅力ある中心市街地

▲社会実験を経て設置された松江市中心部のスラローム道路（2002年）
出所：中電技術コンサルタント（株）ホームページより

の形成」、富山県富山市では「公共交通を軸としたコンパクトなまちづくりの推進（徒歩と公共交通による生活の実現）」を掲げています。また、国際観光文化都市をテーマとした愛媛県松山市では「地域資源を結ぶ回遊ネットワーク形成に向けた歩行者・自転車空間の創造と公共交通」、島根県松江市では「回遊性の向上と賑わいの創出に向けたボンエルフの実現」を掲げ、それぞれモデル地区に選定されています。

これらの中で、島根県松江市の「ボンエルフの実現」では、市中心部の商店街メインストリートを対象とした実験が行われています。メインストリートを一方通行化して歩行者との共存道路とするために、自動車速度を下げる方式が試行されました。この結果をもとに平面線形を蛇行させるスラロームの道路が採用されました。

一方、2005（平成17）年には、沖縄県那覇市の国際通りで、慢性的渋滞や排ガス・騒音による環境悪化を改善する方策としてトランジットモール実験が行われ、オープンカフェが実施されました。

このほか2004（平成16）年から翌年にかけて、神戸市のメインストリートの三宮中央通りや大阪市の御堂筋で、オープンカフェの設置や道路の歩行者への開放などが社会実験として実施されました。

ウォーカブルタウンでは、歩行を都市内での移動手段としてとらえますが、同時に歩行の補完手段として、都市内公共交通機関を活かしていくことが不可欠となります。

2006（平成18）年には、国内で最初の本格的なLRT（次世代型路面電車システム）が富山市で導入され、歩行とLRTを軸としたコンパクトなまちづくりが推進されています。路面電車を活かしたウォーカブルタウンのまちづくりは、札幌市、福井市、豊橋市、岡山市、広島市、長崎市、熊本市、鹿児島市等でも進められています。

▲那覇市国際通りのオープンカフェの試行（実施：2005年11月）
出所：国交省ホームページ

▲鹿児島市市電のLRT（鹿児島市金生通り）

■3　海外のウォーカブルなまちづくり

ウォーカブルなまちづくりでは、歩行とともに自転車を都市内の移動手段としてとらえ、歩行および自転車のための環境の整備計画が実施されています。歩行や自転車交通を都市交通の主要な手段の1つととらえることで移動の選択肢を増やし、公共交通と併せて自動車交通を抑制する狙いがあります。既存の街路を改善し、公共交通と結節した歩行や自転車走行の空間を整備することで、自動車に依存したライフスタイルから歩いて暮らすことができるウォーカブルタウンへの切り替えを目指しています。

自動車が都市内交通の中心を占め続けてきたアメリカでは、1990年代に入ると自動車以外の交通手段も視野に入れた都市交通の多様化に向けた政策への転換や、伝統回帰的なまちづくりであるニューアーバニズムによる新しい都市づくりの傾向が出てきました。オレゴン州のポートランドや、コロラド州ボルダーなどでは、歩行を都市内交通手段の1つとして見直す動きが出てきました。都市交通としての歩行の見直しは、イギリスのロンドンやオランダ、ドイツなどのヨーロッパの都市でも見られ、ウォーカブルなまちづくりが世界的な傾向となりつつあります。

▲ポートランド市（アメリカオレゴン州）のトランジットモール
©Steve Morgan

▲チェスター（イギリス）の歩行者優先道路

旧市街の城壁の外に観光客用の駐車場がある。

11-4

コンパクトシティ

都市機能や居住機能を拠点へ集約することにより、都市のコンパクト化を進めることは、都市の空洞化への歯止めとコミュニティー再生につながります。

■1　都市のコンパクト化とは

都市内交通手段としての自動車の増加は、都市生活者の移動スケールを拡大させ、住宅をはじめいろいろな施設の郊外化を促してきました。国勢調査によれば、1970（昭和45）年に約20km^{2}であった三大都市圏および政令指定都市を除く全国の県庁所在地の人口集中地区（DID）面積は、2010（平成22）年には40km^{2}を超え2倍以上に増加しています。1990年代以降のバブル崩壊後の経済低迷で、スプロール化により人口の減った各地の市街では、中心市街地の空洞化が起こりました。バス路線の廃止などによる公共交通機関のサービスの低下によって、拡大した都市は、自動車を利用できない交通弱者にとって、ますます住みにくい都市となりました。

拡大した上下水道、電気、通信などのインフラは、効率の悪化と維持コストの増加で、財政難による更なる老朽化を招き、拡張した都市面積は、1人あたりのエネルギー消費やCO_2排出量を高めています。

コンパクトシティとは、このような、都市の拡大によって発生し、さらに人口減少や高齢者人口の増加で深刻化が懸念される課題を解決することを狙いとしています。拠点を集約して市街地のスケールをコンパクト化することで、歩行を移動手段とした生活スタイルのまちづくりを進めようとするものです。

■2　本格化的な取り組みへ

コンパクトシティの計画は、1990年代後半から一部の都市でマスタープランに取り入れられましたが、具体的な取り組みがなされるようになったのは、2000年以後のことです。1998（平成10）年に大型店の適正配置を目的とする都市計画法改正が行われ、2000（平成12）年には中心市街地の整備改善を目的とした中心市街地活性化法、および大規模小売店舗立地法も制定されて、まちづくり三法が出揃いました。

2006（平成18）年には、自治体が作成した中心市街地活性化基本計画を国が認定して交付金などの支援をする制度が発足し、2019年までで全国145市2町の236の基本計画が認定されました。国の支援策には、区画整理、再開発等の活用による面的な市街地の整備改善や、道路、公園、駐車場、下水道等の都市基盤施設の整備事業の推進のほか、教育文化施設、医療施設、社会福祉施設等の福利施設の整備、まちなかの居住環境の向上推進、商業基盤施設の整備やイベントの開催を通じた商業の活性化、公共交通機関や交通結節点等の整備などがあります。

一方、2002（平成14）年には都市再生特別措置法が制定され、重点地区には特例的な規制緩和や特別交付金付与による仕組みが導入されました。2011（平成23）年に一部改正され、緊急整備特定地域における建築基準法の規制緩和などの特例制度が創設されました。さらに、2014（平成26）年施行の改正都市再生特別措置法では、地方の都市機能を中心部に集約する施策が制定されました。

この施策では、市町村はまちづくりのマスタープランとなる「立地適正化計画」を策定し、鉄道駅や商業施設、病院、役所などが集まる「都市機能誘導区域」と、住宅を集める「居住誘導区域」の2つの区域を設定することとしています。それぞれの区域への移転を促す方策として、補助金や税制上の優遇措置、および容積率などの規制緩和を行い、区域外での開発に対しては届出を義務づけることで抑制することとして

▼中心市街地活性化基本計画の実施状況

目標テーマ	目標指数	認定計画	達成	未達成だが改善	事例
にぎわいの創出	通行者数、施設利用者数、訪問者数など	242指標（119市 149計画）	86指標（56市 69計画）	60指標（44市 52計画）	旭川、土浦、柏、長岡、大垣、藤枝、長浜、倉敷、熊本、沖縄ほか
街なか居住の推進	中心市街地の人口動態、居住人口など	93指標（76市 93計画）	20指標（18市 20計画）	18指標（16市 18計画）	金沢、豊田、東海、津山、宮崎
経済活力の向上	空き店舗率、販売額、店舗数など	77指標（58市 70計画）	22指標（20市 22計画）	13指標（12市 13計画）	弘前、八戸、久慈、秋田、須賀川、長野、岐阜、豊橋
公共交通の利便の増進	平均乗客数	16指標（11市 15計画）	8指標（7市 8計画）	4指標（4市 4計画）	富山、福井
その他		22指標（20市 20計画）	11指標（11市 11計画）	3指標（3市 3計画）	
合計		450指標（119市 150計画）	147指標（75市 94計画）	98指標（62市 73計画）	

出所：「国交省中心市街地活性化に関する取組事例について」2019年6月

中心市街地活性化基本計画は2019年6月末までに119市150計画が認定された。

います。なお、2017(平成29)年には、集約都市形成支援事業制度として医療・福祉施設、教育文化施設等の地域の生活に必要な都市機能の中心拠点への移転に際し、旧建物の除却処分費用や跡地の緑地化費用等へ助成を行うことによりコンパクト化を促す支援策が実施されています。

わが国の都市整備は、20世紀末までおよそ1世紀以上にわたり、一貫して都市人口の増加に対応する都市基盤整備の量的拡大を基調としてきました。このためコンパクト化の方向へ舵を切るには、人口減少、高齢化とともに、これまで経験したことのないまちづくりに対する意識の根本的な切り替えが求められてきました。

都市コンパクト化に向けた国の方針が示されたのち、市町村マスタープランでの取り上げ、立地適正化計画による促進地区の設定・誘導などを経て、ようやくまちづくりにおけるコンパクト化の必要性への理解が進み、本格的な取り組みが始まりました。

今後、都市機能と居住機能の拠点区域への集約を促すコンパクト化の方向へまちづくりを着実に進めることで、空洞化への歯止め、インフラの維持管理の効率化などとともに、過去数十年にわたり失ってきたコミュニティの再生にもつながります。人口流出によって希薄化したコミュニティ意識の低下に歯止めがかかることで、祭礼などの地域の行事や諸活動、歴史的遺産、風習など地域文化を継承する気運が蘇り、地域文化によるまちの個性や魅力、住みやすさ、賑わいの向上につながることが期待されます。

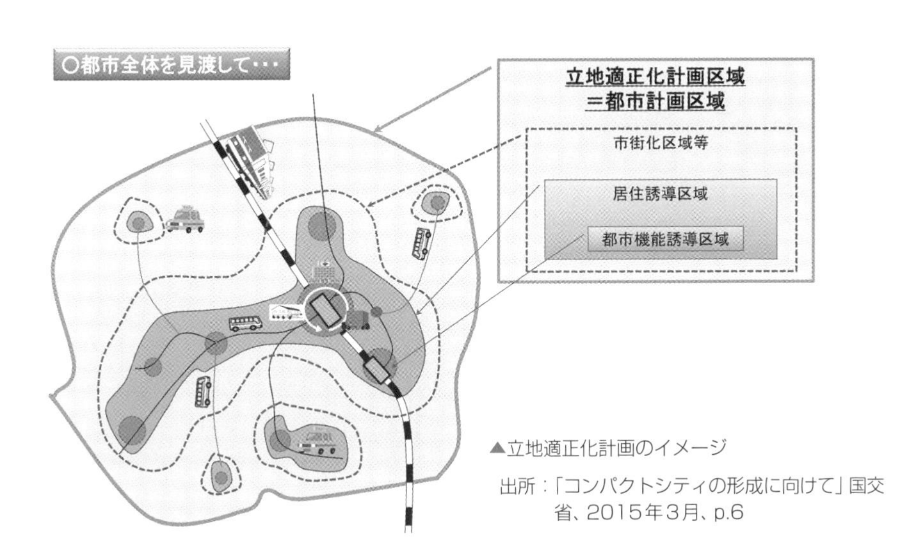

▲立地適正化計画のイメージ

出所：「コンパクトシティの形成に向けて」国交省、2015年3月、p.6

COLUMN
リスボンの路面電車（ポルトガル）

ポルトガルの首都リスボンの旧市街は、テージョ川に沿った起伏の多い地形に位置する。この丘陵にびっしりと建ち並んだ赤い瓦の建物の間の細い路地を、小型の路面電車がギリギリで通りぬけていく。歴史的な建物と相まって、独特のまちなみ景観を創り出している。

リスボンの路面電車は900mmの狭軌軌道で、レールは石畳の舗装に埋め込まれている。日本の路面電車の場合、軌道は寺社の参道のように比較的幅広な石材が敷かれているが、リスボンの軌道舗装には道路と同じ小さなブロック状の石材が埋め込まれている。

路面電車の歴史は、1873年に開業した馬で曳（ひ）く鉄道馬車に始まる。30年近くの馬車鉄道を経て、1901年に電化され現在のような電車となった。今日では1両編成の小型の車両に加えて新型の連結車両も走っている。

わが国では、1895（明治28）年にリスボンより少し早く、京都で、琵琶湖疏水（そすい）から引き込んだ水で発電した電気で電車を走らせたのが最初である。これ以後、多くの都市で路面電車が敷設されたが、1970年代になって自動車交通量の増加とともに次々と廃線となっていった。馬車鉄道から路面電車となった歴史をもつ東京でも、路面電車はわずか1系統となってしまった。

モータリゼーションの影響はリスボンも同様で、地下鉄の開業とともに数多くあった路線が次々と廃止され、現在では4系統で路線延長は48kmである。近年は路面電車が見直され、環境にやさしい都市交通機関として、コンパクトなまちづくりの都市交通を担っている。

▲リスボンの路面電車（ポルトガル）

11-5

スマートシティ

スマートシティの狙いは、発電設備から末端の電力機器までネットワークでつなぎ、制御をすることで都市の効率的で最適なエネルギー管理を実現することです。

■ 1　変化するスマートシティの概念

スマートシティの概念は、技術の進展にともなって急激に変化しています。近年では、都市のエネルギー分野の枠を超えて、AIやビックデータを活用して都市のあらゆる機能にかかわるシステムの連携、制御まで拡大した領域を含める場合が出てきています。

すでに検証段階から実施段階にあるスマートシティ化の取り組みとして、都市インフラによるサービス提供に、スマートメーター（記録型計量器）を中心とするIoT（Internet of Things）技術を導入することで、環境負荷などを考慮しつつ効率的で最適なエネルギー消費を目指すまちづくりがあげられます。太陽光パネルなどによる再生エネルギーの活用、燃料電池や排熱利用、あるいは電気自動車なども生活の中に組み入れて、エネルギー利用の高度化を実現しようとするもので、スマートシティを構成する要素としてスマートグリッドと呼ばれています。

コンピュータ内蔵の電力制御装置（HEMS：Home Energy Management System）を中心として、各戸の太陽光パネルを含んだ発電設備から、末端の電力機

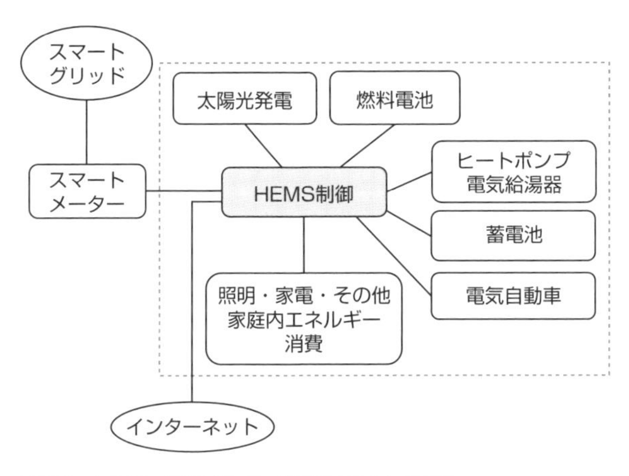

▲スマートシティのエネルギー管理システムの概念

器までネットワークでつなぎ、相互に効率的なエネルギーの融通を自律分散的に行うことで、電力網内での需給バランスの最適な調整をするものです。スマートグリッドの狙いは電力の需要、供給のバランスの最適化をネットワーク化により制御するものであり、生活パターンの異なる世代が混在する地区ほど余剰電力を活用できる可能性が大きくなる傾向があります。

2010（平成22）年から2014年には、経産省によって横浜市、豊田市、北九州市などを対象として、エネルギー企業やエネルギーマネジメントシステム関連企業および地元自治体でコンソーシアムを構成して実証実験が実施され、以後、各地で実施事例が出てきました。

変化するスマートシティの概念は、コンピュータ、情報技術の進展により、エネルギー分野に加えてモビリティ、あるいは防犯・安全、健康などを含むまちづくり全般に拡張しています。新たに開発された市街地を中心に、すでに各地で実施が試みられています。

▲藤沢サステイナブルタウン（神奈川県藤沢市）

■2 藤沢サステイナブルタウンの例

スマートシティの事例の1つに神奈川県藤沢市のサステイナブル・スマートタウン計画があります。2010(平成22)年に行政と企業で合意された基本構想に沿い、パナソニックが中心となって工場跡地に2014年に完成させた600戸の戸建て住宅のプロジェクトです。

各住宅における省エネルギーの設備や太陽光発電、蓄電設備を備えたエネルギー管理システム(HEMS)に加えて、公共用地には、平時および非常時用として地域太陽光発電設備、電力源供給設備として蓄電池や電気自動車、電気自動車を電力源として使用するV2Hコンセントを備えた集会所が配置されています。エネルギー分野以外には、ICTを利用して医療、看護、介護、薬局が連携した地域包括ケアシステムや、災害時の各住宅への災害情報や警報の配信システム、防犯への備えとしてカメラと自動点灯の照明が配置されたホームセキュリティシステムがあります。交通の面では、電気自動車や電動アシスト自転車などのシェアリングシステムが導入されています。

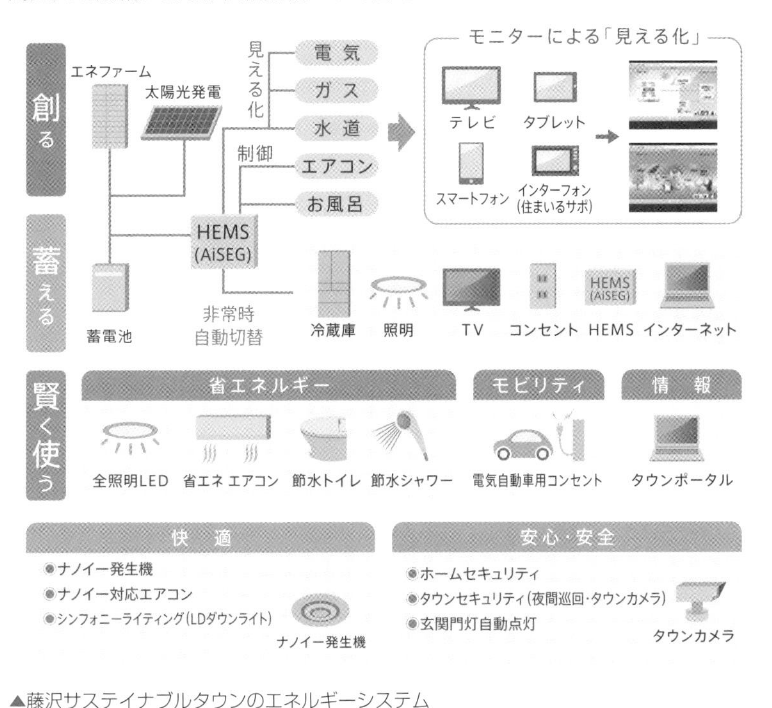

▲藤沢サステイナブルタウンのエネルギーシステム

出所:藤沢サステイナブルタウンコンセプトブック、Fujisawa SST協議会、2018年

11-6

サイバーシティ

サイバーシティとは、人や物の移動などの実空間とインターネットによるウェブ決済、テレワークなどサイバー空間の活動の両者が一体で創り出す都市空間です。

■1　サイバー空間と実空間の一体化

1990年代半ば以降、インターネットおよび携帯電話などの端末機器の普及によって、情報社会、あるいは情報化社会の概念が広く普及しました。情報化の速度は、2000年以降さらに加速を続け、人々の暮らしやビジネスなど諸々の活動において、実社会での人の移動や行動などを経ずに、インターネットを通じた情報処理、各種の操作で完結することが増えてきました。通信販売は宅配便の充実とともにその規模を拡大し、実社会の小売店舗の商業活動に大きな影響を与えています。これらの傾向は全国都市交通特性調査結果でも、過去30年の間に、1日あたりの移動回数や外出率が明確に低下していることにも表れています。

ビジネスにおける契約や決済、官公庁における諸々の手続き、テレワーク（在宅勤務）に伴う情報のやり取りなどがインターネットで実施されることで、実空間における人の移動、商業施設や事務所、公共施設、その他都市施設の規模や種類、立地、土地利用などに影響を与えています。都市内の移動については、ある目的のために移動する手段としての派生的交通が減少し、散歩や旅行など移動自体を目的とする本源的交通の割合が増えることが将来的に予測されます。

このように都市の活動の一部がサイバー空間にも移り、実空間に影響を及ぼす状況において、都市の役割や機能を考える場合、サイバー空間と実空間を一体でとらえる必要が出てきました。この両者一体により創り出す都市空間がサイバーシティです。

サイバーシティでは、情報化のさらなる進展でさまざまな人の行動、モノ、情報がつながり、まちづくりにかかわる諸々の意思決定がビッグデータをもとにAIによっても実施されることになります。

■2　Society 5.0

内閣府は2019（令和元）年に、AIやビックデータを活用して社会のあり方を根本から変えるような都市設計を目指すスーパーシティ構想を公表しました。2030年頃の構想実現に向けて、国家戦略特区制度を活用して公募で選定した提案について実証実験が実施される予定です。スーパーシティ構想では、ビックデータやIoTを活用したエネルギーや水の管理から、都市内での自動走行、ドローン配達などの物流、キャッシュレスでの決済、AIホスピタル活用の医療・介護分野、遠隔教育などの教育分野、防災、防犯などまでが含まれます。

国家戦略特区会議では、Society 5.0の実現に向けた施策の一環として、スーパーシティ構想の取り組みが進められています。Society 5.0とは、内閣府ホームページによれば「サイバー空間と実際の社会であるフィジカル空間を高度に融合させたシステムによって、経済発展と社会的課題の解決をする人間中心の社会」とあり、「狩猟社会(Society 1.0)、農耕社会(Society 2.0)、工業社会(Society 3.0)、情報社会(Society 4.0)に続く、新たな社会として第5期科学技術基本計画において提唱されたものです」と説明されています。

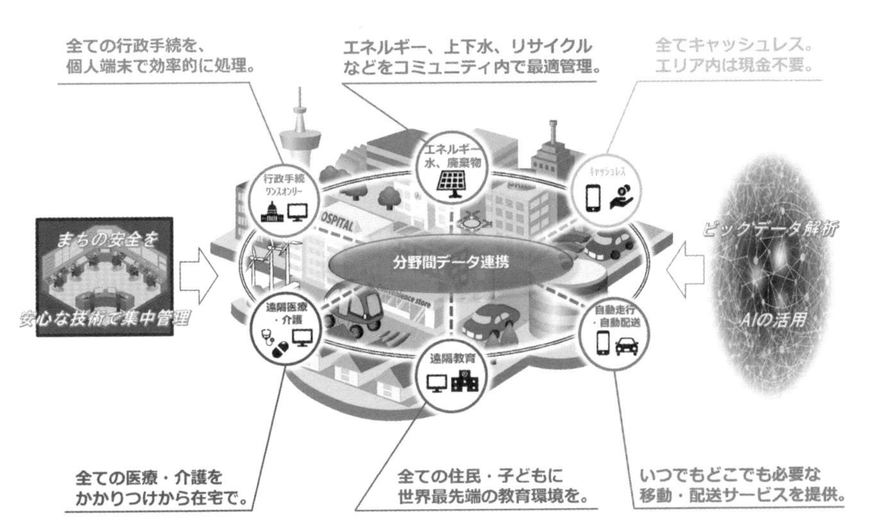

▲スーパーシティ構想
出所：内閣府「スーパーシティ構想について」
(国家戦略特区資料)

▶ Society 5.0とは？(出所:経団連SDGs)

AIやIoT、ロボット、ビッグデータなどによって実現する人間中心の超スマート社会。

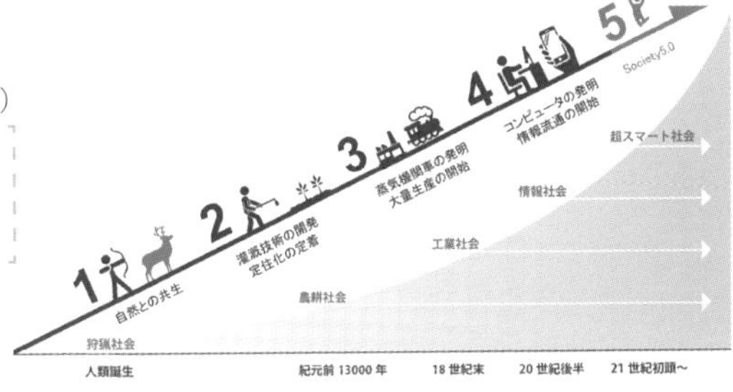

国土交通省では、スマートシティをSociety 5.0における交通、観光、防災、健康・医療、エネルギー・環境などの複数分野の総合的なショーケースととらえて取り組みを開始しています。先端技術をまちづくりに活かし、市民生活や都市活動、都市インフラの管理・活用の高度化・効率化を図る目的で、2019年よりスマートシティ実証調査、プロジェクト支援事業が開始しました。各自治体におけるスマートシティの事業推進を支援するため、牽引役となる先駆的な取り組みを「先行モデルプロジェクト」として、また事業の熟度を高め早期の事業化を進めるための重点的事業を「重点事業化促進プロジェクト」として選定し、国が支援するものです。企業の技術シーズと自治体のニーズの提案を経て先行モデルプロジェクトとして15事業、重点事業化促進プロジェクトとして23事業が選定されました。

▼スマートシティモデル事業（2019年）

<先行モデルプロジェクト>

実施地区	対象地区
北海道札幌市	市中心部、校外
秋田県仙北市	市全域
茨城県つくば市	市全域
栃木県宇都宮市	市全域
埼玉県毛呂山町	町全域
千葉県柏市	柏の葉キャンパス駅周辺
東京都千代田区	大手町、丸の内、有楽町エリア
東京都江東区	豊洲エリア
静岡県熱海市	熱海市街地
静岡県下田市	下田市街地
静岡県藤枝市	市全域
愛知県春日井市	高蔵寺ニュータウン
京都府精華町	けいはんな学研都市
京都府木津川市	精華・西木津地区
島根県益田市	市全域
広島県三次市	川西地区
愛媛県松山市	中心市街地西部

<充填事業化促進プロジェクト>

実施地区	対象区域
宮城県仙台市	泉パークタウン
茨城県守谷市	市全域
群馬県前橋市	市全域
埼玉県さいたま市	美園地区、大宮駅周辺地区
東京都大田区	羽田空港跡地第1ゾーン
神奈川県横浜市	みなとみらい21地区
神奈川県川崎市	新百合ヶ丘駅周辺地区
神奈川県横須賀市	市全域
新潟県新潟市	市全域
福井県永平寺町	市全域
岐阜県岐阜市	市全域
愛知県岡崎市	乙川リバーフロントエリア
大阪府大阪市	うめきた2期地区、夢州地区
兵庫県加古川市	市全域
岡山県倉敷市	中心市街地
広島県呉市	市全域
広島県福山市	市全域
徳島県美波町	町全域
香川県高松市	市全域
愛媛県新居浜市	市全域
福岡県福岡市	九州大学箱崎キャンパス跡地等及び周辺地域
長崎県島原市	島原半島
熊本県荒尾市	南新地地区

出所：スマートシティの取組みへの支援、国土交通省、2019年5月31日

先行モデルプロジェクトには、顔認証技術を活用しバスに乗るだけで病院受付が可能なシステム（茨城県つくば市）、観光地やイベントにおける人流データ分析、モビリティサービスの導入による地域活性化（宇都宮市）、3次元点群データを用いた移動や災害への対応の効率化（静岡県）などが選定されました。重点事業化促進プロジェクトは、早期の事業実施を目指し、専門家の派遣や計画策定の支援が重点的に行われます。

■3　海外のサイバーシティの事例

海外のサイバーシティの事例としては、2017年に計画が始まった、カナダのトロント南東部のウォーターフロント地区でグーグル系企業が担当する新しいまちづくりプロジェクトがあります。

この計画では、トロント市内と開発地区をつなぐモジュラー式木造建築やオフィス、LRTの拡張、自動運転の公共交通、交通需要に基づいた交通信号のコントロールによる交通制御や交通最適化、地下トンネル方式のロボットによる貨物の配送などが導入されるとともに、電力網、廃棄物処理設備、排水施設などのインフラもネットでつながれて最適管理がなされます。

この計画の特徴は、徹底したデータ収集に基づくビックデータによるまちづくりにあります。公園、道路などの公共の場所から住民のあらゆる行動に関する膨大なデータがリアルタイムで収集されます。そして、収集されたデータに基づいて、交通であれば、車線数を変更したり、モジュール式で可動化された道路の縁石を動かすことでパーク＆ライドスペースを必要に応じて確保・解除したり、といったことが行われます。

▲トロント（カナダ）のスマートシティ建設予定地

人口250万人のトロント南端のオンタリオ湖に面した地区で、かつて工場等があった。

出所：E.Woyke, A smarter smart city, MIT Technology Review, Feb 21, 2018

▲交通量に応じて道路の幅を変えるためにモジュール化された路面

文献：Sidewalk Toronto のホームページ https://www.sidewalktoronto.ca/documents/

この計画では、都市の構造をインフラ、公共空間、交通手段、建物など物理的な領域のレイヤーとデジタルレイヤーに区分し、相互のレイヤーを連携させたプラットフォームを構築しています。スマートフォンをAndroidなどのOSによってプラットフォーム化しているのと同様に、都市をプラットフォーム化することで、スマートフォンのセッティングのように、都市に柔軟性をもたせ多様性をもたせることができるとされています。

▲トロントのプロジェクトで計画された道路の断面図

地下トンネルの自動走行ロボットにより物流が行われ、地上では歩道以外は自動走行の車両が通行する。

出所：SIDEWALK LABS'S IDEAS FOR ARCHITECTURE AND URBANISM, JUNE 12, 2018（https://www.theglobeandmail.com/news/toronto/google-sidewalk-toronto-waterfront/article36612387/）

第12章

まちづくりと市民参加

20世紀後半以降、急速な都市人口の増加、産業立地、流通の変化、住宅など様々な社会の変化に応じて都市計画が進められてきました。第Ⅰ部「都市計画の基本」では、都市計画法を中心とする法律に準拠した行政が主体となって実施する、いわゆる法定都市計画について述べました。

これに対し、まちづくりとは、地域における市民が担う活動で、両者を分けるのは自律的、継続的な市民参加です。現在では、行政が法律に基づいて執行する都市計画の行政手続きの中にも、制度として市民参加が組み入れられるにようになりました。

本章では、このような都市計画からまちづくりへの変化の流れを、1960年代以後中央集権から地域主権、地方自治への動き、その後の民間非営利組織（NPO）の組織化、コミュニケーション型行政、公聴会の開催などから市民参加の経緯や手法について見て行きます。

12-1

法定都市計画からまちづくりへ

環境保護活動での市民主体のNPOの組織化、コミュニケーション型行政を経て、近年では民間主体による官民連携まちづくりの取組が進められています。

■1　法定都市計画の限界

都市計画とは、都市計画法の「基本理念」および「定義」によれば、「農林漁業との健全な調和を図りつつ、健康で文化的な都市生活及び機能的な都市活動を確保し、このために適正な制限を加えて土地の合理的な利用を図ることを基本理念とした土地利用、都市施設の整備、および市街地開発事業に関する計画」とあります。全国総合開発計画や県市町村の総合基本計画などの目標に沿って、土地の利用の方法や、形態などについて、法律によって規律を図ることが都市計画だということです。つまり、都市計画は、古くは明治政府の国家事業としての銀座の煉瓦街や官庁集中計画、あるいは東京市区改正（市街地改良）条例、その後の6大都市への条例準用、旧都市計画法、市街地建築物法の流れを受けた、いわゆる法定都市計画です。

この都市計画をもって、数多くの改正を重ねつつ、20世紀半ば以降の急速な都市人口の増加、産業立地、流通の変化、住宅、公共施設の増加、情報化、環境変化、集住する人々の生活スタイルなどさまざまな社会経済活動の多様で大規模な変化に対応するべく取り組んできました。しかし、都市計画は「健康で文化的な都市生活及び機能的な都市活動」を確保できてきたかといえば、今日数々の課題を抱えていることからも、そのようになっていないことは明らかです。

■2　市民参加のまちづくり

まちづくりは、法律に基づいて実施された公共施策に対し、その影響を受ける一般市民が意見を発言するという、社会運動の側面をもった活動の中にその源があります。多くの場合は、とられた施策が市民にとって好ましくないという受け止めから、反対の立場を表明する発言がほとんどでした。

行政が法律に基づいて執行した施策に対して市民が意見を述べるのは、今日では一般的なことですが、行政システムの中に制度として組み入れられたのはそれほど古いことではありません。

まちづくりに関する行政の直接的な施策に対するものではありませんが、公害の発生に対する市民の反対運動があります。戦災復興期から経済成長期に差しかかった1950年代から60年代において、企業の工場生産活動などによる工場廃水や排気による有害物質を原因とする健康障害に対し、危機感をもった市民の行政、企業への働きかけがあります。公害の被害を受けた住民による訴えに端を発した公害問題への一般市民側の問題提起が行政を動かし、1967年の公害対策基本法の制定につながりました。

このあと、都市化の進展により道路、飛行場、各種都市施設などのインフラ整備計画に反対する数多くの一般市民の動きが出てきました。1966（昭和41）年に高架方式で都市計画決定された東京外環道路

▼公害に対する住民活動の状況（1970年時点）

No	都道府県名	地方公共団体数	住民団体数
1	北海道	7	10
2	青森県	1	1
3	岩手県	—	—
4	宮城県	—	—
5	秋田県	3	4
6	山形県	—	—
7	福島県	5	7
8	茨城県	1	1
9	栃木県	4	6
10	群馬県	3	6
11	埼玉県	4	4
12	千葉県	4	4
13	東京都	31	41
14	神奈川県	1	3
15	新潟県	4	6
16	富山県	8	9
17	石川県	5	11
18	福井県	2	2
19	山梨県	1	1
20	長野県	8	10
21	岐阜県	6	8
22	静岡県	7	10
23	愛知県	1	4
24	三重県	2	10

No	都道府県名	地方公共団体数	住民団体数
25	滋賀県	—	—
26	京都府	6	27
27	大阪府	6	9
28	兵庫県	14	20
29	奈良県	—	—
30	和歌山県	1	2
31	鳥取県	1	1
32	島根県	—	—
33	岡山県	6	11
34	広島県	10	11
35	山口県	5	8
36	徳島県	4	4
37	香川県	2	2
38	愛媛県	3	3
39	高知県	3	8
40	福岡県	2	3
41	佐賀県	1	2
42	長崎県	—	—
43	熊本県	2	2
44	大分県	5	11
45	宮崎県	3	10
46	鹿児島県	—	—
合計		182	292

出所：平成4年度環境白書、1992年
注：1970年7月自治省調べ

計画は、地域の自治体や住民の反対による計画の中断を経て、2007（平成19）年に大深度地下トンネル方式への都市計画変更が決定され、着工されたのは最初の都市計画決定から56年後の2012（平成24）年になってからです。1966（昭和41）年から始まった新東京国際空港（成田空港）建設に対する地域住民を中心とするその後の反対運動は、まちづくりにおける市民参加による合意形成への長い道程となりました。

行政の仕組みについても、1960年代以後、中央集権から地域主権、地方自治へという流れがありました。政治財政システムにおいて、それ以前の委任型中央集権から参加型地方分権ともいえる地方自治へのシフトの動きが1960年代から始まり、80年代へと拡大していきました。長洲一二（ながすかずじ）神奈川県知事が地方の時代と称して地域主体のシステムへの変換を提唱したのは、1978年に開催された講演会（首都圏地方自治研究会主催「地方の時代シンポジウム」）における基調講演でした。

一方、「まちづくり」という用語が使われるようになったのは、20世紀後半に入ってからのことで、1963（昭和38）年に横浜市長となった飛鳥田一雄や、1967（昭和42）年に東京都知事となった美濃部達吉らが選挙公約で「まちづくり」を使い一般化していったとされています。これには政治的な意味合いが含まれており、都市計画と対比的に使われる「まちづくり」より広い意味でしたが、「まちづくり」の活動のベースに市民の参加が組み込まれているという点では変わりありません。

■3　条例制定、NPOから官民連携のまちづくりへ

1960年代から70年代にかけて使われるようになった、まちづくりの活動における「参加型」あるいは「地方分権」の表現には、国が定めた都市計画に画一的に従って進めるだけではなく、市民の意見や地域が主体となった地域独自の活動を取り入れることが込められていました。また、強制力はともなわないものの、良好な都市景観の保全のために伝統的環境の維持や修景美化の条例が1960年代末以降、全国で相次いで制定されていきました。その後、2005（平成17）年の景観法の制定によ

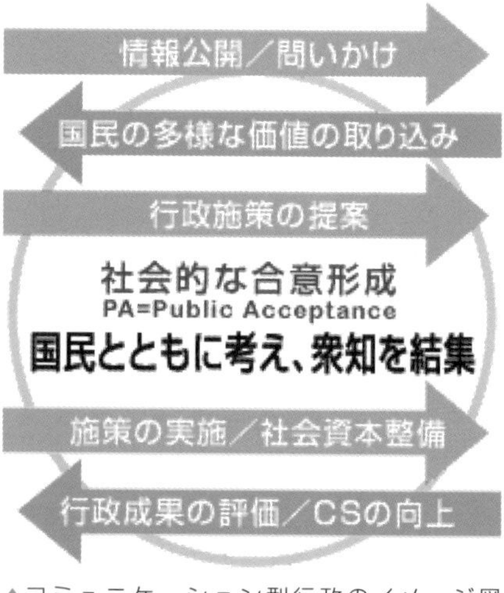

情報公開／問いかけ
国民の多様な価値の取り込み
行政施策の提案
社会的な合意形成
PA=Public Acceptance
国民とともに考え、衆知を結集
施策の実施／社会資本整備
行政成果の評価／CSの向上

▲コミュニケーション型行政のイメージ図（1999年、建設省〈当時〉ホームページ）

り、条例に法的強制力が付与されることになります。今日では全国のほぼ半数の市町村で、市民参加の活動に関する景観やまちづくりなどの条例、要綱が制定されています。そして1980（昭和55）年には都市計画法、建築基準法の改正により地区計画制度が創設されて「都市計画」が変わり始めました。

1990年代には、市民による自主的な環境保護、政策批判などの民間非営利組織（NPO）が増え始め、1998年1月に国交省は「コミュニケーション型行政の創造にむけて（大綱）」を策定し、国民と行政のコミュニケーションを打ち出しました。

1995（平成7）年に発生した阪神・淡路大震災後の復興まちづくりにおける市民主体の非政府組織（NGO）やNPOによる活動は、市民のまちづくりに果たす役割が大きいことを具体的に示しました。震災発生の1995（平成7）年はボランティア元年とも呼ばれ、国内外で災害復興支援活動への市民参加の仕組みを文化として社会に根づかせました。NPOについては、内閣府の統計によれば、2019年時点で全国に5万件を超える認証NPOの登録があり、そのうちまちづくりを活動対象とするNPOは約40%、環境保全が約30%に上ります。

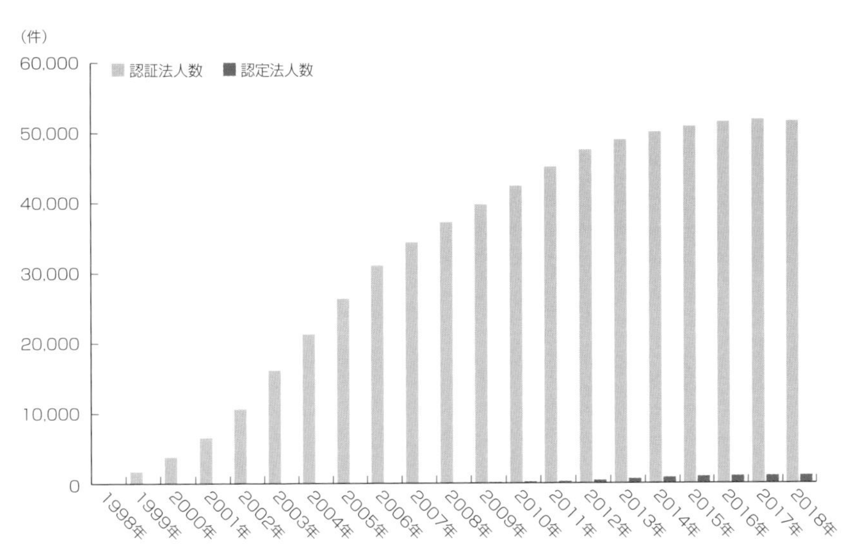

▲NPO法人登録数の推移（全分野）（内閣府NPOホームページ、特定非営利活動法人の認定数の推移、2019年12月）

一方、国交省は2003（平成15）年5月に地方分権化の流れの中で「住民参加手続きガイドライン（案）」を策定し、国民生活、社会経済、環境への影響が大きな事業については、事業計画が公表されて初めて市民が意見を述べるのでは市民参加の幅が限定されることから、構想段階からホームページ等で情報開示をして、公聴会の開催をすることとしました。また手続き円滑化のための組織には、学識経験者、事業者団体などとともに住民代表も含めるように制度化されました。

2008（平成20）年には、多様な民間主体や行政が協働して地域住民の生活を支え、活力を維持する役割を果たすものとして「新たな公」を国土形成計画における地域づくりのシステムに位置づけました。

国交省による都市計画に市民を取り込む動きは、最近では2019（令和元）年から都市再生整備計画を活用して民間主体によるまちづくりの推進を図るための法制度である「官民連携まちづくり」の取り組みとして進められています。

以上のように、都市計画からまちづくりへの流れを経て、法定都市計画において市民参加が制度として組み込まれてきました。

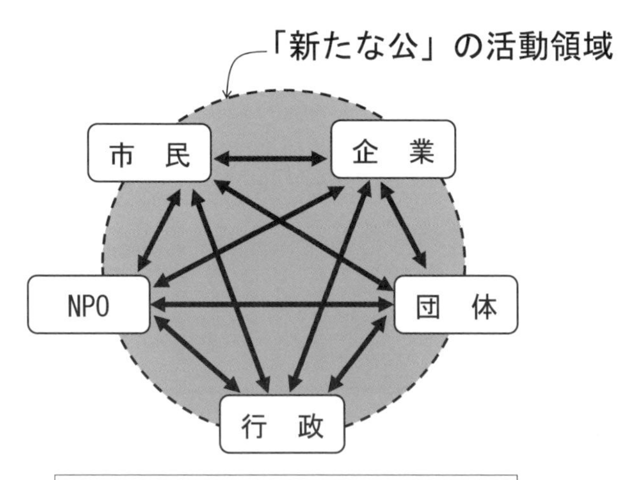

▲新たな公の活動領域

12-2

法定都市計画に組み込まれた市民参加

市民参加は都市計画決定手続き、環境アセスメントでの公聴会制度や、地区計画、建築計画の協定での案の提出、審議会への参加によって制度化されています。

■1　都市計画決定手続き

法定都市計画における市民参加の基本的なものには、都市計画決定手続きの中で、講じるべきこととされている公聴会の開催等、住民の意見を反映させるための措置があります。

都市計画案の策定の段階で、一定の面積以上などの条件を満たした場合は土地所有者、まちづくりNPOなどによって提案を提出できる仕組みとなっています。公聴会の開催等によっても、公述人として住民の意見を反映させることができます。都市計画案が公告・縦覧になると、市民はその期間中に意見の提出をすることで参加できます。市民から出された意見の要旨は、このあと開催される市町村都市計画審議会、または都道府県都市計画審議会にも提出されることになります。都市計画案は、このような市民参加の手順を経た上で、都道府県知事の同意を得て決定・実施されることになります。

■2　環境アセスメントの手続き

環境アセスメントの各段階の手続きでは、環境を配慮した社会的意思決定に環境大臣や主務大臣、自治体首長などのほか、一般市民からの意見も受ける仕組みとなっており、社会的な意思決定のプロセスが組み込まれています。

環境アセスメントの実施手順としては、まず、当該事業を環境アセスメントの対象とするか否かの判断であるスクリーニングが行われ、対象事業に関する調査、予測・評価の方法が決定されます。次いで検討範囲の絞り込み、比較検討するための代替案の範囲および、環境影響評価の項目を決める方法書の作成が実施されます。この方法書に従って詳細なアセスメントが実施されて準備書が作成されます。この結果、詳細なアセスメントに基づいた代替案の検討が行われ、評価書が作成されます。

この一連の環境アセスメントの手順の中で、方法書が作成される段階では、実施する環境影響評価の項目および手法について、地方公共団体などとともに、一般市民からの意見を求める手続きがあります。

■3　各種協定の策定の手続き

①地区計画

地区計画は、地区の特性に応じた都市環境の形成のために、街区内の道路等の施設の配置・規模や建築物の制限等の土地利用に関する事項を定める地区レベルの計画です。この決定に際しては、公告・縦覧等の通常の都市計画決定手続きに加え、案を作成するにあたり利害関係者の意見を求めることとされており、さらに住民等が地区計画の案となるべき事項の申し出をすることができるものとされています。

②建築協定

地域の特性等に基づく一定の制限を地域住民等が自ら設けることのできる建築協定は、その締結の手順として、区域内の土地所有者等の全員の合意が必要となります。この合意を条件として特定行政庁の認可を得て成立します。

③緑地協定

地域の緑化または緑地の保全を目的として市民の発意により定める緑地協定についても、その締結には、区域内の土地所有者等の全員の合意が必要であり、この合意を条件として市町村長の認可を得て成立します。

■4　審議会等への参加

地方自治体に設置される審議会等の1つである市町村都市計画審議会は、都市計画法に基づいて、都市計画決定などの都市計画に関する事項の調査審議を行う役割をもっています。審議会の構成員は、条例によって学識経験者、議会の議員、関係行政機関の代表とともに、住民の代表で構成するとされており、この構成員としての市民参加もあります。

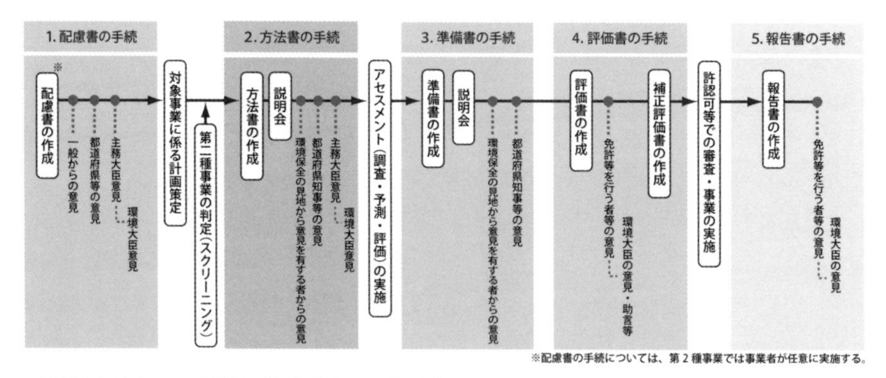

▲環境アセスメントの手続き（環境省ホームページ）

5 市民参加条例

まちづくりへの市民参加制度には、条例に基づくものがあります。自治体によって市民参加条例、まちづくり条例、自治基本条例など名称は異なりますが、まちづくりにかかわる情報公開、住民参加の手続き、合意の仕組み、住民投票、NPOへの支援制度などを中心に、各自治体それぞれの内容を条例として制定しています。

1997(平成9)年に施行された大阪府箕面(みのお)市の「まちづくり理念条例」、2001(平成13)年の北海道「ニセコ町まちづくり基本条例」、2002(平成14)年の兵庫県生野(いくの)町「まちづくり基本条例」などが自治体の条例としては初期のものですが、これ以後、全国の自治体の中で同様の条例を制定するところが増加しました。ただ、これらの条例の多くは、国の法令との整合性や、自治体内での条例や基準などとの整合の点から今後検討を要する課題が残っています。

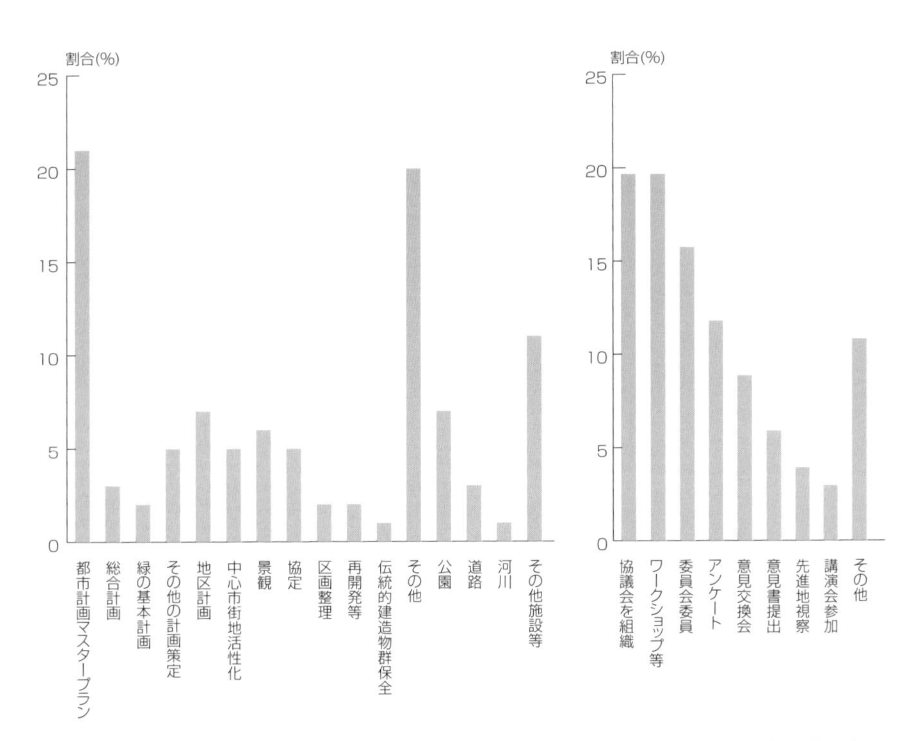

▲まちづくりへの市民参加の局面(左)、およびまちづくりへの住民参加の方法(国交省平成13年調査)

12-3

市民参加の手法

市民の意見表明の方法には、小グループ形式のワークショップや、議論を尽くすプロセス重視のミニ・パブリックスや市民討議会などの方法があります。

■1　ワークショップ

ワークショップは、小グループによる話し合いや体験を通じて課題の抽出や、意見の相違の把握や合意形成を図る手法であり、現在ではいろいろな分野で行われています。まちづくりの分野でこの方法が行われたのは1960年代半ばのアメリカで、造園デザイナーのローレンス・ハルプリン(Lawrence Halprin、1916～2009年)によって、建築、環境、音楽など学際的なメンバーによる試みが実施されています。国内でのまちづくりにおけるワークショップは、東京世田谷区太子堂(たいしどう)地区において1970年代に新玉川線開通と前後して多発したマンション紛争をきっかけに始まったまちづくり懇談会、およびその後発足したまちづくり協議会で取り入れられました。

ワークショップでは、地域にかかわるさまざまな立場の人々が話し合いや見学会などを通じて知識を共有し、あるいは防災分野などでは実際の避難路の確認等の体験を通じて実施されます。この活動を通じて、公園、道路、住宅、公共施設の計画、防災計画など地域社会の課題を解決するための改善計画の立案に共同で取り組むものです。この方法は、企業の研修などでも採用される情報整理術として、ブレーンストーミングなどと組み合わせた手法であるKJ法と共通する手順があります。参加者全員から意見を公平に引き出すために、ファシリテーターと呼ばれる進行役が重要です。

■2　ミニ・パブリックス

多数支持をもって少数意見を簡単に排除するのではなく、議論を尽くすことで意見の隔たりを確認しつつ結論を得る、プロセス重視の熟議民主主義という方法があります。熟議民主主義（deliberative democracy）の用語は、アメリカのクレアモント・マッケナ大学教授のジョセフ・M・ベセットが1980年に著書の中で使ったのが最初とされています。この熟議民主主義を実践する場が「ミニ・パブリックス」です。

「ミニ・パブリックス」は、1970年代にアメリカの政治学者のロバート・ダールによって提案されたもので、社会全体を母集団とすれば、それを代表するようなサンプル的な市民の小集団を構成し、その場でいろいろなテーマについて議論を実施するものです。無作為に選出された熟議参加者は、小グループごとに分かれて熟議を重ね、最後に参加者全員で討議が行われます。専門家は議論には参加せず、情報提供の役割に限定されます。

■3　市民討議会

「市民討議会」は、まちづくりへの市民参加の方法の1つとして多くの自治体で実施されています。市民討議会の場で出されたまちの課題に関する意見は集約されて、まちづくりに反映される仕組みとなっています。

通常、行政における委員会などでは、参加する構成員は公募や推薦による場合が多く見られますが、「市民討議会」では構成員となる市民を無作為で選出することで、幅広い層の市民を代表させることができるという特徴があります。サイレントマジョリティと呼ばれるサラリーマンや主婦、学生など、意見はもちつつも積極的に市政に参加する時間的あるいは経済的な余裕がない層の意見も偏ることなく把握することで、公平性が確保されることになります。

「市民討議会」は、ドイツにおいて地方自治の手法として実施されているプラーヌンクスツェレ（Planungszelle：計画細胞の意味）を参考にして取り入れたものです。連邦国家であるドイツの行政施策は、国、州、市町村の3つのレベルがあり、市町村の自治行政は憲法で保障されています。このため、国レベルの広域的観点が突出して市町村のまちづくりレベルの地域計画に介入することになれば、憲法問題として扱われることになります。

国内における市民討議会は、2005（平成17）年に社団法人東京青年会議所によって、東京都千代田区で最初に行われました。討議は5名程度の小グループに分け進行役がつけられて実施され、参加者に対しては報酬が支払われています。討議の結論については、意見集約ではなく意見分布として公表されました。2006（平成18）年には、東京三鷹市で住民基本台帳から無作為抽出した18歳以上の市民を参加者として本格的に実施され、以後、全国の自治体で開催されるようになりました。

12-4

市民参加の新たな役割

市民参加にはステークホルダーの視点に加え、市民常識に基づく監視や地域活動を通じたソーシャル・キャピタル醸成などの新たな役割も出てきました。

ICTやIoT技術の発展にともない、まちづくりにおける情報の扱いが、今後、個人情報保護などの見地から大きな課題となることが予想されます。不特定多数の人が影響を受ける公共的事柄については、国や自治体など公的な機関が主権者として主体的に関与することとされてきました。アダム・スミスが1776年に有名な国富論の中で主権者の義務として防衛、および厳正な司法とともに、公共事業を起こし維持する義務をあげています。このあと200年以上にわたり、公共事業の民営化により民間セクターの関与があらゆる分野で進みました。将来的に、公共事業にかかわる民間企業が圧倒的な技術を独占的に保有するケースが出てくれば、これまで想定できなかったような方法で主権者の施策に対して大きな影響を与える可能性があります。その1つが情報です。

情報技術の発展に支えられたSNSの普及によって、かつては不可能であった、個人が広く情報を発信することができるようになり、社会に対して個人が大きな影響を与えることが可能となりました。

スマートフォンやその他の端末機器、カメラをはじめとしたデータ収集のための各種センサーの整備により、都市生活における大量の個人情報を入手・蓄積することが技術的に可能となりました。まちづくりにおいて、交通の制御や防犯などの目的でこれらの大量のデータをビッグデータとして収集、把握、管理することが現実味を帯びてきました。都市内における人の動きが、自動運転はもとより歩行移動も含めて位置情報として把握され、リアルタイムにフィードバックされることになれば、歩行、自転車、自動車などあらゆる都市内の人の動きはコントロールが可能となり、例えば車道における車線や信号、標識などは不要となり、道路構造も大幅な変化を遂げることになるかもしれません。

この具体的な事例が、カナダにおいて2017年にGoogle傘下のSidewalk Lab社から提案されたトロントのウォーターフロントにおけるサイバーシティ開発計画です。提案されたまちづくりは、大量の市民の個人情報を含むビックデータを前提としており、個人情報保護の見地とともに、データの所有権侵害や商業目的への無断利用の懸念から、多くの賛否の意見が出ています。

このトロントの例は、情報の収集・処理

に関する先端的な技術を使うサイバーシティでは、専門技術に対して一般市民の常識に照らした判断を加える意味から、「科学コミュニケーション」の役割としての市民参加が必要となっていることを示していると思われます。「科学コミュニケーション(science communication)」とは、もとは専門家が一般の人に科学的な内容を伝えることでしたが、今日では、多様なステークホルダーと専門家の間での双方向的な対話を指すようになっています。技術の進展、それに対する人々の反応の多様性などによって生じる複合的な変化の予測は容易ではありませんが、まちづくりに関して技術の進展にともなって生じる、想定を超える課題への対処としては、技術者倫理のみによる判断が必ずしも適切とはいえない状況も出てくると思われます。これへの歯止めとして、市民参加による社会一般の常識に照らした判断が重要になると思われます。

もう1つの市民参加の役割として期待されるのが、ソーシャル・キャピタルの醸成です。地域の身近な活動には道路や公園の歩道の清掃、遊具や看板など簡単な施設の修理、雪かき、ごみ集積場の掃除、小学生の登下校時の交通安全、防犯・火の用心の見回りなどがあります。これらの多くは地域の自治会など住民主体で実施される場合が見られますが、地域の結びつきが希薄な地域ではマンション管理会社等に多くを依存して、地域の活動がほとんど見られない場合もあります。

地域の絆であるソーシャル・キャピタルは、過去半世紀以上の都市化の進展で失ったものの1つですが、かつてあった隣近所の結びつきを同じ方法で取り戻すことは不可能としても、同様な効果を、公共的な事柄へ市民が参加する機会を増やすことによって取り戻すことは可能です。

全国の自治体やNPOでは、これらの身近な地域活動を促すような事例が増えてきています。イギリスではスマートフォンを利用した、道路の凹みや道路照明の不具合など身近な街の問題を地元当局に通知する FixMyStreet(www.fixmystreet.com)という市民参加のウェブサイトが2007年に始まりました。

国内でも同様のシステムとして千葉市の「千葉レポ」と呼ぶ制度があります。道路の損傷や公園の遊具の破損など地域の課題を、スマートフォンなどの情報通信端末を使って市民がレポートすることで、市民と市民、市民と行政で課題を共有化し、解決を図ろうとするものです。報告だけではなく、歩道の清掃、集水桝(ます)の清掃、公園のベンチ修繕など、市民がサポーターとして自ら実施もしています。全国の多くの自治体でもボランティア活動やNPO活動によって実施されています。これらの地元の課題について共通な立場から解決を図るための市民参加を通じた活動が、地域のソーシャル・キャピタルの醸成につながることが期待されます。

MEMO

参考資料

- 土木学会編、土木工学ハンドブック第4版、58国土計画・地域計画、59都市計画、60交通運輸計画、61道路交通システム、技報堂出版、1989
- 池田駿介ほか編、新領域土木工学ハンドブック、Ⅱ.7 社会・経済システム、Ⅱ.8土地空間システム、Ⅱ.9社会基盤システム、Ⅱ.10地球環境システム、Ⅲ.16アメニティ、Ⅲ.17交通政策・技術の新展開、Ⅴ.28アカウンタビリティ、朝倉書店、2012
- 谷口守、入門都市計画 都市の機能とまちづくりの考え方、森北出版、2014
- 平田登基男ほか、環境・都市システム系教科書シリーズ16 都市計画、コロナ社、2007
- 饗庭伸ほか、初めて学ぶ都市計画第2版、市谷出版社、2018
- 伊藤雅春ほか、都市計画とまちづくりがわかる本第2版、彰国社、2017
- World Urbanization Prospects: The 2018 Revision, United Nations iLibrary (https://www.un-ilibrary.org/)
- 長島伸一、世紀末までの大英帝国、法政大学出版局、1987
- Ebenezer Howard, Garden Cities of To-Morrow, 1902, Internet Archive (https://archive.org/)
- 玉井哲雄編、よみがえる明治の東京 東京15区写真集、角川学芸出版、1992
- 千年都市大阪：まちづくり物語、大阪市都市工学情報センター、1999
- 電子政府の総合窓口 e-Gov［イーガブ］(https://www.e-gov.go.jp/)
- 土地利用基本計画制度について、国交省国土政策局、平成28年1月28日
- 政府統計の総合窓口e-Stat (https://e-stat.go.jp/)
- 特色ある市町村マスタープラン一覧、国土交通省、平成24年4月 (https://www.mlit.go.jp/common/000234002.pdf)
- 都市における人の動きとその変化～平成27年全国都市交通特性調査集計結果より～、国土交通省都市局都市計画課、平成28年
- 地田信也、都市における交通システム再考、土木学会誌vol.88, No.8, pp.77-80, 2003
- 日本都市計画学会編、実務者のための新・都市計画マニュアルⅡ、丸善出版、2003
- 自動車関係統計データ、国交省、2018 (http://www.mlit.go.jp/statistics/details/jidosha_list.html)
- 原田峻平ほか、規制緩和後の国内旅客運送事業の分析に関する論文紹介、運輸政策研究Vol.15 No.4 ,pp.50-55, 2013 Winter
- 廃棄物処理法に基づく感染性廃棄物処理マニュアル、環境省、平成30年3月
- 産廃知識　廃棄物の分類と産業廃棄物の種類等、公益財団法人日本産業廃棄物処理振興センター (https://www.jwnet.or.jp/waste/knowledge/bunrui/index.html)
- 環境省環境統計集(平成29年版) 4章 物質循環(https://www.env.go.jp/doc/toukei/contents/tbldata/h29/2017-4.html)
- 土地区画整理事業の実績(平成29年度末時点)、公益社団法人街づくり区画整理協会 (https://www.ur-lr.or.jp/outline/)
- 都市公園データベース、国土交通省 (http://www.mlit.go.jp/crd/park/joho/database/t_kouen/)

・五十畑弘、つなぐ橋―ペデストリアンデッキの登場と駅前空間の変化―、ミツカン水の文化センター、水の文化第47号 pp.12-15、2014.3
・地球1個分の暮らしの指標～ひと目でわかるエコロジカル・フットプリント～、日本のエコロジカルフットプリント2015、WWF Japan（世界自然保護基金ジャパン）
・Ecological Footprint by Country, World Mapper, （https://worldmapper.org/maps/）
・Sustainable Development Goals, 国際連合広報センター（https://www.unic.or.jp/activities/economic_social_development/sustainable_development/2030agenda/）
・Sustainable Development Goals, Goal 11: Sustainable Cities and Communities, United Nation （https://www.un.org/sustainabledevelopment/cities/）（https://www.unic.or.jp/activities/economic_social_development/sustainable_development/2030agenda/）
・2018年度SDGs未来都市及び自治体SDGsモデル事業の選定について、内閣府地方創生推進事務局 （https://www.kantei.go.jp/jp/singi/tiiki/kankyo/teian/sdgs_sentei.html）
・国土交通白書2012 平成24年版、国土交通省編
・国土交通白書2019 令和元年版、国土交通省編
・防災都市づくり計画策定指針等について、国土交通省 （https://www.mlit.go.jp/toshi/toshi_tobou_tk_000007.html）
・佐藤雄哉、防災都市づくり計画の活用と地域防災計画・都市計画マスタープランとの連携の実態に関する研究、都市計画学会論文集vol.54, No.2, pp.237-244, 2019.10
・「木密地域不燃化10年プロジェクト」実施方針、東京都、平成24年1月
・「木密地域不燃化10年プロジェクト」特定整備路線の概要、東京都、平成31年3月
・（仮称）造幣局地区防災公園基本計画、豊島区、平成26年10月
・道路橋示方書・同解説　V耐震設計編、日本道路協会、平成29年
・長野県佐久市火山防災マップ2003
・HafenCity, Hamburgホームページ （https://www.hafencity.com/）
・BIG U - Rebuild by Design, Bjarke Ingels Group（http://www.rebuildbydesign.org/our-work/all-proposals/winning-projects/big-u）
・文化遺産オンライン、文化庁 （https://bunka.nii.ac.jp/）
・西村幸夫、環境保全と景観創造　これからの都市風景へ向けて、鹿島出版会、1997
・西村幸夫、都市保全計画　歴史・文化・自然を活かしたまちづくり、東京大学出版会、2004
・伊藤延男ほか、新建築学大系50 歴史的建造物の保存、彰国社、1999
・中村賢二郎、わかりやすい文化財保護制度の解説、ぎょうせい、2007
・公共建築物の保存・活用ガイドライン、建築保全センター、大成出版社、2002
・五十畑弘、図説 日本と世界の土木遺産、秀和システム、2017
・歴史まちづくり、国交省ホームページ （https://www.mlit.go.jp/toshi/rekimachi/index.html）
・Colin Buchanan, Traffic in towns, Penguin Books, Middlesex, England, 1963
・コンパクトシティの形成に向けて、国土交通省、平成27年3月
・谷口守ほか、都市コンパクト化政策に対する都市計画行政担当者の態度形成・変容分析、土木学会論文集D, vol.64, No.4, pp.608-616, 2008
・越川知紘ほか、コンパクトシティ政策に対する認識の経年変化実態－地方自治体の都市計画担当者を対象として－、土木学会論文集D3, vol.73, No.1, pp.16-23, 2017

・藤沢サステイナブルタウンコンセプトブック、Fujisawa SST協議会、2018
・Society 5.0、内閣府ホームページ（https://www8.cao.go.jp/cstp/society5_0/index.html）
・スマートシティの取組みへの支援、国土交通省ホームページ、令和元年5月31日（https://www.mlit.go.jp/report/press/toshi07_hh_000139.html）
: E.Woyke, A smarter smart city, MIT Technology Review, Feb 21, 2018
・Sidewalk Toronto ホームページ（https://www.sidewalktoronto.ca/documents/）
・SIDEWALK LABS'S IDEAS FOR ARCHITECTURE AND URBANISM, JUNE 12, 2018（https://www.theglobeandmail.com/news/toronto/google-sidewalk-toronto-waterfront/article36612387/）
・環境白書1992 平成4年版、環境省
・特定非営利活動法人の認定数の推移2019.12、内閣府NPOホームページ（https://www.npo-homepage.go.jp/about/toukei-info/ninshou-seni）
・環境アセスメント制度、環境影響評価情報支援ネットワーク（http://assess.env.go.jp/1_seido/1-1_guide/2-1.html）
・饗庭 伸、参加型まちづくりの技術の蓄積と今後の展望、PI-Forum 1（1）、ピーアイ・フォーラム、2005 Winter
・卯月盛夫、住民参加とまちづくり、アカデミアvol.101, 2012
・辻山幸宣、コラム：「地方の時代」の再来のために－地方六団体の役割を問う－、地方自治総合研究所、2004年9月（http://jichisoken.jp/column/column.htm）

INDEX

あ行

か行

さ行

た行

は行

ま行

や行

ら行

わ行

英数字

■著者紹介

五十畑 弘（いそはた ひろし）

1947年東京生まれ。1971年日本大学生産工学部土木工学科卒業。博士(工学)、技術士、土木学会特別上級技術者、日本鋼管(株)で橋梁、鋼構造物の設計・開発に従事。JFEエンジニアリング(株)主席を経て、2004年から2018年まで日本大学生産工学部教授。2019年から道路文化研究所特別顧問。

●著書

「最新『橋』の科学と技術(単著、秀和システム)2019年
「日本と世界の土木遺産」(単著、秀和システム)2017年
「日本の橋」(単著、ミネルヴァ書房)2016年
「橋の大解剖」(監修、岩崎書店)2015年
「最新土木技術の基本と仕組み」(単著、秀和システム)2014年
「100年橋梁」(共著、土木学会編)2014年)
「歴史的土木構造物の保全」(共著、土木学会編、鹿島出版会、2010年)
「建設産業事典」(共著、建設産業史研究会編、鹿島出版会)、2008年

図解入門 よくわかる
最新 都市計画の基本と仕組み

発行日 2020年 6月15日 第1版第1刷
2022年 8月 1日 第1版第4刷

著 著 五十畑 弘

発行者 斉藤 和邦
発行所 株式会社 秀和システム
〒135-0016
東京都江東区東陽2-4-2 新宮ビル2F
Tel 03-6264-3105（販売） Fax 03-6264-3094
印刷所 三松堂印刷株式会社 Printed in Japan

ISBN978-4-7980-6063-7 C3051